高职高专"十二五"规划教材

机电专业系列

电子工艺与实训教程

主　编　王用鑫　马玉利　黄崇富

副主编　高二金　谢晓军　张艳芬

参　编　张　丽

主　审　任德齐

南京大学出版社

图书在版编目(CIP)数据

电子工艺与实训教程 / 王用鑫,马玉利,黄崇富主编. 一南京:南京大学出版社,2013.8(2016.1重印)

高职高专"十二五"规划教材. 机电专业系列

ISBN 978 - 7 - 305 - 12136 - 4

Ⅰ. ①电… Ⅱ. ①王… ②马… ③黄… Ⅲ. ①电子技术—高等职业教育—教材 Ⅳ. ①TN

中国版本图书馆 CIP 数据核字(2013)第 201098 号

出版发行	南京大学出版社
社　　址	南京市汉口路 22 号　　　邮　编 210093
出 版 人	金鑫荣

丛 书 名	高职高专"十二五"规划教材·机电专业系列
书　　名	**电子工艺与实训教程**
主　　编	王用鑫　马玉利　黄崇富
责任编辑	胥橙庭　蔡文彬　　　　编辑热线　025 - 83592655

照　　排	南京理工大学资产经营有限公司
印　　刷	南通印刷总厂有限公司
开　　本	787×1092　1/16　印张 18.25　字数 441 千
版　　次	2013 年 8 月第 1 版　2016 年 1 月第 2 次印刷
ISBN	978 - 7 - 305 - 12136 - 4
定　　价	37.00 元

网　　址	:http://www.njupco.com
官方微博	:http://weibo.com/njupco
官方微信	:njupress
销售咨询	:(025)83594756

前　言

本书是全国"十二五"高职高专规划教材，"电子工艺与实训教程"是高职高专和中等职业技术学校机电专业的重要课程之一。通过本课程的学习与实践，掌握常用元器件的识读、常用调试与检测仪器的使用，认识电子产品在生产过程中常用的工具、设备的使用与注意事项，掌握电子产品的生产装配工艺，了解电子产品生产标准，合理编写产品技术文件，并在生产实践中提高工艺管理、质量控制能力，为今后的学习和工作打下良好的基础。

本教材的内容是根据电子信息类专业的工作任务领域而设置的，是本课程体系中的工程技术型课程。本课程将以项目任务为主线来组织课程，将完成任务必需的相关理论知识构建于项目之中，学生在完成具体项目的过程中学会完成相应的工作任务、训练职业能力、掌握相应的理论知识。

本教材共分9个项目，参考教学时间为64学时。这项目分别是识别常用电子元器件、PCB的设计与制作、PCB的焊接技术、常用调试与检测仪器的使用、电子产品装配工艺、电子产品调试工艺、电子产品装调实例、表面贴装技术（SMT）、工艺文件与质量管理。本书在编写过程中认真研究了现阶段学生的知识体系和能力内涵，正确认识应用型人才培养的知识与能力结构，注重培养学生掌握必备的基本理论、专门知识和实际工程的基本技能，把握理论以够用为度，知识、技能和方法以理解、掌握、初步运用为度的编写原则。

本书由重庆电子工程职业学院王用鑫、重庆工业职业技术学院马玉利老师和重庆工程职业技术学院黄崇富老师担任主编，重庆工程职业技术学院高二金老师、谢晓军老师和营口职业技术学院张艳芬老师担任副主编。具体编写分工如下：项目1由张艳芬编写；项目2由黄崇富编写；项目3由张丽编写；项目4由高二金编写；项目7由马玉利编写；项目8由谢晓军编写；王用鑫编写了项目5、6和9，并进行了全书的统稿工作。重庆电子工程职业学院夏西泉副教授对编书过程进行了指导，重庆广播电视大学任德齐教授主审了全书，在此表示感谢。

由于编者水平和经验有限，书中难免有错误和不妥处，敬请读者批评指正。

编　者
2013 年 7 月

目 录

项目 1　识别常用电子元器件

项目要求
- ● 掌握常用电子元器件分类及其在电路中的基本作用
- ● 掌握常用电子元器件文字符号和电路符号
- ● 掌握常用电子元器件主要参数的识别方法
- ● 掌握常用电子元器件相关参数的检测方法
- ● 能熟练地直观判别常用电子元器件的类别、基本参数
- ● 能熟练地对常用电子元器件进行检测并会判断元器件的好坏
- ● 能熟练地对一般电路进行测试和调试

1.1　电阻器与电位器

电荷在物体里运动会受到一定的阻力，这种阻力叫电阻。具有一定阻值的元件叫做电阻器，它是电子产品中一种必不可少、用得最多的电子元器件。电阻器在电子产品、设备中约占总数的 35%，而有些产品如彩电则占 50% 以上，因此其质量对产品影响很大。电阻器在电路中主要起分压、分流、限流、偏置的作用，另外，还可以与其他元件配合，组成耦合、滤波、反馈、补偿等各种不同功能的电路。所以，我们有必要掌握电阻器的分类、主要参数、标志方法和测试方法等基本知识。

1.1.1　电阻器

电阻，英文名 resistance，通常缩写为 R，它是导体的一种基本性质，与导体的尺寸、材料、温度有关。欧姆定律说，$I=U/R$，那么 $R=U/I$，电阻的基本单位是欧姆，用希腊字母"Ω"表示，有这样的定义：导体上加上 1 伏特电压时，产生 1 安培电流所对应的阻值。

1. 电阻器分类与符号

(1) 电阻器分类与符号

电阻器的种类很多，按组成材料可分为碳膜、金属膜、合成膜和线绕等电阻器；按用途可分为通用、精密型等电阻器；按工作性能及电路功能分为固定电阻器、可变电阻器和敏感电阻器三大类。此外，还可按引脚引出线的方式、结构形状、功率大小等分类。

(2) 常见电阻器图片

常见电阻器图片如图 1-1 所示。

(a) 光敏电阻

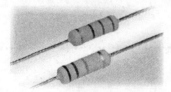 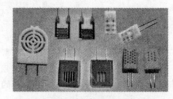

(b) 湿敏电阻　　　　　　　　　(c) 金属氧化膜电阻RY

 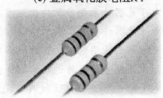

(d) 水泥型线绕电阻　　　　　　　(e) 碳膜电阻RT

图 1-1　常见的电阻器图片

注：通常，底色为蓝色的是金属膜电阻；底色为灰色的是氧化膜电阻；底色为米黄色或者土黄色的是碳膜电阻。

2. 电阻器的主要参数

在电阻器的使用中，必须正确应用电阻器的参数。电阻器的性能参数包括标称阻值和允许偏差、额定功率、极限工作电压、电阻温度系数、频率特性以及噪声电动势等。普通电阻器使用中最常用的参数是标称阻值和允许偏差，额定功率。

（1）标称阻值和允许偏差

标称阻值是指在电阻器表面所标示的阻值。一般阻值范围应符合国标中规定的阻值系列，目前电阻器标称阻值系列有三大系列，即 E6，E12，E24，其中 E24 系列最全。

电阻的单位是欧姆，用 Ω 表示，除欧姆外，还有千欧（kΩ）和兆欧（MΩ）。其换算关系为

$$1\ M\Omega = 1\ 000\ k\Omega = 10^6\ \Omega \qquad 1\ k\Omega = 10^3\ \Omega$$

用 R 表示电阻的阻值时，应遵循以下原则：若 $R < 1\ 000\ \Omega$，用 Ω 表示；若 $1\ 000\ \Omega \leqslant R < 1\ 000\ k\Omega$，用 k$\Omega$ 表示；若 $R \geqslant 1\ 000\ k\Omega$，用 M$\Omega$ 表示。

工业标准电阻、电容、电感大小按 E6，E12，E24，E48，E96，E116，E192 系列规范分度。所谓 E12 分度规范，把阻值分为 12 挡；而 E24 分度规范，把阻值分为 24 挡，各分度阻值及误差范围如表 1-1 所示。

表 1-1　电阻参数的标志

系列	阻值计算及有效数字	误差/%	说明
E6	$10^{\frac{n}{6}}$ ($n=0,\cdots,5$);2 位	20	低精度电阻、大容量电解电容
E12	$10^{\frac{n}{12}}$ ($n=0,\cdots,11$);2 位	10	低精度电阻、非极性电容及电感
E24	$10^{\frac{n}{24}}$ ($n=0,\cdots,23$);2 位	5	普通精度电阻及电容
E48	$10^{\frac{n}{48}}$ ($n=0,\cdots,47$);3 位	1,2	半精密电阻
E96	$10^{\frac{n}{96}}$ ($n=0,\cdots,95$);3 位	0.5,1	精密电阻
E116	$10^{\frac{n}{116}}$ ($n=0,\cdots,115$);3 位	0.2,0.5,1	高精密电阻
E192	$10^{\frac{n}{192}}$ ($n=0,\cdots,191$);3 位	0.1,0.25,0.5	超高精密电阻

（2）额定功率

当电流通过电阻时,要消耗一定的功率,这部分功率变成热量使电阻温度升高,为保证电阻正常使用而不被烧坏,规定电阻器在正常大气压力及额定温度条件下,长期安全使用所能允许消耗的最大功率值,这个最大值称为电阻的额定功率,它是选择电阻器的主要参数之一。各种功率的电阻器在电路图中采用不同的符号表示。

额定功率一般可分为 1/8,1/4,1/2,1,2,5,10 W 等。额定功率大的电阻器体积就大,在一般半导体收音机或功放等电流较小的电路中,电阻的额定功率一般只需 1/4 W 或 1/8 W 就可以了。不同功率电阻器的符号:标称功率大于 10 W 的电阻器,一般在图形符号上直接用数字标记出来。

（3）电阻器的标志

电阻器的标志方法主要有数码表示法、文字符号法、色标法和直标法。

① 数码表示法

用三位(对于普通精度)或四位(高精度)数码表示数值。对于电阻来说,单位为 Ω;对于电容来说,单位为 pF;对于电感来说,单位为 μH。例如 102(对于电阻来说是 1 000,即 1 kΩ;对于电容来说是 1 000 pF,即 0.001 μF 或 1 nF)、1203、333 等。

阻值在 10 以下的电阻,用 R 表示小数点。如 3.9 Ω 电阻表示为 3R9;0.33 Ω 电阻表示为 R33。

数码法多见于贴片电阻,即 SMC 封装。

② 文字符号法

文字符号法是将阿拉伯数字和字母符号按一定规律的组合来表示标称阻值及允许偏差的方法。其优点是认读方便、直观,可提高数值标记的可靠性,多用在大功率电阻器上。

文字符号法规定:用于表示阻值时,字母符号 Ω(R),k,M,G,T 之前的数字表示阻值的整数值,之后的数字表示阻值的小数值,字母符号表示小数点的位置和阻值单位。

例:Ω33→0.33 Ω,3k3→3.3 kΩ,3M3→3.3 MΩ,3G3→3.3 GΩ。

③ 色标法

色环法多用于轴向封装电阻,即穿通式封装。用颜色表示电阻器的阻值和允许误差,不同颜色代表不同数值。常见的有四环电阻表示法和五环电阻表示法。

普通精度的电阻用四条色带表示阻值及偏差,如图 1-2 所示。其中两条表示阻值,一条表示有效数字后面"0"的个数,一条表示偏差。

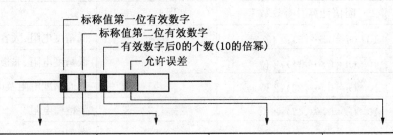

颜色	第一位有效值	第二位有效值	倍率	允许偏差
黑	0	0	10^0	
棕	1	1	10^1	F±1%
红	2	2	10^2	G±2%
橙	3	3	10^3	
黄	4	4	10^4	
绿	5	5	10^5	D±0.5%
蓝	6	6	10^6	C±0.2%
紫	7	7	10^7	B±0.1%
灰	8	8	10^8	
白	9	9	10^9	
金			10^{-1}	J±5%
银			10^{-2}	K±10%
无色				M±20%

图 1-2　两位有效数字阻值的色环表示法

④ 直标法

在电阻体上直接标出阻值及误差,如 10 kΩ 5%。早期多用这种方法,目前电阻体积越来越小,直标法已不再适用。

3. 常用电阻器及其选用

常见电阻器(电位器)有以下几种:

(1) 碳膜(包括合成碳膜)电阻

阻值范围宽(1 Ω～10 MΩ),耐高压,精度差(误差为 5%,10%,20%),高频特性较差,常用作放大电路中的偏置电阻、数字电路中的上拉及下拉电阻。

由于精度低,因此标称阻值及误差用 E6(精度为 20%),E12(精度为 10%),E24(精度为 5%)分度。额定功率范围从 1/8 W 到 10 W,其中耗散功率为 1/4 W,1/2 W,偏差为 5% 和 10% 的碳膜电阻器用得最多。热稳定性较差,温度系数典型值为 5 000 ppm/℃,即温度升高 1 ℃,阻值的变化量为百万分之 5 000,即千分之五。例如,一个标称阻值为 10 kΩ 的碳膜电阻,当温度升高 10 ℃时,阻值增加 10 kΩ×5‰×10,约 0.5 kΩ。

(2) 金属膜(包括金属氧化膜)电阻

用真空镀膜或阴极溅射工艺,将特定金属或合金(例如镍铬合金、氧化锡或氮化钽)淀积在绝缘基体(如模制酚醛塑料)表面上形成薄膜电阻体,构成的电阻器成为金属膜电阻或金属氧化膜电阻。

阻值范围宽(10 Ω～10 MΩ),精度高(误差为 0.1%～1%),温度系数小(金属膜电阻为 10～100 ppm/℃,金属氧化膜电阻典型值为 300 ppm/℃),噪声小,体积小,频率响应特性好,耐压较低,常用作电桥电路、RC 振荡电路及有源滤波器的参数电阻、高频及脉冲电路、运算放大电路中的匹配电阻。

由于精度高,因此标称阻值及误差用 E48(精度为 1%),E116(精度为 0.5%～1%)分度。阻值用 3 位有效数字表示。金属氧化膜电阻温度系数比金属膜电阻大一些(300～400 ppm/℃),耗散功率较大。

(3) 线绕电阻

线绕电阻阻值范围宽(0.01 Ω～10 MΩ),精度高(0.05%),温度系数小(<10 ppm/℃),耗散功率大,但寄生参数(分布电容、寄生电感)大,高频特性差。常用在对阻值有严格要求的电路系统中,例如调谐网络和精密衰减电路。

(4) 特种电阻

主要有热敏电阻(包括负温度系数的 NTC 电阻以及正温度系数的 PTC 电阻)、压敏电阻、光敏电阻、气敏电阻及磁敏电阻等。

(5) 电阻器的选用常识

① 正确选用电阻器的阻值和误差

阻值选用原则:所用电阻器的标称阻值与所需电阻器阻值差值越小越好;误差选用:时间常数 RC 电路所需电阻器的误差尽量小,一般可选 5%以内,对退耦电路、反馈电路滤波电路负载电路对误差要求不太高的电路,可选 10%～20%的电阻器。

② 注意电阻器的极限参数

额定电压:当实际电压超过额定电压时,即便满足功率要求,电阻器也会被击穿损坏。额定功率:所选电阻器的额定功率应大于实际承受功率的两倍,才能保证电阻器在电路中长期工作的可靠性。

③ 要首选通用型电阻器

通用型电阻器种类较多,规格齐全,生产批量大,且阻值范围、外观形状、体积大小都有挑选的余地,便于采购、维修。

④ 根据电路特点选用

高频电路:分布参数越小越好,应选用金属膜电阻、金属氧化膜电阻等高频电阻;低频电路:绕线电阻、碳膜电阻都适用;功率放大电路、偏置电路、取样电路:电路对稳定性要求比较高,应选温度系数小的电阻器;退耦电路、滤波电路:对阻值变化没有严格要求,任何类电阻器都适用。

⑤ 根据电路板大小选用。

根据电路板大小选用电阻。

4. 电阻器的测量

电阻在使用前需检查其性能好坏,就是测量实际阻值与标称值是否相符,误差是否在允许范围之内,对电阻而言,在允许范围之内就是好的,否则就是坏的。测量方法:用万用表的电阻挡进行测量,根据万用表的类型分为模拟表和数字表测量方法。

(1) 模拟表测量步骤

① 确定量程

根据被测电阻值确定量程,使指针指示在刻度线的中间一段,可使测试更加准确,且便于观察。

② 挡位选择

一般 100 Ω 以下的电阻器可选 $R \times 1$ 挡,100 Ω～1 kΩ 的电阻器可选 $R \times 10$ 挡,1～10 kΩ 的电阻器可选 $R \times 100$ 挡,10～100 kΩ 的电阻器可选 $R \times 1$ kΩ 挡,100 kΩ 欧姆以上的电阻器可选 $R \times 10$ kΩ 挡。

③ 调零

确定电阻挡量程后,要进行调零,方法是两表笔短路(直接相碰),调节"调零",使模拟表指针归零,即使指针准确地指在 Ω 刻度线的"0"上。如果不在"0"位置,调整调零旋钮表针指向电阻刻度的"0"位置,否则再进行机械调零,然后再测电阻的阻值。

④ 操作规范

测试时注意事项:第一,人手不要碰电阻两端或接触表笔的金属部分,否则会引起测试误差;第二,不测试在路电阻。

⑤ 读数

读出来的数值乘以量程即为实际测量值。

(2) 数字万用表测量方法

① 挡位选择

选择能够测试阻值的最小挡位,可以保证测试结果的准确性。一般 200 Ω 以下的电阻器可选 200 Ω 挡,2 kΩ 的电阻器可选 2 kΩ 挡,2～20 kΩ 可选 20 kΩ 挡,20～200 kΩ 的电阻器可选 200 kΩ 挡,200 kΩ～200 MΩ 的电阻器选择 2 MΩ 挡,2～20 MΩ 的电阻器选择 20 MΩ 挡,20 MΩ 以上的电阻器选择 200 MΩ 挡。

② 数字表读数

数字表上显示的值要乘以挡位的值即为实际测量值。

其他事项与模拟表一样。

(3) 电阻性能判断

① 定性判断

用万用表测出的电阻值接近标称值,就可以认为基本上质量是好的,如果相差太多或根本不通,就是坏的。

② 定量判断

|实际值一标称值|/标称值所得的数值是否在允许范围之内。

1.1.2　电位器

电位器是一种可调的电子元件,它是由一个电阻体和一个转动或滑动系统组成。当电阻体的两个固定触点之间外加一个电压时,通过转动或滑动系统改变触点在电阻体上的位置,在动触点与固定触点之间便可得到一个与动触点位置成一定关系的电压。在各类电子设备中,电位器是一种可调式电子元件,常用它作分压器和变阻器。

1. 电位器的种类

(1) 电位器按电阻体所用材料不同可分为碳膜电位器、金属膜电位器、线绕电位器、有机实心电位器、碳质实心电位器等。

(2) 电位器按结构不同可分为单联、双联、多联电位器,带开关的电位器,锁紧型和非锁紧型电位器等。

(3) 电位器按调节方式可分为旋转式和直滑式电位器。

(4) 电位器按照阻值变化规律,可分为直线式电位器、指数式电位器、对数式电位器。

2. 电位器的主要参数

(1) 标称阻值

标称阻值是指电位器上标注的电阻值,它等于电阻体两个固定端之间的电阻值,其单位有欧姆(Ω),千欧(kΩ),兆欧(MΩ)。

(2) 额定功率

额定功率是指电位器在交流或直流电路中,在规定的大气压下和产品标准规定的温度下,长期连续正常工作时所允许消耗的最大功率,一般为 0.1,0.25,0.5,1,1.6,2,3,5,10,16 和 25 W 等。

(3) 阻值变化规律

阻值变化规律是指电阻值随滑动接触点旋转角度或滑动行程之间的变化关系。

① 直线式电位器(用"A"表示):其电阻体上的导电物质分布均匀,单位长度的阻值大致相等,电阻值的变化与电位器的旋转角度成直线关系,多用于分压。

② 对数式电位器(用"B"表示):其电阻体上的导电物质分布不均匀,刚开始转动时,阻值的变化较小;转动角度增大时,阻值的变化较大。阻值的变化与电位器的旋转角度成指数关系,多用于音量控制。

③ 反转对数式电位器(用"C"表示):其电阻体上的导电物质分布不均匀,刚开始转动时,阻值的变化很大;转动角度增大时,阻值的变化较小。阻值的变化与电位器的旋转角度成对数关系,多用于音量控制。

(4) 最大工作电压(又称额定工作电压)

最大工作电压是指电位器在规定的条件下,能长期可靠地工作时所允许承受的最高工作电压。电位器的实际工作电压应小于额定电压。

(5) 分辨率

分辨率是指电位器的阻值连续变化时,其阻值变化量与输出电压的比值。非线绕电位器的分辨率较线绕电位器的分辨率要高。

(6) 动噪声

动噪声是指电位器在外加电压作用下,其动触点在电阻体上滑动时产生的电噪声。该噪声的大小与转轴速度、接触点和电阻体之间的接触电阻、动触点的数目、电阻体电阻率的不均匀变化及外加的电压大小等有关。

3. 常见的电位器(图1-3)

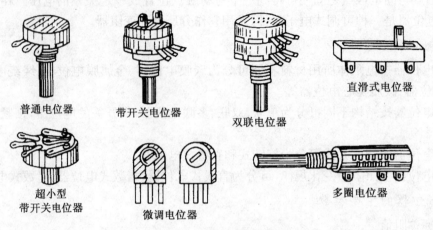

普通电位器　　带开关电位器　　双联电位器　　直滑式电位器

超小型
带开关电位器　　微调电位器　　多圈电位器

图1-3　常见的电位器

(1) 合成碳膜电位器

合成碳膜电位器是目前使用最多的一种电位器,其电阻体是用炭黑、石墨、石英粉、有机黏合剂等配制的混合物,涂在胶木板或玻璃纤维板上制成的。

优点:分辨率高、阻值范围宽。

缺点:滑动噪声大、耐热耐湿性不好。

品种:普通合成碳膜电位器、带开关小型合成碳膜电位器、单联带开关(无开关)电位器、双联同轴无开关(带开关)电位器、双联异轴无开关(带开关)电位器、小型精密合成碳膜电位器、推拉开关合成碳膜电位器、直滑式合成碳膜电位器、精密多圈合成碳膜电位器等。功率一般在2 W以内,广泛应用于家电及无线电电子设备中。

(2) 线绕电位器

线绕电位器的电阻体是由电阻丝绕在涂有绝缘材料的金属或非金属板上制成的。

优点:功率大、噪声小、精度高、稳定性好。

缺点:高频特性较差。

(3) 金属膜电位器

金属膜电位器的电阻体是金属合金膜、金属氧化膜、金属复合膜、氧化钽膜材料通过真空技术沉积在陶瓷基体上制成的。

优点:分辨率高、滑动噪声较合成碳膜电位器小。

缺点:阻值范围小、耐磨性不好。

(4) 直滑式电位器

直滑式电位器的电阻体为长方条形,它是通过与滑座相连的滑柄做直线运动来改变电阻值的。一般用于电视机、音响中作音量控制或均衡控制。

(5) 单圈电位器与多圈电位器

单圈电位器:滑动臂只能在不到360°的范围内旋转,一般用于音量控制。

多圈电位器:转轴每转一圈,滑动臂触点在电阻体上仅改变很小一段距离,其滑动臂从一个极端位置到另一个极端位置时,转轴需要转动多圈。一般用于精密调节电路中。

(6) 实心电位器

实心电位器是用炭黑、石墨、石英粉、有机黏合剂等配制的材料混合加热后,压在塑料基体上,再经加热聚合而成。

优点:分辨率高、耐磨性好、阻值范围宽、可靠性高、体积小。

缺点:噪声大、耐高温性差。

种类:小型实心电位器、直线式实心电位器、对数式实心电位器等。

(7) 单联电位器与双联电位器

单联电位器:由一个独立的转轴控制一组电位器。

双联电位器:通常是将两个规格相同的电位器装在同一转轴上,调节转轴时,两个电位器的滑动触点同步转动,适用于双声道立体声放大电路的音量调节。也有部分双联电位器为异步异轴。

(8) 步进电位器

由步进电动机、转轴电阻体、动触点等组成。动触点可以通过转轴手动调节,也可由步进电动机驱动。多用于音频功率放大器中作音量控制。

(9) 带开关电位器

在电位器上附加有开关装置。开关与电位器同轴,开关的运动与控制方式分为旋转式和推拉式两种。多用于黑白电视机中作音量控制兼电源开关。小型旋转式带开关电位器主要用于半导体收音机或其他小型电子产品中作音量控制(或电流、电压调节)兼电源开关。

种类:单刀单掷、单刀双掷和双刀单掷。

(10) 贴片式电位器

贴片式电位器也称片状电位器,是一种无手动旋转轴的超小型直线式电位器,调节时需使用螺钉旋具等工具。

种类:分为单圈电位器和多圈电位器——属精密电位器,有立式与卧式两种结构。

4. 电位器的选用与检测

(1) 电位器的选用

选用电位器时,不仅要根据使用要求来选择不同类型和不同结构形式的电位器,同时还应满足电子设备对电位器的性能及主要参数的要求。所以,选择电位器应从多方面考虑才行。选用电位器的基本方法有以下几点:

① 根据使用要求选择电位器的类型:在一般要求不高或使用环境较好的场合电路中,应首先选用合成碳膜电位器。如果电路需要精密地调节,而且消耗的功率较大,应选用线绕电位器。线绕电位器由于分布参数较大,只适用于低频电路,所以在高频电路中不宜选用线绕电位器。另外,线绕电位器的噪声小,对要求噪声小的电路可选用这类电位器。金属玻璃釉电位器的阻值范围宽,可靠性高,高频特性好,耐温、耐湿性好,是工作频率较高的电路和精密电子设备首选的电位器类型;另外,金属玻璃釉微调电位器可在小型电子设备中使用。

② 根据用途阻值变化特性选择电位器:电位器的阻值变化特性应根据用途来选择。比如,音量控制的电位器应首选指数式电位器,在无指数式电位器的情况下可用直线式电位器代替,但不能选用对数式电位器,否则将会使音量调节范围变小;作分压用的电位器应选用直线式电位器;作音调控制的电位器应选用对数式电位器。

③ 根据电路的要求选择电位器的参数:电位器的参数主要有标称阻值、额定功率、最

高工作电压、线性精度以及机械寿命等,它们是选用电位器的依据。当根据使用要求选择好电位器的类型后,就要根据电路的要求选择电位器的技术及性能参数。不同电位器的机械寿命也不相同,一般合成碳膜电位器的机械寿命最长,可达 20 万周,而玻璃釉电位器的机械寿命仅为 100~200 周。选用电位器时,应根据电路对耐磨性的不同要求,选用不同机械寿命参数的电位器。

④ 根据结构的要求选用电位器:选用电位器时,要注意电位器尺寸的大小、轴柄的长短及轴端式样,以及轴上位置是否需要锁紧开关、单联还是多联、单圈还是多圈等。对结构上的具体要求:对于需要经常调节的电位器,应选择轴端铣成平面的电位器,以便安装旋钮。对于不需要经常调节的电位器,可选择轴端有沟槽的电位器,以便用螺丝刀调整后不再转动,以保持工作状态的相对稳定性。对于要求准确并一经调好后不再变动的电位器,应选择带锁紧装置的电位器。带开关的电位器,开关部分用于电路电源的通断控制,而电位器部分用于对电量的调节。带开关电位器的开关形式有单刀单掷、单刀双掷和双刀双掷等,选择时应根据需要来确定。带开关的电位器分推拉式开关电位器和旋转式开关电位器两种:推拉式开关电位器在开关动作时,其动触点不参加动作,这样做的好处是:一对电阻体没有磨损,二也不会改变已装好的电位器的位置;旋转式电位器的开关每动作一次,动触点就要在电阻体上滑行一次,因此磨损大,会影响电位器的使用寿命。单联电位器用于对单电量的调节。在收录机、CD 唱机及其他立体声音响设备中用于调节两个声道的音量和音调的电位器应选择双联电位器。

(2) 电位器的检测

① 标称阻值的检测

测量时,选用万用表电阻挡的适当量程,将两表笔分别接在电位器两个固定引脚焊片之间,先测量电位器的总阻值是否与标称阻值相同。若测得的阻值为无穷大或较标称阻值大,则说明该电位器已开路或变值损坏。然后再将两表笔分别接电位器中心头与两个固定端中的任一端,慢慢转动电位器手柄,使其从一个极端位置旋转至另一个极端位置,正常的电位器,万用表表针指示的电阻值应从标称阻值(或 0 Ω)连续变化至 0 Ω(或标称阻值)。整个旋转过程中,表针应平稳变化,而不应有任何跳动现象。若在调节电阻值的过程中,表针有跳动现象,则说明该电位器存在接触不良的故障。直滑式电位器的检测方法与此相同。

② 带开关电位器的检测

对于带开关的电位器,除应按以上方法检测电位器的标称阻值及接触情况外,还应检测其开关是否正常。先旋转电位器轴柄,检查开关是否灵活,接通、断开时是否有清脆的"喀哒"声。用万用表 $R \times 1 \Omega$ 挡,两表笔分别在电位器开关的两个外接焊片上,旋转电位器轴柄,使开关接通,万用表上指示的电阻值应由无穷大(∞)变为 0 Ω。再关断开关,万用表指针应从 0 Ω 返回"∞"处。测量时应反复接通、断开电位器开关,观察开关每次动作的反应。若开关在"开"的位置阻值不为 0 Ω,在"关"的位置阻值不为无穷大,则说明该电位器的开关已损坏。

③ 双联同轴电位器的检测

如图 1-4 所示,用万用表电阻挡的适当量程,分别测量双联电位器上两组电位器的电阻值(即 A, C 之间的电阻值和

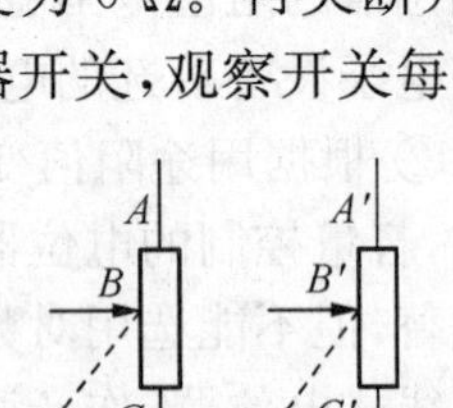

图 1-4　双联同轴电位器符号

A',C'之间的电阻值)是否相同且是否与标称阻值相符。再用导线分别将电位器 A,C' 及电位器 A',C 短接,然后用万用表测量中心头 B,B' 之间的电阻值,在理想的情况下,无论电位器的转轴转到什么位置,B,B' 两点之间的电阻值均应等于 A,C 或 A',C' 两点之间的电阻值(即万用表指针应始终保持在 A,C 或 A',C' 阻值的刻度上不动)。若万用表指针有偏转,则说明该电位器的同步性能不良。

1.2　电容器

电容是最常见的电子元器件之一,具有储存一定电荷的能力,通常简称为电容。尽管电容品种繁多,但它们的基本结构和原理是相同的,即是将两平行导电极板隔以绝缘物质而具有储存电荷能力的器材。

电容只能通过交流电而不能通过直流电,因此常用于振荡电路、调谐电路、滤波电路、旁路电路及耦合电路中。

1.2.1　固定电容器

1. 固定电容器的分类

电容是由两片电极板与中间的电介质构成的,电荷储存在电极板上。根据所要使用的目的,在制造电容时可以选择不同材质与结构的电极和电介质,因而产生了许多不同种类的电容。

根据其结构,电容可分为固定电容、可变电容和半可变电容。目前常用的是固定容量的电容。若按是否有极性来分,电容可分为有极性的电解电容和无极性的普通电容。根据其介质材料,电容可以分为纸介电容、油浸纸介电容、金属化纸介电容、云母电容、薄膜电容、陶瓷电容、独石电容、涤纶(聚酯)电容、云母电容、空气电容、铝电解电容、电解电容(CA)、银电解电容(CN)等。

2. 固定电容器的主要参数

(1) 耐压

耐压(Voltage Rating)是指电容在电路中长期有效地工作而不被击穿所能承受的最大直流电压。对于结构、介质、容量相同的器件,耐压越高,体积越大。

在交流电压中,电容的耐压值应大于电压的峰值,否则,电容可能被击穿。耐压的大小与介质材料有关。加在一个电容两端的电压超过了它的额定电压,电容就会被击穿损坏。固定式电容的耐压系列值有 $1.6,4,6.3,10,16,25,32,35,40,50,63,100,125,160,250,300,400,450,500,630$ 和 $1\,000$ V。

电容的耐压值通常在电容表面以数字的形式标注出来,如图 1-5 所示。

(2) 标称容量

电容上标注的电容量值,称为标称容量。标称容量是生产厂家在电容上标注的电容量。标准单位是法拉(F),另外还有微法(μF)、纳法(nF)、皮法(pF)。它们之间的换算关系为 $1\,F = 10^{6}\,\mu F = 10^{9}\,nF = 10^{12}\,pF$。

（3）允许误差

电容的标称容量与实际容量之差再除以标称值所得的百分比就是允许误差。电容量的允许误差一般分为 8 个级别，允许误差的标示方法一般有三种：

① 将容量的允许误差直接标示在电容上。

② 用罗马数字Ⅰ,Ⅱ,Ⅲ分别表示成±5%，±10%，±20%。

③ 用英文字母表示误差等级。

图 1－5　电容耐压值标注实物图

（4）温度系数

温度系数是在一定温度范围内，温度每变化 1 ℃时电容量的相对变化值，分为正温度系数和负温度系数。正温度系数表示电容量随着温度的增减而增减；负温度系数表示电容量随着温度的下降与上升而增减。温度系数越小，电容的质量越好。

（5）绝缘电阻

电容两极之间的介质不是绝对的绝缘体，它的电阻不是无限大，而是一个有限的数值，一般在 1 000 MΩ 以上，电容两极之间的电阻叫作绝缘电阻，或者叫作漏电电阻（又称漏阻），其大小是额定工作电压下的直流电压与通过电容的漏电流的比值。

漏电电阻越小，漏电越严重。电容漏电会引起能量损耗，这种损耗不仅影响电容的寿命，而且会影响电路的工作。因此，漏电电阻越大越好。小容量的电容，绝缘电阻很大，为几百兆欧姆或几千兆欧姆。电解电容的绝缘电阻一般较小。

（6）频率特性

电容的频率特性是指电容工作在交流电路（尤其在高频电路中）时，其电容量等参数随着频率的变化而变化的特性。电容在高频电路工作时，构成电容材料的介电常数将随着工作电路频率的升高而减小。由电容的电容量 $C = \xi S/4\pi kd$ 可知（ξ 是介电常数），电容的电容量将会随着工作电路频率的升高而减小，此时的电损耗也将增加。

（7）封装形式

电容的封装形式是电容外部形状及安装方式的直观描述。不同封装形式的电容，其外部形状及安装方式是不同的。

无极性电容的封装通常为 RAD0.1，RAD0.2，…其中，RAD 的意思为片装元器件，RAD 后面的数字表示元器件引脚的间距（即焊盘的间距，单位为英寸），如 RAD0.1 表示电容两个焊盘之间的距离为 0.1 英寸（即 100 mil），RAD0.2 表示该电容两个焊盘之间的距离为 0.2 英寸（200 mil）。

电解电容（有极性的电容）的封装通常为 RB.2/.4，RB.3/.6 等。其中，RB 的意思为柱状元器件，RB 后面的数字分别表示焊盘间距（"/"前面的数字）和圆筒外径（"/"后面的数字），如 RB.2/.4 表示该电解电容的焊盘间距为 0.2 英寸（200 mil），圆筒外径为 0.4 英寸（400 mil）。

（8）容器的最大电流峰值

当交流电流过电容时，电容对交流电存在阻尼作用。电容对交流电阻尼作用的大小用容抗 X_C 表示。它的大小与交流电的频率 f 和电容本身的容量大小 C 成反比，即

$$X_C = 1/(2\pi f C)$$

式中：f 是频率，单位是 Hz；C 是容量，单位是 F。在信号频率不变时，容量越大，容抗就越小。在容量不变时，信号的频率越高，容抗越小。对直流电而言，由于频率为零，容抗为无穷大，故电容不能让直流电通过。

3. 固定电容器的容量标注方法

电容器的标称电容量和允许误差一般都标在其外壳上，在电路图上通常只标出电容器的标称值，如果电路对电容器的耐压有所要求，还会标出电容的耐压。电容器的标称电容量和允许误差的标示方法有以下四种，即字母数字混合标示法（又称为文字符号法）、直接标示法、色码标示法和数码标示法。

(1) 字母数字混合标示法

这是国际电工委员会推荐的标注方法，也称为文字符号法。这种方法是用阿拉伯数字和文字符号（单位字母）的组合来表示标称电容量。其中数字表示电容量的有效数值，字母表示数值的单位（量级）。在文字符号（单位字母）前面的数字表示整数值，后面的数字表示小数值。

字母 m 代表 1/1 000，即 10^{-3}；μ 代表 1/1 000 000，即 10^{-6}；n 代表 1/1 000 000 000，即 10^{-9}；p 代表 1/1 000 000 000 000，即 10^{-12}。电容器标称值的单位标志符号见表 1-3 所示。

表 1-3　电容单位标志符号

文字符号	单位	名称
p	pF	皮法
n	nF	纳法
μ	μF	微法
m	mF	毫法

字母有时既表示单位也表示小数点。例如：33m 表示 33 mF（33 mF＝33 000 μF）；2m2 表示 2.2 mF（2.2 mF＝2 200 μF）；3μ3 表示 3.3 μF；μ22 表示 0.22 μF；μ10 表示0.1 μF；47n 表示 47 nF（47 nF＝0.047 μF）；5n1 表示 5.1 nF（5.1 nF＝5 100 pF）；2p2 表示 2.2 pF；1p0 表示 1 pF。

(2) 数字直接标示法

这种方法是用 1～4 位数字表示电容量，不标注单位。① 当数字部分大于 1 时，其单位为 pF（皮法），例如：3 300 表示 3 300 pF；680 表示 680 pF；.7 表示 7 pF。② 当数字部分大于 0 小于 1 时，其单位为 μF（微法）。例如：0.056 表示 0.056 μF；0.1 表示 0.1 μF。

(3) 数码标示法

这种方法一般用 3 位数字表示电容量的大小。3 位数字中的前面两位数字为电容器标称容量的有效数字，第 3 位数字表示 10 的 n 次方（即有效数字后面零的个数）。它们的单位是 pF。

注意：在 n＝0～7 时是表示 10 的 n 次方，特殊情况是当 n＝9 时，不表示 10 的 9 次方，而表示为 10 的 -1 次方（10^{-1}＝0.1），n＝8 时是 10 的 -2 次方（10^{-2}＝0.01）。

例如：560 表示 56×10^{0} pF＝56×1 pF＝56 pF；221 表示 22×10^{1} pF＝22×10 pF＝220 pF；102 表示 10×10^{2} pF＝10×100 pF＝1 000 pF；473 表示 47×10^{3} pF＝$47 \times 1 000$ pF＝47 000 pF＝

0.047 μF;104 表示 $10 \times 10^4 pF = 10 \times 10\ 000\ pF = 100\ 000\ pF = 0.1\ \mu F$。

通常,这种标示方法还用于贴片电阻的标示。

(4) 色码标示法

色码标示法是用不同颜色的色环或色点来表示电容器的主要参数,其颜色含义和识别方法与电阻器的色码标示法基本相同。第1、第2色码为数字的有效位,第3色码为倍乘数,第4色码为误差范围,第5色码为温度系数。

4. 常用电容器

(1) 电解电容器

电解电容器通常是由金属箔(铝/钽)作为正电极,金属箔的绝缘氧化层(氧化铝/钽五氧化物)作为电介质,电解电容器以其正电极的不同分为铝电解电容器和钽电解电容器。铝电解电容器的负电极由浸过电解质液(液态电解质)的薄纸/薄膜或电解质聚合物构成;钽电解电容器的负电极通常采用二氧化锰。由于均以电解质作为负电极(注意和电介质区分),电解电容器因而得名。电解电容器具有极性容量大、能耐受大的脉动电流容量误差大、泄漏电流大等特点。普通的电解电容器不适于在高频和低温下应用,不宜使用在 25 kHz 以上低频旁路、信号耦合、电源滤波。钽电解电容器是一种应用较为广泛的电容器,它是用烧结的钽块作正极,电解质使用固体二氧化锰,其温度特性、频率特性和可靠性均优于普通电解电容器,特别是漏电流极小,储存性良好,寿命长,容量误差小,而且体积小,多用于脉冲锯齿波电路及要求较高的电路中。

(2) 薄膜电容器

结构与纸质电容器相似,只是用聚酯、聚苯乙烯等低损耗塑材作介质,所以频率特性好,介电损耗小,但是不能做成大容量的电容器,且耐热能力差。这种电容器用于滤波器、积分、振荡、定时电路等。

(3) 瓷介电容器

穿心式或支柱式结构瓷介电容器,它的一个电极就是安装螺丝。引线电感极小,频率特性好,介电损耗小,有温度补偿作用,特别适合于高频旁路。但这类电容器不能做成大的容量,受震动时会引起容量变化。

(4) 独石电容器(多层陶瓷电容器)

在若干片陶瓷薄膜坯上被敷以电极浆材料,叠合后一次绕结成一块不可分割的整体,外面再用树脂包封而成的。它具有体积小、容量大、高可靠和耐高温的优点。

(5) 纸质电容器

一般是用两条铝箔作为电极,中间以厚度为 0.008～0.012 mm 的电容器纸隔开后重叠卷绕而成。这种电容器制造工艺简单,价格便宜,能得到较大的电容量。纸质电容器一般用在低频电路内,通常不能在高于 3～4 MHz 的频率上运用。

(6) 微调电容器

电容量可在某一小范围内调整,并可在调整后固定于某个电容值。瓷介微调电容器的 Q 值高,体积也小,通常可分为圆管式及圆片式两种。云母和聚苯乙烯介质通常都采用弹簧式,它结构简单,但稳定性较差。线绕瓷介微调电容器是拆铜丝(外电极)来变动电容量的,故容量只能变小,不适合在需反复调试的场合使用。

（7）陶瓷电容器

用高介电常数的电容器陶瓷（钛酸钡一氧化钛）材料挤压成圆管、圆片或圆盘作为介质，并用烧渗法将银镀在陶瓷上作为电极制成。它又分为高频瓷介和低频瓷介两种。具有小的正电容温度系数的电容器，用于高稳定振荡回路中，作为回路电容器及垫整电容器。高频瓷介电容器适用于高频电路。低频瓷介电容器限于在工作频率较低的回路中作旁路或隔直流用，或对稳定性和损耗要求不高的场合（包括高频在内）。这种电容器不宜使用在脉冲电路中，因为它们易于被脉冲电压击穿。

（8）玻璃釉电容器

由一种浓度适于喷涂的特殊混合物喷涂而成薄膜，介质再以银层电极经烧结而成"独石"结构，性能可与云母电容器媲美，能耐受各种气候环境，一般可在 200 ℃或更高温度下工作，额定工作电压可达 500 V。

（9）固态电容器

高分子固态有机半导体电容器（OS-C0N）简称为固态电容器，是一种具有极性的电解电容。固态电容的介电材料采用了比电解液导电性更高的有机半导体（TCNQ复合盐）或导电性高分子材料，因而固态电容电解质导电性高，导电性受温度的影响小。固态电容的额定电压为 2～35 V，容量为 1～2 700 pF；目前主要应用在 DVD、计算机主板、显卡、高保真音频功率放大器、投影机及工业计算机等设备中。

（10）贴片电容器

又称 SMD 电容器、表面安装电容器，目前被广泛应用在各类电子产品中。贴片电容器的外表通常为黄色或者黑色或淡蓝色。电解电容器通常为黄色或者白色或者红色或者紫色，其中一端有一条白色色带或者有一较窄的暗条，表示该端是正极。常见贴片电容器的外形图如图 1-6 所示。

目前，应用最广的就是贴片式涤纶电容器。这种电容器的耐压通常为 50 V，允许工作温度范围是 -40～+85 ℃。

图 1-6　常见贴片电容的外形图

1.2.2　可变电容器

可变电容器是一种电容量可以在一定范围内调节的电容器，通常在无线电接收电路中作调谐电容器用。可变电容器按其使用的介质材料可分为空气介质可变电容器和固体介质可变电容器。

1. 空气介质可变电容器

空气介质可变电容器的电极由两组金属片组成。两组电极中固定不变的一组为定片，能转动的一组为动片，动片与定片之间以空气作为介质。

当转动空气介质可变电容器的动片使之全部旋进定片间时，其电容量为最大；反之，将动片全部旋出定片间时，电容量最小。

空气介质可变电容器分为空气单联可变电容器（简称空气单联）和空气双联可变电容器（简称空气双联，它由两组动片、定片组成，可以同轴同步旋转），图 1-7 是其外形。

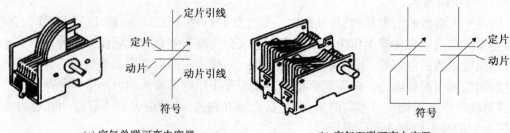

(a) 空气单联可变电容器　　　　　　(b) 空气双联可变电容器

图 1-7　空气介质可变电容器

空气介质可变电容器一般用在收音机、电子仪器、高频信号发生器、通信设备及有关电子设备中。常用的国产空气单联可变电容器有 CB-1-×××系列和 CB-X-×××系列，常用的空气双联可变电容器有 CB-2-×××系列和 CB-2X-×××系列。

2. 固体介质可变电容器

固体介质可变电容器是在其动片与定片(动、定片均为不规则的半圆形金属片)之间加云母片或塑料(聚苯乙烯等材料)薄膜作为介质，外壳为透明塑料。其优点是体积小、重量轻；缺点是杂声大、易磨损。

固体介质可变电容器分为密封单联可变电容器(简称密封单联)、密封双联可变电容器(简称密封双联，它有两组动片、定片及介质，可同轴同步旋转)和密封四联可变电容器(简称密封四联，它有四组动、定片及介质)。

密封单联可变电容器主要用在简易收音机或电子仪器中；密封双联可变电容器用在晶体管收音机和有关电子仪器、电子设备中；密封四联可变电容器常用在 AM/FM 多波段收音机中。

3. 半可变电容器

半可变电容器也称微调电容器，在各种调谐及振荡电路中作为补偿电容器或校正电容器使用。它分为云母微调电容器、瓷介微调电容器、薄膜微调电容器、拉线微调电容器等多种。

(1) 云母微调电容器

云母微调电容器是通过螺钉调节动片与定片之间的距离来改变电容量的。动片为具有弹性的铜片或铝片，定片为固定金属片，其表面贴有一层云母薄片作为介质。云母微调电容器有单微调和双微调之分，电容量均可以反复调节。图 1-8 是云母微调电容器的外形。

(2) 瓷介微调电容器

瓷介微调电容器是用陶瓷作为介质的。在动片(瓷片)与定片(瓷片)上均镀有半圆形的银层，通过旋转动片来改变两银片之间的距离，即可改变电容量的大小。

(3) 拉线微调电容器

拉线微调电容器，早期用于收音机的振荡电路中作为补偿电容，它是以镀银瓷管基体作定片，外面缠绕的细金属丝(一般为细铜线)为动片，减小金属丝的圈数，即可改变电容量。其缺点是金属丝一旦拉掉后，即无法恢复原来的电容量，其电容量只能从大调到小。

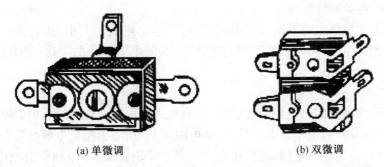

(a) 单微调　　　　　　　　(b) 双微调

图 1-8　云母微调电容外形

（4）薄膜微调电容器

薄膜微调电容器是用有机塑料薄膜作为介质，即在动片与定片（动、定片均为不规则半圆形金属片）之间加上有机塑料薄膜，调节动片上的螺钉，使动片旋转，即可改变电容量。

薄膜微调电容器一般分为双微调和四微调，有的密封双联或密封四联可变电容器上自带薄膜微调电容器，将双联或四联与微调电容器制作为一体，将微调电容器安装在外壳顶部，使用和调整就方便了。

1.2.3　电容器的检测

电容器的检测方法主要有两种：一是采用万用表欧姆挡检测法，这种方法操作简单，检测结果基本上能够说明问题；二是采用代替检查法，这种方法的检测结果可靠，但操作比较麻烦，此方法一般多用于在路检测。在修理过程中，一般先用第一种方法，然后再用第二种方法加以确定。

1. 万用表欧姆挡检测法

（1）漏电电阻的测量

步骤如下：

① 用万用表的欧姆挡（$R \times 10$ kΩ 或 $R \times 1$ kΩ，视电容器的容量而定），当两表笔分别接触容器的两根引线时，表针首先朝顺时针方向（向右）摆动，然后又慢慢地向左回归至无穷大位置的附近，此过程为电容器的充电过程。

② 当表针静止时所指的电阻值就是该电容器的漏电电阻（R）。在测量中如表针距无穷大较远，表明电容器漏电严重，不能使用。若在测漏电电阻时，表针退回到无穷大位置时，又顺时针摆动，这表明电容器漏电更严重。一般要求漏电电阻 $R \geqslant 500$ kΩ，否则不能使用。

③ 对于电容量小于 5 000 pF 的电容器，万用表不能测它的漏电电阻。

（2）电容器的断路（又称开路）、击穿（又称短路）检测

检测容量为 6 800 pF～1 F 的电容器，用 $R \times 10$ kΩ 挡，红、黑表棒分别接电容器的两根引脚，在表棒接通的瞬间，应能见到表针有一个很小的摆动过程。

若未看清表针的摆动，可将红、黑表棒互换一次后再测，此时表针的摆动幅度应略大一些；若在上述检测过程中表针无摆动，说明电容器已断路。

若表针向右摆动一个很大的角度，且表针停在那里不动（即没有回归现象），说明电容器已被击穿或严重漏电。

（3）电解电容器的极性判断

用万用表测量电解电容器的漏电电阻，并记下这个阻值的大小，然后将红、黑表棒对调再测电容器的漏电电阻，将两次所测得的阻值对比，漏电电阻小的一次，黑表棒所接触的是负极。

（4）注意事项

在检测时手指不要同时碰到两支表棒，以避免人体电阻对检测结果的影响，同时检测大电容器如电解电容器时，由于其电容量大，充电时间长，所以当测量电解电容器时，要根据电容器容量的大小，适当选择量程，电容量越小，量程 R 越要放小，否则就会把电容器的充电误认为击穿。

检测容量小于 6 800 pF 的电容器时，由于容量太小，充电时间很短，充电电流很小，万用表检测时无法看到表针的偏转，所以此时只能检测电容器是否存在漏电故障，而不能判断它是否开路，即在检测这类小电容器时，表针应不偏，若偏转了一个较大角度，说明电容器漏电或击穿。关于这类小电容器是否存在开路故障，用这种方法是无法检测到的。可采用代替检查法，或用具有测量电容功能的数字万用表来测量。

2. 代替检查法

对检测电容器而言，代替检查法在具体实施过程中分成下列两种不同情况：

（1）若怀疑某电容器存在开路故障（或容量不够），可在电路中直接用一只好的电容器并联上去，通电检验。电路中 C_1 是原电路中的电容，C_0 是代替检查而并联的好电容，$C_1 = C_0$。由于是怀疑 C_1 开路，相当于 C_1 已经开路了，所以再直接并联一只电容 C_0 是可以的，这样的代替检查操作过程比较方便。代替后通电检查，若故障现象消失，则说明 C_1 开路了，否则也可以排除 C_1 出现开路故障的可能性。

（2）若怀疑电路中的电容器是短路或漏电，则不能采用直接并联上去的方法，要断开所怀疑电容器的一根引脚（或拆下该电容器）后再用代替检查法。因为电容短路或漏电后，该电容器两根引脚之间不再是绝缘的，使所并上的电容不能起正常作用，就不能反映代替检查的正确结果。

1.2.4　电容器的选用

1. 电容器的型号

一般在电路中用于低频耦合、旁路去耦等，电气性能要求不严格时可以采用纸介电容器、电解电容器等。低频放大器的耦合电容器，可选用 $1\sim 22~\mu F$ 的电解电容器。旁路电容器根据电路工作频率来选，如在低频电路中，发射极旁路电容选用电解电容器，容量在 $10\sim 220~\mu F$ 之间，在中频电路中可选用 $0.01\sim 0.1~\mu F$ 的纸介、金属化纸介、有机薄膜电容器等；在高频电路中，则应选用云母电容器和瓷介电容器。在电源滤波和退耦电路中，可选用电解电容器。因为在这些场合中对电容器的要求不高，只要体积允许、容量足够就可以。

2. 电容器的精度

在旁路、退耦、低频耦合电路中，一般对电容器的精度没有很严格要求，选用时可根据设计值，选用相近容量或容量略大些的电容器。但在另一些电路中，如振荡回路、延时回路、音调控制电路中，电容器的容量就应尽可能和计算值一致。在各种滤波器和各种网络中，对电容量的精度有更高要求,应选用高精度的电容器来满足电路的要求。

3. 额定工作电压

电容器的额定工作电压应高于实际工作电压,并留有足够余量,以防因电压波动而导致损坏。一般而言,应使工作电压低于电容器的额定工作电压的 10%～20%。在某些电路中,电压波动幅度较大,应留有更大的余量。电容器的额定工作电压通常是指直流值。如果直流中含有脉动成分,该脉动直流的最大值应不超过额定值;如果工作于交流,此交流电压的最大值应不超过额定值,并且随着工作频率的升高,工作电压应降低。有极性的电容器不能用于交流电路。电解电容器的耐温性能很差,如果工作电压超过允许值,介质损耗将增大,很容易导致温升过高,最终导致损坏。一般说来,电容器工作时只允许出现较低温升,否则属于不正常现象。因此,在设备安装时,应尽量远离发热元件(如大功率管、变压器等)。如果工作环境温度较高,则应降低工作电压使用。一般小容量的电容器介质损耗很小,耐温性能和稳定性都比较好,但电路对它们的要求往往也比较高,因此选择额定工作电压时仍应留有一定的余量,同时也要注意环境工作温度的影响。

4. 绝缘电阻

绝缘电阻越小的电容器,其漏电流就越大,漏电流不仅损耗了电路中的电能,重要的是它会导致电路工作失常或降低电路的性能。漏电流产生的功率损耗,会使电容器发热,而电容器温度升高,又会产生更大的漏电流,如此循环,极易损坏电容器。因此在选用电容器时,应选择绝缘电阻足够高的电容器,特别是在高温和高压条件下使用的电容器,更是如此。另外,作为电桥电路中的桥臂、运算元件,绝缘电阻的高低将影响测量、运算等的精度,必须采用高绝缘电阻值的电容器。电容器的损耗在许多场合也直接影响电路的性能,在滤波器、中频回路、振荡回路等电路中,要求损耗尽可能小,这样可以提高回路的品质因数,改善电路的性能。

5. 温度系数和频率特性

电容器的温度系数越大,其容量随温度的变化越大,这在很多电路是不允许的。例如振荡电路中的振荡回路元件、移相网络元件、滤波器等,温度系数大,会使电路产生漂移,造成电路工作的不稳定。这些场合应选用温度系数小的电容器,以确保其能稳定工作。

另外在高频应用时,由于电容器自身电感、引线电感和高频损耗的影响,电容器的性能会变差。频率特性差的电容器不仅不能发挥其应有的作用,而且还会带来许多麻烦。例如,纸介电容器的分布电感会使高频放大器产生超高频寄生反馈,使电路不能工作。所以选用高频电路的电容器时,一要注意电容器的频率参数,二是使用中注意电容器的引线不能留得过长,以减小引线电感对电路的不良影响。

6. 工作环境

使用环境的好坏,直接影响电容器的性能和寿命。在工作温度较高的环境中,电容器容易产生漏电并加速老化。因此在设计和安装时,应尽可能使用温度系数小的电容器,并远离热源和改善机内通风散热,必要时应强迫风冷。在寒冷条件下,由于气温很低,普通电解电容器会因电解液结冰而失效,使设备工作失常,因此必须使用耐寒的电解电容器。在多风沙条件下或在湿度较大的环境下工作时,则应选用密封型电容器,以提高设备的防尘抗潮性能。

1.3　电感器和变压器

1.3.1　线圈类电感器

电感线圈是由导线一圈靠一圈地绕在绝缘管上,导线彼此互相绝缘,而绝缘管可以是空心的,也可以包含铁心或磁粉心,简称电感,用 L 表示,单位有亨利(H)、毫亨利(mH)、微亨利(μH),1 H$=10^3$ mH$=10^6\mu$H。电感器在电路中的作用包括滤波、振荡、延迟、陷波等,即"通直流,阻交流"。

1. 电感器的分类

图 1-9 为电感器及其符号,电感器的种类很多,分类方法也不一样。主要有如下分类:

(1) 按电感形式分类:固定电感、可变电感。

(2) 按导磁体性质分类:空心线圈、铁氧体线圈、铁心线圈、铜心线圈。

(3) 按工作性质分类:天线线圈、振荡线圈、扼流线圈、陷波线圈、偏转线圈。

(4) 按绕线结构分类:单层线圈、多层线圈、蜂房式线圈。

(5) 按工作频率分类:高频线圈、低频线圈。

(6) 按结构特点分类:磁心线圈、可变电感线圈、色码电感线圈、无磁心线圈等。

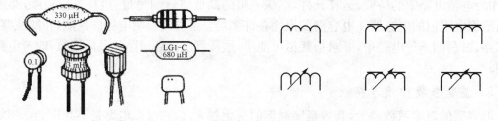

图 1-9　电感器及其符号

2. 电感器的主要参数

(1) 电感量 L

电感量 L 表示线圈本身固有特性,与电流大小无关。除专门的电感线圈(色码电感)外,电感量一般不专门标注在线圈上,而以特定的名称标注。

(2) 感抗 X_L

电感线圈对交流电流阻碍作用的大小称感抗 X_L,单位是欧姆。它与电感量 L 和交流电频率 f 的关系为 $X_L=2\pi fL$。

(3) 品质因数 Q

品质因数 Q 是表示线圈质量的一个物理量,Q 为感抗 X_L 与其等效的电阻的比值,即 $Q=X_L/R$。线圈的 Q 值愈高,回路的损耗愈小。线圈的 Q 值与导线的直流电阻、骨架的介质损耗、屏蔽罩或铁心引起的损耗、高频趋肤效应的影响等因素有关。线圈的 Q 值通常为几十到几百。采用磁心线圈、多股粗线圈均可提高线圈的 Q 值。

（4）分布电容

线圈的匝与匝间、线圈与屏蔽罩间、线圈与底板间存在的电容被称为分布电容。分布电容的存在使线圈的 Q 值减小，稳定性变差，因而线圈的分布电容越小越好。采用分段绕法可减小分布电容。

（5）允许误差

电感量实际值与标称值之差除以标称值所得的百分数。

（6）标称电流

标称电流指线圈允许通过的电流大小，通常用字母 A,B,C,D,E 分别表示，标称电流值为 50,150,300,700 和 1 600 mA。

3. 电感器的测试

（1）外观检查

检测电感时先进行外观检查，看线圈有无松散，引脚有无折断，线圈是否烧毁或外壳是否烧焦等。若有上述现象，则表明电感已损坏。

（2）万用表电阻法检测

用万用表的欧姆挡测线圈的直流电阻。电感的直流电阻值一般很小，匝数多、线径细的线圈能达几十欧；对于有抽头的线圈，各引脚之间的阻值均很小，仅几欧姆左右。若用万用表 $R\times 1\ \Omega$ 挡测量线圈的直流电阻，阻值无穷大说明线圈（或与引出线间）已经开路损坏；阻值比正常值小很多，则说明有局部短路；阻值为零，说明线圈完全短路。

对于有金属屏蔽罩的电感线圈，还需检查它的线圈与屏蔽罩间是否短路。若用万用表检测得线圈各引脚与外壳（屏蔽罩）之间的电阻不是无穷大，而是有一定电阻值或为零，则说明该电感内部短路。

采用具有电感挡的数字式万用表检测电感时，将数字式万用表量程开关置于合适电感挡，然后将电感引脚与万用表两表笔相接即可从显示屏显示出电感的电感量。若显示的电感量与标称电感量相近，则说明该电感正常；若显示的电感量与标称电感量相差很多，则说明电感不正常。

4. 常用电感器

（1）单层线圈

单层线圈是用绝缘导线一圈挨一圈地绕在纸筒或胶木骨架上，如晶体管收音机中波天线线圈。

（2）蜂房式线圈

如果所绕制的线圈其平面不与旋转面平行，而是相交成一定的角度，这种线圈称为蜂房式线圈。而其旋转一周，导线来回弯折的次数，常称为折点数。蜂房式绕法的优点是体积小，分布电容小，而且电感量大。蜂房式线圈都是利用蜂房绕线机来绕制，折点越多，分布电容越小。

（3）铁氧体磁心和铁粉心线圈

线圈的电感量大小与有无磁心有关。在空心线圈中插入铁氧体磁心，可增加电感量和提高线圈的品质因数。

（4）铜心线圈

铜心线圈在超短波范围应用较多，利用旋动铜心在线圈中的位置来改变电感量，这种调整比较方便、耐用。

(5) 色码电感线圈

色码电感线圈是一种高频电感线圈,它是在磁心上绕一些漆包线后再用环氧树脂或塑料封装而成。它的工作频率为 10 kHz 至 200 MHz,电感量一般在 0.1 μH 到 3 300 μH 之间。色码电感器是具有固定电感量的电感器,其电感量标志方法同电阻一样以色环来标记,其单位为 μH。

(6) 阻流圈(扼流圈)

限制交流电通过的线圈称阻流圈,分高频阻流圈和低频阻流圈。

(7) 偏转线圈

偏转线圈是电视机扫描电路输出级的负载,偏转线圈要求:偏转灵敏度高、磁场均匀、Q 值高、体积小、价格低。

依电感的型号和规格来分类还有片状电感、功率电感、片状磁珠、插件磁珠、立式电感等多种型号和规格。

磁珠有很高的电阻率和磁导率,它等效于电阻和电感串联,但电阻值和电感值都随频率变化。磁珠比普通的电感有更好的高频滤波特性,在高频时呈现阻性,所以能在相当宽的频率范围内保持较高的阻抗,从而提高调频滤波效果,是目前应用发展很快的一种抗干扰组件,廉价、易用,滤除高频噪声效果显著。

电感和磁珠之间的联系与区别:

① 电感是储能元件,而磁珠是能量转换(消耗)器件。

② 电感多用于电源滤波回路,磁珠多用于信号回路,用于 EMC 对策。

③ 磁珠主要用于抑制电磁辐射干扰,而电感则侧重于抑制传导性干扰,两者都可用于处理 EMC、EMI 问题。处理 EMI 问题的两个途径,即辐射和传导,不同的途径采用不同的抑制方法,前者用磁珠,后者用电感。

④ 磁珠是用来吸收超高频信号,像一些 RF 电路、PLL、振荡电路、含超高频存储器电路,都需要在电源输入部分加磁珠;而电感是一种蓄能元件,用在 LC 振荡电路、中低频的滤波电路等,其应用频率范围很少超过 50 MHz。

⑤ 电感一般用于电路的匹配和信号质量的控制上。一般用于地的连接和电源的连接。

在模拟地和数字地结合的地方用磁珠。对信号线也采用磁珠。磁珠的大小(确切地说应该是磁珠的特性曲线)取决于需要磁珠吸收的干扰波的频率。

1.3.2　变压器

变压器是变换交流电压、电流和阻抗的器件,当初级线圈中通有交流电流时,铁心(或磁心)中便产生交流磁通,使次级线圈中感应出电压(或电流)。变压器由铁心(或磁心)和线圈组成,线圈有两个或两个以上的绕组,其中接电源的绕组叫初级线圈,其余的绕组叫次级线圈。

1. 变压器的分类

变压器的种类很多,往往按结构、工作频率、电源相数等进行分类。其中按工作频率可分为低频变压器、中频变压器和高频变压器。

(1) 低频变压器

低频变压器用来传输信号电压和信号功率,还可实现电路之间的阻抗匹配,对直流电具有隔离作用。低频变压器又可分为音频变压器和电源变压器两种；音频变压器又分为级间耦合变压器、输入变压器和输出变压器，其外形均与电源变压器相似。

音频变压器的主要作用是实现阻抗变换、耦合信号以及将信号倒相等。因为只有在电路阻抗匹配的情况下，音频信号的传输损耗及其失真才能降到最小。

① 级间耦合变压器。用在两级音频放大电路之间，作为耦合元件，将前级放大电路的输出信号传送至后一级，并作适当的阻抗变换。

② 输入变压器。在早期的半导体收音机中，音频推动级和功率放大级之间使用的变压器为输入变压器，起信号耦合、传输作用，也称为推动变压器。

③ 输入变压器有单端输入式和推挽输入式。若推动电路为单端电路，则输入变压器为单端输入式；若推动电路为推挽电路，则输入变压器为推挽输入式。

④ 输出变压器。输出变压器接在功率放大器的输出电路与扬声器之间，主要起信号传输和阻抗匹配的作用。输出变压器也分为单端输出变压器和推挽输出变压器两种。

⑤ 电源变压器。电源变压器的作用是将 50 Hz, 220 V 交流电压升高或降低，变成所需的各种交流电压。按其变换电压的形式，可分为升压变压器、降压变压器和隔离变压器等；按其形状构造，可分为长方体或环形(俗称环牛)等。

(2) 中频变压器

中频变压器俗称中周，是超外差式收音机和电视机中的重要组件。中周的磁心是用具有高频或低频特性的磁性材料制成，低频磁心用于调幅收音机，高频磁心用于电视机和调频收音机。中频变压器属于可调磁心变压器，由屏蔽外壳、磁帽(或磁心)、尼龙支架、"工"字磁心和引脚架等组成，调节其磁心，改变线圈的电感量，即可改变中频信号的灵敏度、选择性及通频带。不同规格、不同型号的中频变压器不能直接互换使用。

(3) 高频变压器

高频变压器可分为耦合线圈和调谐线圈两大类。耦合线圈的主要作用是连接两部分电路的信号传输，即前级信号通过它送至后级电路；调谐线圈与电容可组成串并联谐振回路，用于选频电路等。天线线圈、振荡线圈等是高频线圈。开关电源变压器由于工作频率通常在几十千赫兹，也属于高频变压器。

(4) 脉冲变压器

脉冲变压器用于各种脉冲电路中，其工作电压、电流等均为非正弦脉冲波。常用的脉冲变压器有电视机的行输出变压器、行推动变压器、开关变压器、电子点火器的脉冲变压器、臭氧发生器的脉冲变压器等。

① 行输出变压器

行输出变压器简称 FBT 或行回扫变压器，是电视机中的主要部件，属于升压式变压器，用来产生显像管所需的各种工作电压(如阳极高压、加速极电压、聚焦极电压等)。有的电视机中的行输出变压器还为整机的其他电路提供工作电压。行输出变压器一般由"U"形磁心、低压线圈、高压线圈、外壳、高压整流硅堆、高压线、高压帽、灌封材料、引脚、聚焦电位器、加速极电压调节电位器、聚焦电源线、加速极供电线及分压电路等组成。

② 行推动变压器

行推动变压器也称行激励变压器，接在行推动电路与行输出电路之间，起信号耦合、阻抗变换、隔离及缓冲等作用，控制着行输出管的工作状态。行推动变压器由"E"形铁心(或磁心)、骨架及一次(初级)、二次(次级)绕组等构成。

③ 开关变压器

开关稳压电源电路中使用的开关变压器,属于脉冲电路用振荡变压器。其主要作用是向负载电路提供能量(即为整机各电路提供工作电压),实现输入、输出电路之间的隔离。开关变压器采用"EI"形或"EE"形、"Ea"形等高磁导率磁心,其一次(初级)绕组为储能绕组,用来向开关管集电极供电。自激式开关电源的开关变压器一次绕组还包含正反馈绕组或取样绕组,用来提供正反馈电压或取样电压。自激式开关电源的开关变压器一次绕组还包含自馈电绕组,用来提供开关振荡集成电路工作电压。开关变压器二次(次级绕组)侧有多组电能释放绕组,可产生多路脉冲电压,经整流、滤波后供给电视机各有关电路。

④ 自耦变压器

自耦变压器的绕组为有抽头的一组线圈,其输入端和输出端之间有电的直接联系,不能隔离为两个独立部分。当输入端同时有直流电和交流电通过时,输出端无法将直流成分滤除而单独输出交流电(即不具备隔直流作用)。

(5) 隔离变压器

隔离变压器的主要作用是隔离电源、切断干扰源的耦合通路和传输通道,其一次、二次绕组的匝数比(即变压比)等于1。它又分为电源隔离变压器和干扰隔离变压器两种。

① 电源隔离变压器

电源隔离变压器是具有"安全隔离"作用的1∶1电源变压器,一般作为彩色电视机的维修设备。彩色电视机的底板多数是"带有电",在维修时若在彩色电视机与220 V交流电源之间接入一只隔离变压器,则彩色电视机即呈"悬浮"供电状态。当人体偶尔触及隔离变压器二次侧(次级)的任一端时,均不会发生触电事故(人体不能同时触及隔离变压器二次侧的两个接线端,否则会形成闭合回路,发生触电事故)。

② 干扰隔离变压器

干扰隔离变压器是具有噪声干扰抑制作用的变压器,可以使两个有联系的电路相互独立,不能形成回路,从而有效地切断干扰信号的通路,使干扰信号无法从一个电路进入另一个电路。干扰隔离变压器通常用于电源的输入端,是抗干扰电路的主要元器件之一。

1.4　半导体分立元器件

1.4.1　二极管

1. 半导体二极管的分类

二极管按其使用的半导体材料可分为锗(Ge)二极管、硅二极管和砷化镓(GaAs)二极管、磷化镓(GaP)二极管等;按结构不同可分为点接触型二极管和面接触型二极管;按其用途和功能可分为普通二极管、整流二极管、稳压二极管、检波二极管、开关二极管、阻尼二极管、发光二极管、光敏二极管、变容二极管等多种。

2. 常用半导体二极管

(1) 整流二极管

就原理而言,从输入交流中得到输出的直流是整流。以整流电流的大小(100 mA)作为界线,通常把输出电流大于 100 mA 的叫整流。面结型,工作频率小于几十千赫,最高反向电压从 25 V 至 3 000 V 分 A～X 共 22 挡。

分类如下:

① 硅半导体整流二极管 2CZ 型;

② 硅桥式整流器 QL 型;

③ 用于电视机高压硅堆工作频率近 100 kHz 的 2CLG 型。

(2) 稳压二极管

稳压二极管是用特殊工艺制造的面结型硅半导体二极管,是反向击穿特性曲线急骤变化的二极管。二极管工作时的端电压(又称齐纳电压)从 3 V 左右到 150 V,按每隔 10% 划分,能划分成许多等级;在功率方面,也有从 200 mW 至 100 W 以上的产品。工作在反向击穿状态,硅材料制作,动态电阻 R_Z 很小,一般为 2CW 型;将两个互补二极管反向串接,以减小温度系数则为 2DW 型。

(3) 检波二极管

检波二极管主要是从输入信号把高频信号中的低频信号检出,以整流电流的大小(100 mA)作为界线,通常把输出电流小于 100 mA 的叫检波。锗材料点接触型、工作频率可达 400 MHz,正向压降小,结电容小,检波效率高,频率特性好,为 2AP 型。类似点触型那样检波用的二极管,除用于检波外,还能够用于限幅、削波、调制、混频、开关等电路,也有为调频检波专用的特性一致性好的两只二极管组合件。

(4) 开关二极管

小电流的开关二极管通常有点接触型和键型等二极管,也有在高温下还能工作的硅扩散型、台面型和平面型二极管。开关二极管的特点是开关速度快,而肖特基型二极管的开关时间特短,因而是理想的开关二极管。2AK 型点接触为中速开关电路用;2CK 型平面接触为高速开关电路用;用于开关、限幅、钳位或检波等电路。

(5) 肖特基二极管

肖特基二极管是具有肖特基特性的"金属半导体结"的二极管,其正向起始电压较低。其金属层除钨材料外,还可以采用金、钼、镍、钛等材料。其半导体材料采用硅或砷化镓,多为 N 型半导体。这种器件是由多数载流子导电的,所以其反向饱和电流较以少数载流子导电的 PN 结大得多。由于肖特基二极管中少数载流子的存储效应甚微,所以其频率响应为 RC 时间常数限制,故它是高频和快速开关的理想器件。肖特基二极管工作频率可达 100 GHz,且 MIS(金属-绝缘体-半导体)肖特基二极管可以用来制作太阳能电池或发光二极管。

(6) 变容二极管

用于自动频率控制(AFC)和调谐用的小功率二极管称变容二极管。通常,采用硅的扩散型二极管,但也可采用合金扩散型、外延结合型、双重扩散型等特殊制作的二极管,因为这些二极管对于电压而言,其静电容量的变化率特别大。结电容随反向电压 V_R 变化,取代可变电容,用作调谐回路、振荡电路、锁相环路,常用于电视机高频头的频道转换和调谐电路,多以硅材料制作。

（7）发光二极管

用磷化镓、磷砷化镓材料制成,体积小,正向驱动发光。工作电压低,工作电流小,发光均匀,寿命长,可发红、黄、绿单色光。

（8）阻尼二极管

具有较高的反向工作电压和峰值电流,正向压降小,高频高压整流二极管,用在电视机行扫描电路作阻尼和升压整流用。

3. 半导体二极管的测试

（1）普通二极管的测试

① 直观识别二极管的极性

二极管正、负极一般在外壳上有标志。目前所用的标志有两种,一是在管壳上直接标出二极管符号,二是在管壳一端标色环或色点。标注色环或色点一端地电极是二极管的负极,另一端是正极。

② 用万用表测试二极管

第一步：将万用表功能开关拨到欧姆挡 $R \times 100 \ \Omega$ 或 $R \times 1 \ k\Omega$,进行"0 Ω"校正。

第二步：将万用表的红黑表笔搭接在二极管的两个管脚上,记下万用表的电阻值读数。注意人体不要同时与二极管的两个引脚相接,以免影响测量结果。

第三步：交换万用表两表笔再进行测试,记下万用表的电阻值读数。以电阻值小的一次为准,黑表笔对应的电极为二极管的正极,另一个脚为负极。注意,模拟指针式万用表表内电池的正极是接于黑色表笔;电池负极接于红色表笔;数字万用表则相反。

在两次操作测量中,若两次所测得的电阻值相差很大,说明是好的;如果两次测量电阻值均为零或很小,说明 PN 结已短路或被击穿;如果两次测量电阻值均为无限大,说明 PN 结内部开路或烧坏,均不能再使用。

（2）稳压二极管的判别

首先按普通二极管的检测方法判断出稳压二极管的正、负极。然后将万用表的量程置 $R \times 10 \ k\Omega$ 挡测量二极管的反向电阻值,若此时的电阻变小,说明该二极管是稳压二极管。

（3）发光二极管的检测

发光二极管的正负极可以通过管脚的长短来判断,管脚长的是正极,管脚短的是负极。也可以借助于万用表 $R \times 10 \ k\Omega$ 挡测试判断,测试判断方法与普通二极管一样,一般正向电阻为 15 kΩ 左右,反向电阻为无穷大。

4. 半导体二极管的选用

在实际工作中,应根据电路的实际要求来选择半导体二极管的种类、型号和参数。其选用原则大体如下：

（1）根据电路功能的选用

高频检波电路应选用锗检波二极管,它的特点是工件频率高,正向压降小和结电容小,2AP11～17 用于 40 MHz 以下,2AP9～10 用于 100 MHz 以下,2AP1～8 用于 150 MHz 以下,2AP30 用于 400 MHz 以下。

（2）根据整机体积

整机向小型化、薄型化和轻型化方向发展,要求配套二极管微型化和片状化。DO－35

型开关二极管和频段开关二极管的玻壳长度为 3.8 mm,DO-34 频段开关二极管的玻壳长度为 2.2 mm,SOD-23 型塑封变容二极管长度为 4 mm。

（3）根据整机性价比对二极管进行合理选用

根据整机性价比和配套二极管在整机中的作用,进行合理选用。

（4）使用注意事项

由于二极管向微型、超微型和片状化发展,在使用中要特别注意以下事项：

① 对于点结触型和玻壳二极管,要防止跌落在坚硬的地面；

② 对于玻壳二极管,焊接时要防止电烙铁直接接触玻壳；

③ 对稳压二极管不能加正向电压；

④ 肖特基二极管易受静电破坏,人与设备应接地；

⑤ 对片状二极管,注意二极管本身与印制板的膨胀系数；

⑥ 对有配对要求的二极管,在使用中要防止混组,以免影响调试。

1.4.2　三极管

半导体三极管也称双极型晶体管、晶体三极管,简称三极管,是一种电流控制电流的半导体器件。其作用是把微弱信号放大成幅值较大的电信号,也用作无触点开关。其结构示意图如图 1-10 所示。

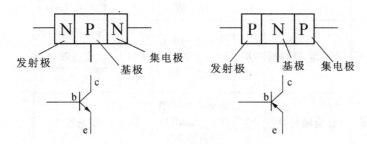

图 1-10　三极管结构示意图

1. 三极管的分类及型号命名

（1）三极管的分类

半导体电子器件由两个 PN 结组成,可以对电流起放大作用,有 3 个引脚,分别为集电极(c)、基极(b)、发射极(e)。因其结构不同分为 PNP 和 NPN 型两种。常见的分类方式如下为

① 按材质分为硅管、锗管；

② 按结构分为 NPN、PNP；

③ 按功能分为开关管、功率管、达林顿管、光敏管等；

④ 按功率分为小功率管、中功率管、大功率管；

⑤ 按工作频率分为低频管、高频管、超频管；

⑥ 按结构工艺分为合金管、平面管；

⑦ 按安装方式分为插件三极管、贴片三极管。

（2）三极管常见命名

① 我国半导体分立器件的命名法(表 1-3)

表 1-3　国产半导体分立器件型号命名法

第一部分		第二部分		第三部分				第四部分	第五部分
用数字表示器件电极的数目		用汉语拼音字母表示器件的材料和极性		用汉语拼音字母表示器件的类型					
符号	意义	符号	意义	符号	意义	符号	意义		
2	二极管	A	N 型,锗材料	P	普通管	D	低频大功率管($f_a<3\,MHz$,$P_C\geqslant1\,W$)	用数字表示器件序号	用汉语拼音表示规格的区别代号
		B	P 型,锗材料	V	微波管				
		C	N 型,硅材料	W	稳压管	A	高频大功率管($f_a\geqslant3\,MHz$,$P_C\geqslant1\,W$)		
		D	P 型,硅材料	C	参量管				
3	三极管	A	PNP 型,锗材料	Z	整流管	T	半导体闸流管(可控硅整流器)		
		B	NPN 型,锗材料	L	整流堆				
				S	隧道管	Y	体效应器件		
				N	阻尼管	B	雪崩管		
		C	PNP 型,硅材料	U	光电器件	J	阶跃恢复管		
				K	开关管	CS	场效应器件		
		D	NPN 型,硅材料	X	低频小功率管($f_a<3\,MHz$,$P_C<1\,W$)	BT	半导体特殊器件		
						FH	复合管		
						PIN	PIN 型管		
		E	化合物材料	G	高频小功率管($f_a\geqslant3\,MHz$,$P_C<1\,W$)	JG	激光器件		

例:

（a）锗材料 PNP 型低频大功率三极管:

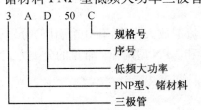

（b）硅材料 NPN 型高频小功率三极管:

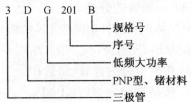

（c）N 型硅材料稳压二极管:

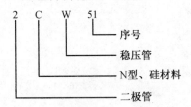

（d）单结晶体管:

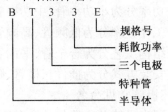

② 国际电子联合会半导体器件命名法(表 1-4)

表 1-4　国际电子联合会半导体器件型号命名法

第一部分		第二部分				第三部分		第四部分	
用字母表示 使用的材料		用字母表示类型及主要特性				用数字或字母加数 字表示登记号		用字母对同一 型号者分挡	
符号	意义	符号	意义	符号	意义	符号	意义	符号	意义
A	锗材料	A	检波、开关和混频二极管	M	封闭磁路中的霍尔元件	三位数字	通用半导体器件的登记序号（同一类型器件使用同一登记号）	A B C D E …	同一型号器件按某一参数进行分挡的标志
		B	变容二极管	P	光敏元件				
B	硅材料	C	低频小功率三极管	Q	发光器件				
		D	低频大功率三极管	R	小功率可控硅				
C	砷化镓	E	隧道二极管	S	小功率开关管	一个字母加两位数字	专用半导体器件的登记序号（同一类型器件使用同一登记号）		
		F	高频小功率三极管	T	大功率可控硅				
D	锑化铟	G	复合器件及其他器件	U	大功率开关管				
		H	磁敏二极管	X	倍增二极管				
R	复合材料	K	开放磁路中的霍尔元件	Y	整流二极管				
		L	高频大功率三极管	Z	稳压二极管即齐纳二极管				

示例(命名)：

国际电子联合会晶体管型号命名法的特点：

(a) 这种命名法被欧洲许多国家采用。因此，凡型号以两个字母开头，并且第一个字母是 A，B，C，D 或 R 的晶体管，大都是欧洲制造的产品，或是按欧洲某一厂家专利生产的产品。

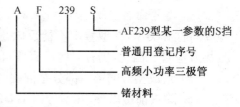

(b) 第一个字母表示材料(A 表示锗管，B 表示硅管)，但不表示极性(NPN 型或 PNP 型)。

(c) 第二个字母表示器件的类别和主要特点。如 C 表示低频小功率管，D 表示低频大功率管，F 表示高频小功率管，L 表示高频大功率管等等。若记住了这些字母的意义，不查手册也可以判断出类别。例如，BL49 型，一见便知是硅大功率专用三极管。

(d) 第三部分表示登记顺序号。三位数字者为通用品，一个字母加两位数字者为专用品，顺序号相邻的两个型号的特性可能相差很大。例如，AC184 为 PNP 型，而 AC185 则为 NPN 型。

(e) 第四部分字母表示同一型号的某一参数(如 h_{FE} 或 N_F)进行分挡。

(f) 型号中的符号均不反映器件的极性(指 NPN 或 PNP)。极性的确定需查阅手册或测量。

③ 美国半导体器件型号命名法

美国晶体管或其他半导体器件的型号命名法较混乱。这里介绍的是美国晶体管标准型号命名法,即美国电子工业协会(EIA)规定的晶体管分立器件型号的命名法,如表1-5所示。

表1-5　美国电子工业协会半导体器件型号命名法

第一部分		第二部分		第三部分		第四部分		第五部分	
用符号表示用途的类型		用数字表示PN结的数目		美国电子工业协会(EIA)注册标志		美国电子工业协会(EIA)登记顺序号		用字母表示器件分挡	
符号	意义	符号	意义	符号	意义	符号	意义	符号	意义
JAN或J	军用品	1	二极管	N	该器件已在美国电子工业协会注册登记	多位数字	该器件在美国电子工业协会登记的顺序号	A B C D ⋮	同一型号的不同挡别
		2	三极管						
无	非军用品	3	三个PN结器件						
		n	n个PN结器件						

例:

(a) JAN2N2904

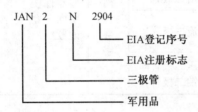

(b) 1N4001

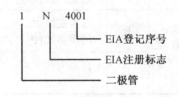

美国晶体管型号命名法的特点:

(a)型号命名法规定较早,又未作过改进,型号内容很不完备。例如,对于材料、极性、主要特性和类型,在型号中不能反映出来。例如,2N开头的既可能是一般晶体管,也可能是场效应管。因此,仍有一些厂家按自己规定的型号命名法命名。

(b)组成型号的第一部分是前缀,第五部分是后缀,中间的三部分为型号的基本部分。

(c)除去前缀以外,凡型号以1N,2N或3N…开头的晶体管分立器件,大都是美国制造的,或按美国专利在其他国家制造的产品。

(d)第四部分数字只表示登记序号,而不含其他意义。因此,序号相邻的两器件可能特性相差很大。例如,2N3464为硅NPN,高频大功率管,而2N3465为N沟道场效应管。

(e)不同厂家生产的性能基本一致的器件,都使用同一个登记号。同一型号中某些参数的差异常用后缀字母表示。因此,型号相同的器件可以通用。

(f)登记序号数大的通常是近期产品。

④ 日本半导体器件型号命名法

日本半导体分立器件(包括晶体管)或其他国家按日本专利生产的这类器件,都是按日本工业标准(JIS)规定的命名法(JIS-C-702)命名的。

　　日本半导体分立器件的型号由五至七部分组成。通常只用到前五部分。前五部分符号及意义如表1-6所示。第六、七部分的符号及意义通常是各公司自行规定的。第六部分的符号表示特殊的用途及特性,其常用的符号有

　　M:松下公司用来表示该器件符合日本防卫厅海上自卫队参谋部有关标准登记的产品;

　　N:松下公司用来表示该器件符合日本广播协会(NHK)有关标准的登记产品;

　　Z:松下公司用来表示专用通信用的可靠性高的器件;

　　H:日立公司用来表示专为通信用的可靠性高的器件;

　　K:日立公司用来表示专为通信用的塑料外壳的可靠性高的器件;

　　T:日立公司用来表示收发报机用的推荐产品;

　　G:东芝公司用来表示专为通信用的设备制造的器件;

　　S:三洋公司用来表示专为通信设备制造的器件。

　　第七部分的符号常被用来作为器件某个参数的分挡标志。例如,三菱公司常用 R,G,Y 等字母;日立公司常用 A,B,C,D 等字母,作为直流放大系数 h_{FE} 的分挡标志。

表 1-6　日本半导体器件型号命名法

第一部分		第二部分		第三部分		第四部分		第五部分
用数字表示类型或有效电极数		S表示日本电子工业协会(EIAJ)的注册产品		用字母表示器件的极性及类型		用数字表示在日本电子工业协会登记的顺序号		用字母表示对原来型号的改进产品
符号	意义	符号	意义	符号	意义	符号	意义	
0	光电(即光敏)二极管、晶体管及其组合管	S	表示已在日本电子工业协会(EIAJ)注册登记的半导体分立器件	A	PNP型高频管	四位以上的数字	从11开始,表示在日本电子工业协会注册登记的顺序号,不同公司性能相同的器件可以使用同一顺序号,其数字越大越是近期产品	A B C D E F … 用字母表示对原来型号的改进产品
				B	PNP型低频管			
				C	NPN型高频管			
				D	NPN型低频管			
1	二极管			F	P控制极可控硅			
2	三极管,具有两个以上 PN 结的其他晶体管			G	N控制极可控硅			
				H	N基极单结晶体管			
				J	P沟道场效应管			
				K	N沟道场效应管			
				M	双向可控硅			
3	具有四个有效电极或具有三个 PN 结的晶体管							
$n-1$	具有 n 个有效电极或具有 $n-1$ 个 PN 结的晶体管							

示例：

（a）2SC502 A（日本收音机中常用的中频放大管）

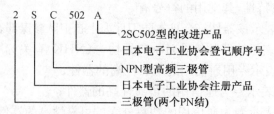

（b）2SA495（日本夏普公司 GF‐9494 收录机用小功率管）

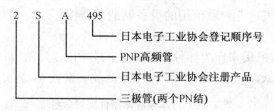

日本半导体器件型号命名法有如下特点：

（a）型号中的第一部分是数字，表示器件的类型和有效电极数。例如，用"1"表示二极管，用"2"表示三极管，而屏蔽用的接地电极不是有效电极。

（b）第二部分均为字母 S，表示日本电子工业协会注册产品，而不表示材料和极性。

（c）第三部分表示极性和类型。例如用 A 表示 PNP 型高频管，用 J 表示 P 沟道场效应三极管。但是，第三部分既不表示材料，也不表示功率的大小。

（d）第四部分只表示在日本工业协会（EIAJ）注册登记的顺序号，并不反映器件的性能，顺序号相邻的两个器件的某一性能可能相差很远。例如，2SC2680 型的最大额定耗散功率为 200 mW，而 2SC2681 的最大额定耗散功率为 100 W。但是，登记顺序号能反映产品时间的先后。登记顺序号的数字越大，越是近期产品。

（e）第六、七两部分的符号和意义各公司不完全相同。

（f）日本有些半导体分立器件的外壳上标记的型号，常采用简化标记的方法，即把 2S 省略。例如，2SD764 简化为 D764，2SC502 A 简化为 C502 A。

（g）在低频管（2SB 和 2SD 型）中，也有工作频率很高的管子。例如，2SD355 的特征频率 f_T 为 100 MHz，所以它们也可当高频管用。

（h）日本通常把 $P_{CM} \geqslant 1$ W 的管子称作大功率管。

2. 三极管主要参数

晶体管的主要参数有电流放大系数、耗散功率、频率特性、集电极最大电流、最大反向电压、反向电流等。

（1）电流放大系数

电流放大系数也称电流放大倍数，用来表示晶体管放大能力。根据晶体管工作状态的不同，电流放大系数又分为直流电流放大系数和交流电流放大系数。

① 直流电流放大系数

直流电流放大系数也称静态电流放大系数或直流放大倍数，是指在静态无变化信号输入时,晶体管集电极电流 I_C 与基极电流 I_B 的比值,一般用 h_{FE} 或 β 表示。

②　交流电流放大系数

交流电流放大系数也称动态电流放大系数或交流放大倍数,是指在交流状态下,晶体管集电极电流变化量 ΔI_C 与基极电流变化量 ΔI_B 的比值,一般用 h_{FE} 或 β 表示。h_{FE} 或 β 既有区别又关系密切,两个参数值在低频时较接近,在高频时又有一些差异。

（2）耗散功率

耗散功率也称集电极最大允许耗散功率 P_{CM},是指晶体管参数变化不超过规定允许值时的最大集电极耗散功率。耗散功率与晶体管的最高允许结温和集电极最大电流有密切关系。晶体管在使用时,其实际功耗不允许超过 P_{CM} 值,否则会造成晶体管因过载而损坏。通常将耗散功率 P_{CM} 小于 1 W 的晶体管称为小功率晶体管,P_{CM} 等于或大于 1 W、小于 5 W 的晶体管被称为中功率晶体管,将 P_{CM} 等于或大于 5 W 的晶体管称为大功率晶体管。

（3）频率特性

晶体管的电流放大系数与工作频率有关。若晶体管超过了其工作频率范围,则会出现放大能力减弱甚至失去放大作用的现象。晶体管的频率特性参数主要包括特征频率 f_T 和最高振荡频率 f_M 等。

①　特征频率 f_T

晶体管的工作频率超过截止频率 f_β 或 f_α 时,其电流放大系数 β 值将随着频率的升高而下降。特征频率是指 β 值降为 1 时晶体管的工作频率。通常将特征频率 f_T 小于或等于 3 MHz 的晶体管称为低频管,将 f_T 大于或等于 30 MHz 的晶体管称为高频管,将 f_T 大于 3 MHz、小于 30 MHz 的晶体管称为中频管。

②　最高振荡频率 f_M

最高振荡频率是指晶体管的功率增益降为 1 时所对应的频率。通常,高频晶体管的最高振荡频率低于共基极截止频率 f_α,而特征频率 f_T 则高于共基极截止频率 f_α、低于共集电极截止频率 f_β。

（4）集电极最大电流 I_{CM}

集电极最大电流是指晶体管集电极所允许通过的最大电流。当晶体管的集电极电流 I_C 超过 I_{CM} 时,晶体管的 β 值等参数将发生明显变化,影响其正常工作,甚至还会损坏。

（5）最大反向电压

最大反向电压是指晶体管在工作时所允许施加的最高工作电压。它包括集电极-发射极反向击穿电压、集电极-基极反向击穿电压和发射极-基极反向击穿电压。集电极-发射极反向击穿电压是指当晶体管基极开路时,其集电极与发射极之间的最大允许反向电压,一般用 V_{CEO} 或 BV_{CEO} 表示;集电极-基极反向击穿电压是指当晶体管发射极开路时,其集电极与基极之间的最大允许反向电压,用 V_{CBO} 或 BV_{CBO} 表示;发射极-基极反向击穿电压是指当晶体管的集电极开路时,其发射极与基极与之间的最大允许反向电压,用 V_{EBO} 或 BV_{EBO} 表示。

（6）反向电流

晶体管的反向电流包括其集电极-基极之间的反向电流 I_{CBO} 和集电极-发射极之间的反向击穿电流 I_{CEO}。

①　集电极-基极之间的反向电流 I_{CBO}

I_{CBO} 也称集电结反向漏电电流,是指当晶体管的发射极开路时,集电极与基极之间的反向电流。I_{CBO}对温度较敏感,该值越小,说明晶体管的温度特性越好。

② 集电极-发射极之间的反向击穿电流 I_{CEO}

I_{CEO}是指当晶体管的基极开路时,其集电极与发射极之间的反向漏电电流,也称穿透电流。此电流值越小,说明晶体管的性能越好。

3. 三极管的检测与使用

(1) 三极管的检测

① 判别基极和管子的类型

选用欧姆挡的 $R\times100$(或 $R\times1\,k\Omega$)挡,先用红表笔接一个管脚,黑表笔接另一个管脚,可测出两个电阻值,然后再用红表笔接另一个管脚。重复上述步骤,又测得一组电阻值,这样测 3 次,其中有一组两个阻值都很小,对应测得这组值的红表笔接的为基极,且管子是 PNP 型的;反之,若用黑表笔接一个管脚,重复上述做法,若测得两个阻值都小,对应黑表笔为基极,且管子是 NPN 型的。

② 判别集电极和发射极

因为三极管发射极和集电极正确连接时 β 大(表针摆动幅度大),反接时 β 就小得多。因此,先假设一个集电极,用欧姆挡连接(对 NPN 型管,发射极接黑表笔,集电极接红表笔)。测量时,用手捏住基极和假设的集电极,两极不能接触,若指针摆动幅度大,而把两极对调后指针摆动小,则说明假设是正确的,从而确定集电极和发射极。

③ 电流放大系数 β 的估算

选用欧姆挡的 $R\times100$(或 $R\times1\,k\Omega$)挡,对 NPN 型管,红表笔接发射极,黑表笔接集电极,测量时,只要比较用手捏住基极与集电极(两极不能接触),和把手放开两种情况小指针摆动的大小,摆动越大,β 值越高。

(2) 三极管的选用

应根据电路的具体要求来合理选择选用晶体管。首先应根据电路的要求选择晶体管的材料与极性,还要考虑被选晶体管的耗散功率、集电极最大电流、最大反向电压、电流放大系数等参数及外形尺寸等是否符合应用电路的要求。根据电路的要求,应使晶体管的特征频率高于电路工作频率的 3~10 倍,但不宜太高,否则会引起高频振荡,影响电路的稳定性。若 β 太低,将使电路的增益不够,若 β 太高,将造成电路的稳定性变差,噪声增大。晶体管的反向击穿电压 U_{CEO}应大于电源电压。常温下要考虑集电极的散热功率,以免因选的三极管不合适而烧坏电路。在电路允许的情况下应尽量选择硅管。

1.4.3　场效应管

场效应晶体管(Field Effect Transistor,FET)简称场效应管。FET 由多数载流子参与导电,也称为单极型晶体管,属于电压控制型半导体器件,具有输入电阻高($10^8\sim10^9\,\Omega$)、噪声小、功耗低、动态范围大、易于集成、没有二次击穿现象、安全工作区域宽等优点。

1. 场效应晶体管的分类

(1) 按结构不同分为场效应管分结型、绝缘栅型(MOS)两大类。

(2) 按沟道材料不同分为结型场效应管和绝缘栅型,各分 N 沟道和 P 沟道两种。

(3) 按导电方式不同分为耗尽型与增强型。结型场效应管均为耗尽型,绝缘栅型场效应管既有耗尽型,也有增强型。

(4) 场效应晶体管可分为结场效应晶体管和 MOS 场效应晶体管,而 MOS 场效应晶体管又分为 N 沟耗尽型和增强型,P 沟耗尽型和增强型四大类。场效应管分为结型场效应管(JFET)和绝缘栅场效应管(MOS 管)。

2. 场效应晶体管的主要参数

场效应管的参数很多,包括直流参数、交流参数和极限参数,但一般使用时关注以下主要参数:

(1) 饱和漏源电流 I_{DSS}

饱和漏源电流是指结型或耗尽型绝缘栅场效应管中,栅极电压 $U_{GS}=0$ 时的漏源电流。

(2) 夹断电压 U_P

夹断电压是指结型或耗尽型绝缘栅场效应管中,使漏源间刚截止时的栅极电压。

(3) 开启电压 U_T

开启电压是指增强型绝缘栅场效管中,使漏源间刚导通时的栅极电压。

(4) 跨导 g_M

跨导是表示栅源电压 U_{GS} 对漏极电流 I_D 的控制能力,即漏极电流 I_D 变化量与栅源电压 U_{GS} 变化量的比值。g_M 是衡量场效应管放大能力的重要参数。

(5) 漏源击穿电压 BU_{DS}

漏源击穿电压是指栅源电压 U_{GS} 一定时,场效应管正常工作所能承受的最大漏源电压。这是一项极限参数,加在场效应管上的工作电压必须小于 BU_{DS}。

(6) 最大耗散功率 P_{DSM}

最大耗散功率是一项极限参数,是指场效应管性能不变坏时所允许的最大漏源耗散功率。使用时,场效应管实际功耗应小于 P_{DSM},并留有一定余量。

(7) 最大漏源电流 I_{DSM}

最大漏源电流是一项极限参数,是指场效应管正常工作时,漏源间所允许通过的最大电流。场效应管的工作电流不应超过 I_{DSM}。

3. 场效应晶体管的检测

(1) 结型场效应管的检测

① 管脚识别

场效应管的栅极相当于晶体管的基极,源极和漏极分别对应于晶体管的发射极和集电极。将万用表置于 $R \times 1\,k\Omega$ 挡,用两表笔分别测量每两个管脚间的正、反向电阻。当某两个管脚间的正、反向电阻相等,均为数千欧时,则这两个管脚为漏极 D 和源极 S(可互换),余下的一个管脚即为栅极 G。对于有 4 个管脚的结型场效应管,另外一极是屏蔽极(使用中接地)。

② 判定栅极

用万用表黑表笔碰触管子的一个电极,红表笔分别碰触另外两个电极。若两次测出的阻值都很小,说明均是正向电阻,该管属于 N 沟道场效应管,黑表笔接的也是栅极。制造工艺决定了场效应管的源极和漏极是对称的,可以互换使用,并不影响电路的正常工作,所以不必加以区分。源极与漏极间的电阻约为几千欧。注意:不能用此法判定绝缘栅型场效应管的栅极。因为这种管子的输入电阻极高,栅源间的极间电容又很小,测量时只要有少量的电荷,就可在极间电容上形成很高的电压,容易将管子损坏。

③ 放大能力的估测

将万用表拨到 $R \times 100\ \Omega$ 挡,红表笔接源极 S,黑表笔接漏极 D,相当于给场效应管加上 1.5 V 的电源电压。这时表针指示出的是 D-S 极间电阻值。然后用手指捏栅极 G,将人体的感应电压作为输入信号加到栅极上。由于管子的放大作用,U_{DS} 和 I_D 都将发生变化,也相当于 D-S 极间电阻发生变化,可观察到表针有较大幅度的摆动。如果手捏栅极时表针摆动很小,说明管子的放大能力较弱;若表针不动,说明管子已经损坏。由于人体感应的 50 Hz 交流电压较高,而不同的场效应管用电阻挡测量时的工作点可能不同,因此用手捏栅极时表针可能向右摆动,也可能向左摆动。少数的管子 R_{DS} 减小,使表针向右摆动,多数管子的 R_{DS} 增大,表针向左摆动。无论表针的摆动方向如何,只要能有明显的摆动,就说明管子具有放大能力。

本方法也适用于测 MOS 管。为了保护 MOS 场效应管,必须用手握住螺钉旋具绝缘柄,用金属杆去碰栅极,以防止人体感应电荷直接加到栅极上,将管子损坏。MOS 管每次测量完毕,G-S 结电容上会充有少量电荷,建立起电压 U_{GS},再接着测时表针可能不动,此时将 G-S 极间短路一下即可。

(2) MOS 场效应管的检测方法

① 准备工作

测量之前,先把人体对地短路后,才能摸触 MOSFET 的管脚。最好在手腕上接一条导线与大地连通,使人体与大地保持等电位,再把管脚分开,然后拆掉导线。

② 判定电极

将万用表拨于 $R \times 100\ \Omega$ 挡,首先确定栅极。若某脚与其他脚的电阻都是无穷大,证明此脚就是栅极 G。交换表笔重测量,S-D 之间的电阻值应为几百欧至几千欧,其中阻值较小的那一次,黑表笔接的是 D 极,红表笔接的是 S 极。日本生产的 3SK 系列产品,S 极与管壳接通,据此很容易确定 S 极。

③ 检查放大能力(跨导)

将 G 极悬空,黑表笔接 D 极,红表笔接 S 极,然后用手指触摸 G 极,表针应有较大的偏转。双栅 MOS 场效应管有两个栅极 G_1,G_2。为区分之,可用手分别触摸 G_1 和 G_2 极,其中表针向左侧偏转幅度较大的为 G_2 极。有的 MOSFET 管在 G-S 极间增加了保护二极管,平时就不需要把各管脚短路了。

(3) VMOS 场效应管的检测方法

① 判定栅极 G

将万用表拨至 $R \times 1\ \mathrm{k\Omega}$ 挡,分别测量三个管脚之间的电阻。若发现某脚与其字两脚的电阻均呈无穷大,并且交换表笔后仍为无穷大,则证明此脚为 G 极,因为它和另外两个管脚是绝缘的。

② 判定源极 S 和漏极 D

在源-漏之间有一个 PN 结,因此根据 PN 结正、反向电阻存在差异,可识别 S 极与 D 极。用交换表笔法测两次电阻,其中电阻值较低(一般为几千欧至十几千欧)的一次为正向电阻,此时黑表笔的是 S 极,红表笔的是 D 极。

③ 测量漏-源通态电阻 $R_{DS}(on)$

将 G-S 极短路,选择万用表的 $R\times1\ \Omega$ 挡,黑表笔接 S 极,红表笔接 D 极,阻值应为几欧至十几欧。由于测试条件不同,测出的 $R_{DS}(on)$ 值比手册中给出的典型值要高一些。例如,用 500 型万用表 $R\times1\ \Omega$ 挡实测一只 IRFPC50 型 VMOS 管,$R_{DS}(on)=3.2\ \Omega$,大于 $0.58\ \Omega$(典型值)。

④ 检查跨导

将万用表置于 $R\times1\ k\Omega$(或 $R\times100\ \Omega$)挡,红表笔接 S 极,黑表笔接 D 极,手持螺丝刀去碰触栅极,表针应有明显偏转,偏转越大,管子的跨导越高。

4. 场效应晶体管与三极管的比较

(1) 场效应管是电压控制元件,而晶体管是电流控制元件。在只允许从信号源取较少电流的情况下,应选用场效应管;而在信号电压较低、又允许从信号源取较多电流的条件下,应选用晶体管。

(2) 场效应管是利用多数载流子导电,所以称之为单极型器件;而晶体管是既有多数载流子,也利用少数载流子导电,被称之为双极型器件。

(3) 有些场效应管的源极和漏极可以互换使用,栅压也可正可负,灵活性比晶体管好。

(4) 场效应管能在很小电流和很低电压的条件下工作,而且它的制造工艺可以很方便地把很多场效应管集成在一块硅片上。因此,场效应管在大规模集成电路中得到了广泛的应用。

1.4.4　晶闸管

可控硅(SCR)国际通用名称为 Thyristor,中文称为硅晶体闸流管,简称晶闸管。由于晶闸管最初应用于可控整流方面,所以又称为硅可控整流元件,简称为可控硅。在电路中用文字符号"V""VT"表示(旧标准中用字母"SCR"表示)。

晶闸管具有硅整流器件的特性,能在高电压、大电流条件下工作,且其工作过程可以控制,被广泛应用于可控整流、交流调压、无触点电子开关、逆变及变频等电子电路中。

可控硅的优点很多,例如:能在高电压、大电流条件下工作,体积小;以小功率控制大功率,功率放大倍数高达几十万倍;反应极快,在微秒级内开通、关断;无触点运行,无火花、无噪音;效率高,成本低等等。

可控硅的缺点:静态及动态的过载能力较差;容易受干扰而误导通。

1. 晶闸管的分类

晶闸管有多种分类方法。

(1) 按关断、导通及控制方式分类

晶闸管按其关断、导通及控制方式可分为普通晶闸管(SCR)即单向可控硅、双向晶闸管(TRIAC)、逆导晶闸管、门极关断晶闸管(GTO)、BTG 晶闸管、温控晶闸管和光控晶闸管等多种。

(2) 按引脚和极性分类

晶闸管按其引脚和极性可分为二极晶闸管、三极晶闸管和四极晶闸管。

(3) 按封装形式分类

晶闸管按其封装形式可分为金属封装晶闸管、塑封晶闸管和陶瓷封装晶闸管三种类型。其中,金属封装晶闸管又分为螺栓形、平板形、圆壳形等多种;塑封晶闸管又分为带散热片型和不带散热片型两种。

（4）按电流容量分类

晶闸管按电流容量可分为大功率晶闸管、中功率晶闸管和小功率晶闸管三种。通常，大功率晶闸管多采用金属壳封装，而中、小功率晶闸管则多采用塑封或陶瓷封装。

（5）按关断速度分类

晶闸管按其关断速度可分为普通晶闸管和高频（快速）晶闸管。

2. 晶闸管的主要参数

（1）断态不重复峰值电压 U_{DSM}

门极开路时，施加于晶闸管的阳极电压上升到正向伏安特性曲线急剧转折处所对应的电压值是 U_{DSM}。它是一个不能重复，且每次持续时间不大于 10 ms 的断态最大脉冲电压。U_{DSM} 值应小于转折电压 U_{b0}。

（2）断态重复峰值电压 U_{DRM}

晶闸管在门极开路而结温为额定值时，允许重复加于晶闸管上的正向断态最大脉冲电压。

每秒 50 次，每次持续时间不大于 10 ms，规定 U_{DRM} 为 U_{DSM} 的 90%。

（3）反向不重复峰值电压 U_{RSM}

门极开路、晶闸管承受反向电压时，对应于反向伏安特性曲线急剧转折处的反向峰值电压值是 U_{RSM}。它是一个不能重复施加且持续时间不大于 10 ms 的反向脉冲电压。反向不重复峰值电压 U_{RSM} 应小于反向击穿电压。

（4）反向重复峰值电压 U_{RRM}

晶闸管在门极开路而结温为额定值时，允许重复加于晶闸管上的反向最大脉冲电压。每秒 50 次，每次持续时间不大于 10 ms。规定 U_{RRM} 为 U_{RSM} 的 90%。

（5）额定电压 U_R

断态重复峰值电压 U_{DRM} 和反向重复峰值电压 U_{RRM} 两者中较小的一个电压值规定为额定电压 U_R。在选用晶闸管时，应该使其额定电压为正常工作电压峰值 U_M 的 2～3 倍，以作为安全裕量。

（6）通态峰值电压 U_{TM}

规定为额定电流时的管子导通的管压降峰值，一般为 1.5～2.5 V，且随阳极电流的增加而略为增加。额定电流时的通态平均电压降一般为 1 V 左右。

（7）通态平均电流 $I_T(AV)$

在环境温度为 +40 ℃ 和规定的散热冷却条件下，晶闸管在导通角不小于 170° 电阻性负载的单相、工频正弦半波导电，结温稳定在额定值 125° 时，所允许通过的最大电流平均值。

（8）维持电流 I_H（针对关断过程）

I_H 是指晶闸管维持导通所必需的最小电流，一般为几十到几百毫安。维持电流与结温有关，结温越高，维持电流越小，晶闸管越难关断。

（9）断态电压临界上升率 du/dt

du/dt 指在额定结温和门极开路的情况下，不导致晶闸管从断态到通态转换的外加电压最大上升率。电压上升率过大，就会使晶闸管误导通。

（10）通态电流临界上升率 di/dt

如果电流上升太快,可能造成局部过热而使晶闸管损坏。

3. 常用的晶闸管

（1）普通晶闸管（SCR）

普通晶闸管（SCR）是由 PNPN 四层半导体材料构成的三端半导体器件,三个引出端分别为阳极 A、阴极 K 和门极 G。普通晶闸管的阳极与阴极之间具有单向导电的性能,其内部可以等效为由一只 PNP 晶闸管和一只 NPN 晶闸管组成的组合管,如图 1-11 所示。

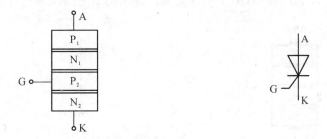

(a) 普通晶闸管的内部结构示意图　　　　(b) 普通晶闸管的电路符号图

图 1-11　普通晶闸管的内部结构示意图和电路符号图

普通晶闸管受触发导通后,即使其门极 G 失去触发电压,只要阳极 A 和阴极 K 之间仍保持正向电压,晶闸管将维持低阻导通状态。只有把阳极 A 电压撤除或阳极 A、阴极 K 之间电压极性发生改变（如交流过零时）时,普通晶闸管才由低阻导通状态转换为高阻阻断状态。普通晶闸管一旦阻断,即使其阳极 A 与阴极 K 之间又重新加上正向电压,仍需在门极 G 和阴极 K 之间重新加上正向触发电压后方可导通。

普通晶闸管的导通与阻断状态相当于开关的闭合和断开状态,用它可以制成无触点电子开关,去控制直流电源电路。

（2）双向晶闸管

双向晶闸管（TRIAC）是由 NPNPN 五层半导体材料构成的,相当于两只普通晶闸管反向并联,它也有三个电极,分别是主电极 T_1、主电极 T_2 和门极 G。图 1-12(a)是双向晶闸管的内部结构示意图,图 1-12(b,c)是其电路图形符号。

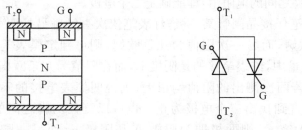

(a) 双向晶闸管的内部示意图　　(b) 双向晶闸管的电路符号图1　　(c) 双向晶闸管的电路符号图2

图 1-12　双向晶闸管的内部结构示意图及其电路符号图

双向晶闸管可以双向导通,即门极加上正或负的触发电压,均能触发双向晶闸管正、反两个方向导通。双向晶闸管的主电极 T_1 与主电极 T_2 间,无论所加电压极性是正向还是反向,只要门极 G 和主电极 T_1(或 T_2)间加有正、负极性不同的触发电压,满足其必需的触发电流,晶闸管即可触发导通呈低阻状态。此时,主电极 T_1 和 T_2 间压降约为 1 V。双向晶闸管一旦导通,即使失去触发电压,也能继续维持导通状态。当主电极 T_1 和 T_2 电流减小至维持电流以下或 T_1 和 T_2 间电压改变极性、且无触发电压时,双向晶闸管阻断,只有重新施加触发电压,才能再次导通。

(3) 门极关断晶闸管

门极关断晶闸管(GTO)(以 P 型门极为例)是由 PNPN 四层半导体材料构成,其三个电极分别为阳极 A、阴极 K 和门极 G,图 1-13 是其内部结构及电路图形符号。

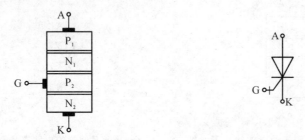

(a) 门极关断晶闸管的内部结构示意图　　　　(b) 门极关断晶闸管的电路符号图

图 1-13　门极关断晶闸管的内部结构示意图及其电路符号图

门极关断晶闸管也具有单向导电特性,即当其阳极 A、阴极 K 两端为正向电压,在门极 G 上加正的触发电压时,晶闸管将导通,导通方向 A→K。

在门极关断晶闸管导通状态,若在其门极 G 上加一个适当的负电压,则能使导通的晶闸管关断(普通晶闸管在靠门极正电压触发之后,撤掉触发电压也能维持导通,只有切断电源使正向电流低于维持电流或加上反向电压,才能使其关断)。

4. 晶闸管的检测

(1) 单向晶闸管的检测

① 判别各电极

根据普通晶闸管的结构可知,其门极 G 与阴极 K 之间为一个 PN 结,具有单向导电特性,而阳极 A 与门极 G 之间有两个反极性串联的 PN 结。因此,通过用万用表 $R×100\ \Omega$ 或 $R×1\ k\Omega$ 挡测量普通晶闸管各引脚之间的电阻值,即能确定三个电极。

具体方法是:将万用表黑表笔任接晶闸管某一极,红表笔依次去触碰另外两个电极。若测量结果有一次阻值为几千欧姆,而另一次阻值为几百欧姆,则可判定黑表笔接的是门极 G。在阻值为几百欧姆的测量中,红表笔接的是阴极 K,而在阻值为几千欧姆的那次测量中,红表笔接的是阳极 A。若两次测出的阻值均很大,则说明黑表笔接的不是门极 G,应用同样方法改测其他电极,直到找出三个电极为止。也可以测任两脚之间的正、反向电阻,若正、反向电阻均接近无穷大,则两极即为阳极 A 和阴极 K,而另一脚即为门极 G。

普通晶闸管也可以根据其封装形式来判断出各电极。例如:螺栓形普通晶闸管的螺栓一端为阳极 A,较细的引线端为门极 G,较粗的引线端为阴极 K。平板形普通晶闸管的引出线端为门极 G,平面端为阳极 A,另一端为阴极 K。金属壳封装(TO-3)的普通晶闸管,其外壳为阳极 A。塑封(TO‐220)的普通晶闸管的中间引脚为阳极 A,且多与自带散热片相连。

②判断其好坏

用万用表 $R\times1\,k\Omega$ 挡测量普通晶体管阳极 A 与阴极 K 之间的正、反向电阻,正常时均应为无穷大(∞)。若测得 A、K 极之间的正、反向电阻值为零或阻值较小,则说明晶闸管内部击穿短路或漏电。

③触发能力检测

对于小功率(工作电流为 5 A 以下)的普通晶闸管,可用万用表 $R\times1\,\Omega$ 挡测量。测量时黑表笔接阳极 A,红表笔接阴极 K,此时表针不动,显示阻值为无穷大(∞)。用镊子或导线将晶闸管的阳极 A 与门极 G 短路,相当于给 G 极加上正向触发电压,此时若电阻值为几欧姆至几十欧姆(具体阻值根据晶闸管的型号不同会有所差异),则表明晶闸管因正向触发而导通。再断开 A 极与 G 极的连接(A、K 极上的表笔不动,只将 G 极的触发电压断掉),若表针示值仍保持在几欧姆至几十欧姆的位置不动,则说明此晶闸管的触发性能良好。

(2)双向晶闸管的检测

①判别各电极

用万用表 $R\times1\,\Omega$ 或 $R\times10\,\Omega$ 挡分别测量双向晶闸管三个引脚间的正、反向电阻值,若测得某一管脚与其他两脚均不通,则此脚便是主电极 T_2。找出 T_2 极之后,剩下的两脚便是主电极 T_1 和门极 G。测量这两脚之间的正、反向电阻值,会测得两个均较小的电阻值。在电阻值较小(约几十欧姆)的一次测量中,黑表笔接的是主电极 T_1,红表笔接的是门极 G。螺栓形双向晶闸管的螺栓一端为主电极 T_2,较细的引线端为门极 G,较粗的引线端为主电极 T_1。金属封装(TO‐3)双向晶闸管的外壳为主电极 T_2。塑封(TO‐220)双向晶闸管的中间引脚为主电极 T_2,该极通常与自带小散热片相连。

②判别其好坏

用万用表 $R\times1\,\Omega$ 或 $R\times10\,\Omega$ 挡测量双向晶闸管的主电极 T_1 与主电极 T_2 之间,主电极 T_2 与门极 G 之间的正、反向电阻值,正常时均应接近无穷大。若测得电阻值均很小,则说明该晶闸管电极间已击穿或漏电短路。测量主电极 T_1 与门极 G 之间的正、反向电阻值,正常时均应在几十欧姆至一百欧姆之间(黑表笔接 T_1 极、红表笔接 G 极时,测得的正向电阻值较反向电阻值略小一些)。若测得 T_1 极与 G 极之间的正、反向电阻值均为无穷大,则说明该晶闸管已开路损坏。

③触发能力检测

对于工作电流为 8 A 以下的小功率双向晶闸管,可用万用表 $R\times1\,\Omega$ 挡直接测量。测量时先将黑表笔接主电极 T_2,红表笔接主电极 T_1,然后用镊子将 T_2 极与门极 G 短路,给 G 极加上正极性触发信号,若此时测得的电阻值由无穷大变为十几欧姆,则说明该晶闸管已被触发导通,导通方向为 $T_2 \to T_1$。再将黑表笔接主电极 T_1,红表笔接主电极 T_2,用镊子将 T_2 极与门极 G 之间短路,给 G 极加上负极性触发信号时,测得的电阻值应由无穷大变为十几欧姆,则说明该晶闸管已被触发导通,导通方向为 $T_1 \to T_2$。若在晶闸管被触发导通后断开 G 极,T_2、T_1 极间不能维持低阻导通状态而阻值变为无穷大,则说明该双向晶闸管性能不良或已经损坏。若给 G 极加上正(或负)极性触发信号后,晶闸管仍不导通(T_1 与 T_2 间的正、反向电阻值仍为无穷大),则说明该晶闸管已损坏,无触发导通能力。

（3）门极关断晶闸管的检测

① 判别各电极

门极关断晶闸管三个电极的判别方法与普通晶闸管相同，即用万用表的 $R×100\ \Omega$ 挡，找出具有二极管特性的两个电极，其中一次为低阻值（几百欧姆），另一次为阻值较大。在阻值小的那一次测量中，红表笔接的是阴极 K，黑表笔接的是门极 G，剩下的一只引脚为阳极 A。

② 触发能力和关断能力的检测

门极关断晶闸管触发能力的检测方法与普通晶闸管相同。检测门极关断晶闸管的关断能力时，可先按检测触发能力的方法使晶闸管处于导通状态，即用万用表 $R×1\ \Omega$ 挡，黑表笔接阳极 A，红表笔接阴极 K，测得电阻值为无穷大。再将 A 极与门极 G 短路，给 G 极加上正向触发信号时，晶闸管被触发导通，其 A、K 极间电阻值由无穷大变为低阻状态。断开 A 极与 G 极的短路点后，晶闸管维持低阻导通状态，说明其触发能力正常。再在晶闸管的门极 G 与阳极 A 之间加上反向触发信号，若此时 A 极与 K 极间电阻值由低阻值变为无穷大，则说明晶闸管的关断能力正常。

1.5　半导体集成电路

1.5.1　集成电路概述

集成电路是采用半导体制作工艺，在一块较小的单晶硅片上制作许多晶体管及电阻器、电容器等元器件，并按照多层布线或隧道布线的方法将元器件组合成完整的电子电路，它在电路中用字母"IC"表示。由于集成电路具有体积小、重量轻、性能可靠、价格便宜等优点，所以被广泛应用于各个领域。随着性能更加优良、功能多样化新产品的不断出现，集成电路应用领域愈来愈广泛。

1. 集成电路的分类

（1）按其功能不同分为模拟电路、数字电路。

① 模拟集成电路：用来产生、放大和处理各种模拟电信号。所谓模拟信号，是指幅度随时间连续变化的信号，如图 1-14(a)所示。例如，人对着话筒讲话，话筒输出的音频电信号就是模拟信号，收音机、收录机、音响设备及电视机中接收、放大的音频信号、电视信号，也是模拟信号。

② 数字集成电路：用来产生、放大和处理各种数字电信号。所谓数字信号，是指在时间上和幅度上离散取值的信号，如图 1-14(b)所示。例如，电报电码信号，按一下电键，产生一个电信号，而产生的电信号是不连续的。这种不连续的电信号，一般叫作电脉冲或脉冲信号，计算机中运行的信号是脉冲信号，但这些脉冲信号均代表着确切的数字，因而又叫作数字信号。在电子技术中，通常又把模拟信号以外的非连续变化的信号，统称为数字信号。

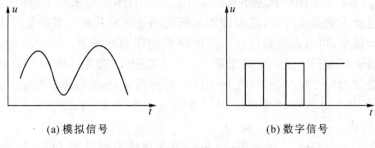

(a) 模拟信号　　　　　　　　　　(b) 数字信号

图 1-14　模拟信号和数字信号

(2) 按其制作工艺不同分为半导体集成电路、膜集成电路、混合集成电路。

① 半导体集成电路：半导体集成电路是采用半导体工艺技术,在硅基片上制作包括电阻、电容、三极管、二极管等元器件并具有某种电路功能的集成电路。

② 膜集成电路：膜集成电路是在玻璃或陶瓷片等绝缘物体上,以"膜"的形式制作电阻、电容等无源器件。膜集成电路又分为厚膜集成电路和薄膜集成电路。

③ 混合集成电路：在实际应用中,多半是在无源膜电路上外加半导体集成电路或分立元件的二极管、三极管等有源器件,使之构成一个整体,这便是混合集成电路。

(3) 按集成度高低不同分为小规模集成电路(SSI)、中规模集成电路(MSI)、大规模集成电路(LSI)、超大规模集成电路(VLSI)。对模拟集成电路,由于工艺要求较高、电路又较复杂,所以一般认为集成 50 个以下元器件为小规模集成电路,集成 50~100 个元器件为中规模集成电路,集成 100 个以上的元器件为大规模集成电路;对数字集成电路,一般认为集成 1~10 等效门/片或 10~100 个元件/片为小规模集成电路,集成 10~100 个等效门/片或 100~1 000 元件/片为中规模集成电路,集成 100~1 000 个等效门/片或 1 000~100 000 个元件/片为大规模集成电路,集成 10 000 以上个等效门/片或 100 000 以上个元件/片为超大规模集成电路。

(4) 按导电类型不同分为双极型集成电路、单极型集成电路。

① 双极型集成电路频率特性好,但功耗较大,而且制作工艺复杂,绝大多数模拟集成电路以及数字集成电路中的 TTL,ECL,HTL,LSTTL,STTL 型属于这一类。

② 单极型集成电路工作速度低,但输入阻抗高、功耗小、制作工艺简单、易于大规模集成,其主要产品为 MOS 型集成电路。MOS 电路又分为 NMOS,PMOS,CMOS 型。

(5) 按封装形式分集成电路的封装可以分为直插式封装、贴片式封装、BGA 封装等类型。

① 直插式封装：直插式封装集成电路是引脚插入印制板中,然后再焊接的一种集成电路封装形式,主要有单列式封装和双列直插式封装。其中单列式封装有单列直插式封装(Single Inline Package, SIP)和单列曲插式封装(Zig-Zag Inline Package, ZIP),单列直插式封装的集成电路只有一排引脚,单列曲插式封装的集成电路一排引脚又分成两排进行安装。

双列直插式封装又称 DIP 封装(Dual Inline Package),这种封装的集成电路具有两排引脚,适合 PCB 的穿孔安装、易于对 PCB 布线、安装方便。双列直插式封装的结构形式主要有多层陶瓷双列直插式封装、单层陶瓷双列直插式封装、引线框架式封装等。

② 贴片式封装：随着生产技术的提高，电子产品的体积越来越小，体积较大的直插式封装集成电路已经不能满足需要，故设计者又研制出一种贴片式封装的集成电路，这种封装的集成电路引脚很小，可以直接焊接在印制电路板的印制导线上。贴片式封装的集成电路主要有薄型 QFP(TQFP)、细引脚间距 QFP(VQFP)、塑料 QFP(PQFP)、金属 QFP(MetalQFP)、载带 QFP(TapeQFP)、J 形引脚小外形封装(SOJ)、薄小外形封装(TSOP)、甚小外形封装(VSOP)、缩小型 SOP(SSOP)、薄的缩小型 SOP(TSSOP)及小外形集成电路(SOIC)等派生封装。

③ BGA 封装(Ball Grid Array Package)：又名球栅阵列封装，BGA 封装的引脚以圆形或柱状焊点按阵列形式分布在封装下面。采用该封装形式的集成电路主要有 CPU 以及南北桥等的高密度、高性能、多功能集成电路。

④ 厚膜封装：厚膜集成电路就是把专用的集成电路芯片与相关的电容、电阻元件都集成在一个基板上，然后在其外部采用标准的封装形式，并引出引脚的一种模块化的集成电路。

1.5.2 模拟集成电路

常见的模拟集成电路有集成运算放大器(集成运放)、集成稳压器、音响专用集成电路、收录机专用集成电路、电视机专用集成电路、录像机和摄像机专用集成电路等。

1. 集成运算放大器

集成运算放大器是一种高增益的直接耦合放大器，它通常由输入级、中间放大级和输出级三个基本部分构成，具有体积小、功耗低、功能多等特点。常见集成运算放大器的端口包括：同相输入端(＋)、反相输入端(－)、正负电源供电端、外接补偿电路端、调零端、相位补偿端、公共接地端及其他附加端等。改变外接反馈电阻的阻值，可以得到相应的放大倍数，因此使用方便。

(1) 运算放大器常用类型的种类

① 通用型运算放大器

通用型运算放大器的主要特点是价格低廉、产品量大、应用面广，其性能指标能适合于一般性使用，是目前应用最为广泛的集成运算放大器。例 mA741(单运放)，LM358(双运放)，LM324(四运放)及以场效应管为输入级的 LF356 都属于此种。缺点是不能满足一些技术指标要求高的产品应用，不能满足一些特殊的技术服务。

② 高阻型运算放大器

高阻型集成运放的特点是差模输入阻抗很高，输入偏置电流很小。原因是利用场效应管高输入阻抗的特点，用场效应管组成运算放大器的差分输入级。用 FET 作输入级，不仅输入阻抗高、输入偏置电流低，而且具有高速、宽带和低噪声等优点，但输入失调电压较大。常见的集成器件有 LF356，LF355，LF347(四运放)及更高输入阻抗的 CA3130 和 CA3140 等。

③ 低温漂型运算放大器

在精密仪器、弱信号检测等自动精密控制仪表中，为得到小的失调电压且不随温度的变化而设计了低温漂型运算放大器。目前常用的高精度、低温漂型运算放大器有 OP－07，OP－27，AD508 以及由 MOSFET 组成的斩波稳零型低漂移器件 ICL7650 等。

④ 高速型运算放大器

高速型运算放大器主要特点是具有高的转换速率和宽的频率响应,能满足 A/D 和 D/A 转换器、视频放大器高转换速率中快速处理和足够大的单位增益带宽,像通用型集成运放是不能满足应用的场合的。常见的运放有 LM318,mA715 等,其 SR＝50～70 V/ms,BWG＞20 MHz。

⑤ 低功耗型运算放大器

低功耗型运算放大器的特点是供电电源电压低、功率消耗少,广泛应用于便携式仪器中。常用的运算放大器有 TL－022C 和 TL－060C 等,其工作电压为±2～±18 V,消耗电流为 50～250 mA。目前有的产品功耗已达微瓦级,例如 ICL7600 的供电电源为 1.5 V,功耗为 10 mW,可采用单节电池供电。

⑥ 高压大功率型运算放大器

运算放大器的输出电压主要受供电电源的限制。在普通的运算放大器中,输出电压的最大值一般仅几十伏,输出电流仅几十毫安。若要提高输出电压或增大输出电流,集成运放外部必须要加辅助电路。高压大电流集成运算放大器外部不需附加任何电路,即可输出高电压和大电流。例如 D41 集成运放的电源电压可达±150 V,μA791 集成运放的输出电流可达 1 A。

(2) 集成运算放大器的测试

集成运放性能参数测试应采用相应的测试电路进行,大规模生产和对参数要求较高的场合,应采用专用仪器进行测试,如 IST750 等。

现介绍用万用表粗测 LM324 的方法。

LM324 系列产品包括 LM124,LM224,LM324,国产对应型号为 FX124,FX224,FX324,它们都是由 4 个独立的低功耗、高效益、频率内补偿式运算放大器组成。表中 U_{CC}、GND 分别为正电源端和地端。IN+ 为同相输入端,IN− 为反相输入端,OUT 为输出端。用万用表可检测其好坏,选择 500 型万用表 $R\times1$ kΩ 分别测量各引脚间的电阻值,典型数据如表 1－7 所示。

表 1－7 测量 LM324 电阻值的典型数据

黑表笔位置	红表笔位置	正常电阻值/kΩ	不正常电阻值
U_{CC+}	GND	16～17	0 或∞
GND	U_{CC+}	5～6	0 或∞
U_{CC+}	IN+	50	0 或∞
U_{CC+}	IN−	55	0 或∞
OUT	U_{CC+}	20	0 或∞
OUT	GND	60～65	0 或∞

测试时应注意事项

① 若用不同型号万用表的 $R\times1$ kΩ 测量,电阻值会略有差异。但在测量时,若有一次电阻为零,则内部有短路故障;若读数为无穷大,则说明内部有开路损坏。

② 对于 LM324 的 4 个运算放大器应分别检查,各对应引脚的电阻值应基本相等,否则

说明参数的一致性差。

（3）集成运算放大器的选用原则

集成运算放大器是模拟集成电路中应用最广泛的一种器件。在由运算放大器组成的各种系统中，由于应用要求不一样，所以对运算放大器的性能要求也不一样。

集成运放的选用原则一般来讲，选择元器件的原则是在满足所需电气特性的前提下，尽可能选择价格低廉、市场供应货源充足（如果需大量使用）的元器件，即选用性价比高、通用性强的元器件。集成运放选用一般遵循如下原则：

① 如果没有特殊的要求，一般可选用通用型运放，因为这类元器件直流性能较好，种类较多，并且价格较低。对于多运放元器件，其最大特点是内部对称性好，因此在考虑电路中需使用多个放大器（如有源滤波器）或要求放大器对称性好（如测量放大器）时，可选用多运放，这样也可减少元器件、简化线路、缩小面积和降低成本。

② 如果被放大的信号源的输出阻抗很大，则可选用高输入阻抗的运算放大器组成放大电路。另外，像采样/保持电路、峰值检波、积分器，以及生物信号放大、提取、测量放大器电路等也需要使用高输入阻抗集成运放。

③ 如果系统对放大电路要求低噪声、低漂移、高精度，则可选用高精度、低漂移的低噪声集成运放，适用于在毫伏级或者更弱的信号检测、精密模拟运算、高精度稳压源、高增益直流放大、自控仪表等场合。

④ 对于视频信号放大、高速采样/保持、高频振荡及波形发生器、锁相环等场合，则应选用高速宽带集成运放。

⑤ 对于要求低功耗的场合，如便捷式仪表、遥感遥测等，可选用低功耗运放。

在选用运放时需要注意，盲目选用高档的运放不一定能保证检测系统的高质量，因为运放的性能参数之间常相互制约。实际选择集成运放时，除要考虑优值系数之外，还应考虑其他因素。例如，信号源的性质，是电压源还是电流源；负载的性质，集成运放输出电压和电流是否满足要求；环境条件，集成运放允许的工作范围、工作电压范围、功耗与体积等因素是否满足要求等。

在集成运放使用时的注意事项也要注意电源供给方式、调零、自激振荡、保护等问题。

2. 集成稳压器

如图 1-15 所示，集成稳压器又叫集成稳压电源，其作用是将不稳定的直流电压转换成稳定的直流电压。集成稳压电源已得到广泛应用，其中小功率的稳压电源以三端式串联型稳压器应用最为普遍。现在集成稳压器逐步取代了由分立元件组成的稳压电源。

图 1-15　集成稳压电源

（1）集成稳压器的分类

集成稳压器按出线端子多少和使用情况大致可分为三端固定式、二端可调式、多端可调式及单片开关式等几种。电路中常用的集成稳压器主要有 78×× 系列、79×× 系列、可调集成稳压器、精密电压基准集成稳压器等。

① 多端可调式是早期集成稳压器产品，其输出功率小，引出端多，使用不太方便，但精度高，价格便宜。

② 三端固定式集成稳压器是将取样电阻、补偿电容、保护电路、大功率调整管等都集成

在同一芯片上,使整个集成电路块只有输入、输出和公共 3 个引出端,使用非常方便,因此获得广泛应用。它的缺点是输出电压固定,所以必须生产各种输出电压、电流规格的系列产品,代表产品是 78×× 和 79×× 系列。

③ 二端可调式集成稳压器只需外接两只电阻即可获得各种输出电压,代表产品有 LM317/LM337 等。

④ 开关式集成稳压电源是最近几年发展的一种新型稳压电源,效率高。其工作原理与上述 3 种类型稳压器不同,它是由直流变交流(高频)再变直流的变换器。通常有脉冲宽度调制和脉冲频率调制两种,输出电压是可调的。以 AN5900,TLJ494,HAL7524 等为代表,目前广泛应用在微机、电视机和测量仪器等设备中。

(2) 集成稳压器的主要参数

① 电压调整率:又称为稳压系数或稳定度,是表征集成稳压器稳压性能优劣的重要指标,表征当输入电压变化时稳压器输出电压稳定的程度。

② 电流调整率:又称为电流稳定系数,表征当输入电压不变时,稳压器对由于负载电流(输出电流)变化而引起的输出电压波动的抑制能力。

③ 纹波抑制比:反映了稳压器对输入端引入的市电纹波电压的抑制能力。

④ 输出电压温度系数:又称输出电压温度变化率,是指当输入电压和输出电流(负载电流)保持不变时,稳压器输出电压随温度的变化而变化的大小。

⑤ 输出电压长期稳定性:表征输出电压值随时间变化的大小(当输出电流、输入电压和环境温度保持不变时),通常是以在规定时间内稳压器输出电压的最大变化量。

⑥ 输出噪声电压:除了直接以输出端噪声电压的绝对值来表示的稳压器的噪声性能外,还可以稳压器的输出端噪声电压和输出电压的百分比值来表征稳压器的噪声性能。

(3) 集成稳压器使用时应注意的事项

① 集成稳压器品种很多,从调整方式上有线性的和开关式的;从输出方式上有固定和可调式的。因三端稳压器优点比较明显,使用操作都比较方便,选用时应优先考虑。

② 在接入电路之前,一定要分清引脚及其作用,避免接错时损坏集成块。输出电压大于 6 V 的三端集成稳压器的输入、输出端需接保护二极管,可防止输入电压突然降低时,输出电容迅速放电引起三端集成稳压器的损坏。

③ 为确保输出电压的稳定性,应保证最小输入输出电压差,如三端集成稳压器的最小压差约 2 V,一般使用时压差应保持在 3 V 以上。同时,又要注意最大输入输出电压差范围不超出规定范围。

④ 为了扩大输出电流,三端集成稳压器允许并联使用。

⑤ 使用时,要焊接牢固可靠。若要求加散热装置的,必须加装符合要求尺寸的散热装置。

1.5.3　数字集成电路

数字集成电路是将元器件和连线集成于同一半导体芯片上而制成的数字逻辑电路或系统。数字集成电路产品的种类很多,若按电路结构来分,可分成 TTL 和 MOS 两大系列。TTL 数字集成电路是利用电子和空穴两种载流子导电的,所以又叫作双极性电路。MOS 数字集成电路是只用一种载流子导电的电路,其中用电子导电的称为 NMOS 电路;用空穴导电的称为 PMOS 电路;如果是用 NMOS 及 PMOS 复合起来组成的电路,则称为 CMOS 电路。CMOS 数字集成电路与 TTL 数字集成电路相比,有许多优点,如工作电源电压范围宽、静态功耗低、抗干扰能力强、输入阻抗高、成本低等等。因此,CMOS 数字集成电路得到了广泛的应用。

数字集成电路品种繁多,包括各种门电路、触发器、计数器、编译码器、存储器等数百种器件。数字集成电路产品国家标准型号的规定,是完全参照世界上通行的型号制定的。国家标准型号中的第一个字母"C"代表中国;第二个字母"T"代表 TTL,"C"代表 CMOS。例如:CT 就是国产的 TTL 数字集成电路,CC 就是国产的 CMOS 数字集成电路,其后的部分与国际通用型号完全一致。

(1) 数字集成电路的主要参数

① 电源电压范围

TTL 电路的工作电源电压范围很窄。S,LS,F 系列为 5 V±5%;AS,ALS 系列为 5Y±10%。

② 频率特性

TTL 电路的工作频率比 4000 系列的高。标准 TTL 电路的工作频率小于 35 MHz;LS 系列 TTL 电路的工作频率小于 40 MHz;ALS 系列 TTL 电路的工作频率小于 70 MHz;S 系列 TTL 电路的工作频率小于 125 MHz;AS 系列 TTL 电路的工作频率小于 200 MHz。

③ TTL 电路的电压输出特性

当工作电压为+5 V 时,输出高电平大于 2.4 V,输入高电平大于 2.0 V;输出低电平小于 0.4 V,输入低电平小于 0.8 V。

④ 最小输出驱动电流

标准 TTL 电路为 16 mA;LS - TTL 电路为 8 mA;S - TTL 电路为 20 mA;ALS - TTL 电路为 8 mA;AS - TTL 电路为 20 mA。大电流输出的 TTL 电路:标准 TTL 电路为 48 mA;LS - TTL 电路为 24 mA;S - TTL 电路为 64 mA;ALS - TTL 电路为 24/48 mA;AS - TTL 电路为 48/64 mA。

⑤ 扇出能力(以带动 LS - TTL 负载的个数为例)

标准 TTL 电路为 40;LS - TTL 电路为 20;S - TTL 电路为 50;ALS - TTL 电路为 20;AS - TTL 电路为 50。大电流输出的 TTL 电路:标准 TTL 电路为 120;LS - TTL 电路为 60;S - TTL 电路为 160;ALS - TTL 电路为 60/120;AS - TTL 电路为 120/160。

对于同一功能编号的各系列 TTL 集成电路,它们的引脚排列与逻辑功能完全相同。比如,7404,74LS04,74AS04,74F04,74ALS04 等各集成电路的引脚图与逻辑功能完全一致,但它们在电路的速度和功耗方面存在着明显的差别。

(2) 数字集成电路选用的注意事项

① 不允许在超过极限参数的条件下工作。若电路在超过极限参数的条件下工作,可能工作不正常,且容易引起损坏。TTL 集成电路的电源电压允许变化范围比较窄,一般在 4.5～5.5 V 之间,因此必须使用+5 V 稳压电源;CMOS 集成电路的工作电源电压范围比较宽,有较大的选择余地。选择电源电压时,除首先考虑要避免超过极限电源电压外,还要注意到,电源电压的高低会影响电路的工作频率等性能。电源电压低,电路工作频率会下降或增加传输延迟时间。例如 CMOS 触发器,当电源电压由+15 V 下降到+3 V 时,其最高

工作频率将从 10 MHz 下降到几十千赫。

② 电源电压的极性千万不能接反,电源正负极颠倒、接错,会因为过大电流而造成器件损坏。

③ CMOS 电路要求输入信号的幅度不能超过 $V_{DD} \sim V_{SS}$,即满足 $V_{SS} = V_1 = V_{DD}$。当 CMOS 电路输入端施加的电压过高(大于电源电压)或过低(小于 0 V),或者电源电压突然变化时,电路电流可能会迅速增大,烧坏器件,这种现象称为可控硅效应。预防可控硅效应的措施主要有

(a) 输入端信号幅度不能大于 V_{DD} 和小于 0 V;

(b) 消除电源上的干扰;

(c) 在条件允许的情况下,尽可能降低电源电压,如果电路工作频率比较低,用 +5 V 电源供电最好;

(d) 对使用的电源加限流措施,使电源电流被限制在 30 mA 以内。

④ 对多余输入端的处理。

(a) 对于 CMOS 电路,多余的输入端不能悬空,否则,静电感应产生的高压容易引起器件损坏,这些多余的输入端应该接 V_{DD} 或 V_{SS},或与其他正使用的输入端并联,这 3 种处置方法,应根据实际情况而定。

(b) 对于 TTL 电路,对多余的输入端允许悬空,悬空时,该端的逻辑输入状态一般都作为"1"对待,虽然悬空相当于高电平,并不影响与门、与非门的逻辑关系,但悬空容易受干扰,有时会造成电路误动作。因此,多余输入端要根据实际需要作适当处理。例如,与门、与非门的多余输入端可直接接到电源上;也可将不同的输入端共用一个电阻连接到电源上;或将多余的输入端并联使用。对于或门、或非门的多余输入端应直接接地。

⑤ 多余的输出端应该悬空处理,决不允许直接接到 V_{DD} 或 V_{SS},否则会产生过大的短路电流而使器件损坏。不同逻辑功能的 CMOS 电路的输出端也不能直接连到一起,否则导通的 P 沟道 MOS 场效应管和导通的 N 沟道 MOS 场效应管形成低阻通路,会造成电源短路而引起器件损坏。除三态门、集电极开路门外,TTL 集成电路的输出端不允许并联使用。如果将几个集电极开路门电路的输出端并联,实现"线与"功能时,应在输出端与电源之间接入上拉电阻。

⑥ 由于 CMOS 电路输入阻抗高,容易受静电感应发生击穿,除电路内部设置保护电路外,在使用和存放时应注意静电屏蔽;焊接 CMOS 电路时,焊接工具应良好接地,焊接时间不宜过长,焊接温度不要太高,更不能在通电的情况下拆卸、拔插集成电路。

⑦ 多型号的数字电路之间可以直接互换使用,如国产的 CC4000 系列可与 CD4000 系列、MC14000 系列直接互换使用。但有些引脚功能、封装形式相同的 IC,电参数有一定差别,互换时应注意。

⑧ 注意设计工艺,增强抗干扰措施。在设计印制线路板时,应避免引线过长,以防止信号之间的窜扰和对信号传输的延迟。此外,要把电源线设计得宽一些,地线要进行大面积接地,这样可减少接地噪声干扰。在 CMOS 逻辑系统设计中,应尽量减少电容负载,电容负载会降低 CMOS 集成电路的工作速度和增加功耗。

1.6　电声器件

电声器件是指能将音频电信号转换成声音信号或将声音信号转换成音频信号的器件。例如,扬声器就是将音频信号转变成声音信号的电声器件;传声器则是把声音信号转变成音频信号的电声器件。电唱机的电唱头、耳机、蜂鸣器、讯响器等也属于电声器件。电声器件在收音机、录音机、扩音机、电视机、计算机及通信设备上都被广泛应用。

1.6.1　传声器

传声器是将声音信号转换为电信号的电声器件,也就是平时说的"话筒"。传声器的种类很多,若按换能原理分有电容式、压电式、驻极体电容式、电动动圈式、带式电动式以及碳粒式等,现在应用最广的是电动动圈式和驻极体电容式两大类。

1.　常见传声器种类

(1)　动圈式传声器

动圈式传声器又叫电动式传声器,它在结构上由磁铁、音圈以及音膜等组成,如图1-16所示。

动圈式传声器的音圈处在磁铁的磁场中,当声波作用在音膜使其产生振动时,音膜便带动音圈相应振动,使音圈切割磁力线而产生感应电压,从而完成声—电转换。动圈式传声器的频率响应一般为 200~5 000 Hz,质量高的可达 30~18 000 Hz。动圈式传声器具有坚固耐用、工作稳定等特点,具有单向指向性,价格低廉,适用于语言、音乐扩音和录音。

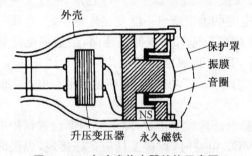

图 1-16　电动式传声器结构示意图

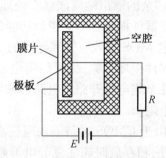

图 1-17　电容式传声器结构示意图

(2)　电容式传声器

电容式传声器是一种利用电容量变化而引起声电转换作用的传声器,它的结构如图1-17所示,它是由一个振动膜片和固定电极组成的一个间距很小的可变电容器。当膜片在声波作用下产生振动时,振动膜片与固定电极间的距离便发生变化,引起电容量的变化。如果在电容器的两端有一个负载电阻 R 及直流极化电压 E、则电容量随声波变化时,在 R 的两端就会产生交变的音频电压。电容式传声器灵敏度高,输出功率大,结构简单,音质较好,但要使用电源,并不太方便,因此多用于剧场及要求较高的语言及音乐播送场合。

(3)　驻极体传声器

驻极体传声器由声电转换和阻抗转换两部分组成,如图1-18所示。声电转换部分的关键元件是驻极体振动膜,它是一个极静的塑料膜片,在它上面蒸发一层纯金薄膜,然后经高压电场驻极后,两面分别驻有异性电荷。膜片的蒸金面向外,与金属外壳相连通,膜片的另一面用薄的绝缘垫圈隔开,这样蒸金膜面与金属极板之间就形成了一个电容器。

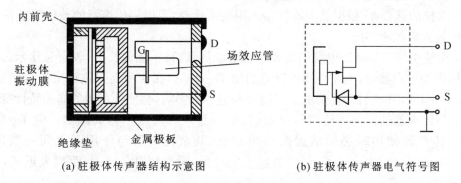

(a) 驻极体传声器结构示意图　　　　　(b) 驻极体传声器电气符号图

图 1-18　驻极体传声器机构及其电气符号

驻极体传声器具有体积小、结构简单、电声性能好、价格低廉等优点,广泛应用于盒式收录机、电话机、无线话筒及声控电路中。

2. 传声器的主要参数

传声器主要参数有灵敏度、频率响应、输出阻抗、指向性和固有噪声等。

(1) 灵敏度

传声器的灵敏度是指传声器在一定声压作用下输出的信号电压,其单位为 mV/Pa。传声器的灵敏度可分为声压灵敏度及声强灵敏度。高阻抗传声器的灵敏度常用分贝(dB) 表示。

(2) 频率响应

频率响应是指传声器灵敏度和频率间的关系,也就是频率特性。通常都希望传声器灵敏度在全音频范围内保持不变,但实际上由于受种种条件的影响,无法做到这一点。普通传声器的频率响应一般多在 100~10 000 Hz,质量好一点儿的为 40~15 000 Hz。

(3) 输出阻抗

传声器的输出阻抗是指传声器输出端的交流阻抗,一般是在 1 kHz 频率下测得的。输出阻抗分高阻和低阻,一般将输出阻抗小于 2 kΩ 的称为低阻抗传声器,而高阻抗传声器的输出阻抗大都在 10 kΩ 以上。

(4) 指向性

指向性是指传声器灵敏度随声波入射方向而变化的特性。一般传声器的指向性有三种类型:

① 全指向性传声器。它对来自四周的声波都有基本相同的灵敏度。

② 单指向性传声器。这种传声器的正面灵敏度比背面灵敏度高。根据指向性特性曲线的形状不同,单指向性传声器又可分为心型、超心型及近超心型等。

③ 双向传声器。这种传声器前后两面的灵敏度一样,两侧的灵敏度较低。

(5) 固有噪声

固有噪声是在没有外界声音、风振动及电磁场等干扰的环境下测得的传声器输出电压有效值。一般传声器的固有噪声都很小,在微伏数量级。

3. 选用传声器时注意事项

选用传声器时应注意以下几点：

（1）应根据使用的目的或场合选用传声器。

（2）阻抗的选择，应根据放大器的输入阻抗来选择，要做到传声器的输出阻抗应尽量与放大器的输入阻抗相匹配。

（3）电缆引线的处理。电缆引线要有良好的屏蔽，且不能太长，一般应为几米。在使用低阻抗输出的传声器时，电缆引线可以适当加长一些，但在使用高阻抗输出的传声器时，传声器的电缆引线不能很长，否则由于电缆分布电容的影响，会使传声器的高频特性变坏。

（4）与传声器的距离。使用传声器时，应注意声源与传声器的距离。除了为歌手设计的近讲传声器使用时必须贴近振动膜片外，其余传声器与使用者之间一般以 30～40 cm 间距为好。距离太远了，传声器输出电压低，噪声相对会增大；距离太近了，容易使声音阻塞。

1.6.2　扬声器

扬声器又称"喇叭"，如图 1-19 所示，是一种十分常用的电声换能器件，在出声的电子电路中都能见到它。扬声器在电子元器件中是一个最薄弱的器件，而对于音响效果而言，它

图 1-19　扬声器实物图

又是一个最重要的器件。扬声器的种类繁多，而且价格相差很大。音频电能通过电磁、压电或静电效应，使其纸盆或膜片振动周围空气造成音响。

1. 扬声器外形特征

（1）扬声器有两个接线柱（两根引线），当单只扬声器使用时两根引脚不分正负极性，多只扬声器同时使用时两个引脚有极性之分。

（2）扬声器有一个纸盆，它的颜色通常为黑色，也有白色。

（3）扬声器的外形有圆形和椭圆形两大类。

（4）扬声器纸盆背面是磁铁，外磁式扬声器用金属螺丝刀去接触磁铁时会感觉到磁性的存在；内磁式扬声器中没有这种感觉，但是外壳内部却有磁铁。

（5）扬声器装在机器面板上或音箱内。

2. 扬声器的种类

扬声器的种类很多，按其换能原理可分为电动式（即动圈式）、静电式（即电容式）、电磁式（即舌簧式）、压电式（即晶体式）等几种，后两种多用于农村有线广播网中；按频率范围可分为低频扬声器、中频扬声器和高频扬声器，这些常在音箱中作为组合扬声器使用。

（1）低频扬声器

对于各种不同的音箱，对低频扬声器的品质因素——Q_0 值的要求不同。对闭箱和倒相箱来说，Q_0 值一般在 0.3～0.6 之间最好。一般来说，低频扬声器的口径、磁体和音圈直径越大，低频重放性能、瞬态特性就越好，灵敏度也就越高。低音单元的结构形式多为锥盆式，也有少量的为平板式。低音单元的振膜种类繁多，有铝合金振膜、铝镁合金振膜、陶瓷振膜、碳纤维振膜、防弹布振膜、玻璃纤维振膜、丙烯振膜、纸振膜等等。采用铝合金振膜、玻璃纤维振膜的低音单元一般口径比较小，承受功率比较大，而采用强化纸盆、玻璃纤维振膜的低音单元播音乐时的音色较准确，整体平衡度不错。

（2）中频扬声器

一般来说，中频扬声器只要频率响应曲线平坦，有效频响范围大于它在系统中担负的放声频带的宽度，阻抗与灵敏度和低频单元一致即可。有时中音的功率容量不够，也可选择灵敏度较高、而阻抗高于低音单元的中音，从而减少中音单元的实际输入功率。中音单元一般有锥盆和球顶两种。只不过它的尺寸和承受功率都比高音单元大而适合于播放中音频而已。中音单元的振膜以纸盆和绢膜等软性物质为主，偶尔也有少量的合金球顶振膜。

（3）高频扬声器

高音单元，顾名思义是为了回放高频声音的扬声器单元。其结构形式主要有号解式、锥盆式、球顶式和铝带式等几大类。

3. 电动式扬声器的结构和工作原理

电动式扬声器应用最广泛，它又分为纸盆式、号筒式和球顶形三种。这里只介绍前两种。

（1）纸盆式扬声器

纸盆式扬声器又称为动圈式扬声器。它由三部分组成：

① 振动系统，包括锥形纸盆、音圈和定心支片等；

② 磁路系统，包括永久磁铁、导磁板和场心柱等；

③ 辅助系统，包括盆架、接线板、压边和防尘盖等。当处于磁场中的音圈有音频电流通过时，就产生随音频电流变化的磁场，这一磁场和永久磁铁的磁场发生相互作用，使音圈沿着轴向振动而发出声音。该扬声器结构简单、低音丰满、音质柔和、频带宽，但效率较低。

（2）号筒式扬声器

号筒式扬声器由振动系统（高音头）和号筒两部分构成。振动系统与纸盆式扬声器相似，不同的是它的振膜不是纸盆，而是一球顶形膜片。振膜的振动通过号筒（经过两次反射）向空气中辐射声波，它的频率高、音量大，常用于室外及会场扩声。

4. 扬声器的主要性能指标

扬声器的主要性能指标有灵敏度、频率响应、额定功率、额定阻抗、指向性以及失真等参数。

（1）额定功率

扬声器的功率有标称功率和最大功率之分。标称功率称额定功率、不失真功率，它是指扬声器在额定不失真范围内容许的最大输入功率，在扬声器的商标、技术说明书上标注的功率即为该功率值。最大功率是指扬声器在某一瞬间所能承受的峰值功率。为保证扬声器工作的可靠性,要求扬声器的最大功率为标称功率的 2～3 倍。

（2）额定阻抗

扬声器的阻抗一般和频率有关。额定阻抗是指音频为 400 Hz 时,从扬声器输入端测得的阻抗。它一般是音圈直流电阻的 1.2～1.5 倍。一般动圈式扬声器常见的阻抗有 4,8,16 和 32 Ω 等。

（3）频率响应

给一只扬声器加上相同电压而不同频率的音频信号时,其产生的声压将会产生变化。一般中音频时产生的声压较大,而低音频和高音频时产生的声压较小。当声压下降为中音频的某一数值时的高、低音频率范围,叫该扬声器的频率响应特性。

理想的扬声器频率特性应为 20～20 kHz,这样就能把全部音频均匀地重放出来,然而这是做不到的,每一只扬声器只能较好地重放音频的某一部分。

（4）失真

扬声器不能把原来的声音逼真地重放出来的现象叫失真。失真有两种:频率失真和非线性失真。频率失真是由于对某些频率的信号放音较强,而对另一些频率的信号放音较弱造成的,失真破坏了原来高低音响度的比例,改变了原声音色。而非线性失真是由于扬声器振动系统的振动和信号的波动不够完全一致造成的,在输出的声波中增加一新的频率成分。

（5）指向特性

用来表征扬声器在空间各方向辐射的声压分布特性。频率越高,指向性越狭;纸盆越大,指向性越强。

5. 耳机

耳机为小型的扬声器,其工作原理依照耳机中使用换能器的声音驱动方式,可分为动圈式、静电式、压电式、动铁式、气动式、电磁式等。

（1）常见耳机

① 动圈耳机

动圈耳机又称电动式耳机。目前绝大多数平价的耳机耳塞都属此类,原理类似于电动式扬声器,处于永久磁场中的缠绕的圆柱体状线圈与振膜相连,线圈在信号电流驱动下带动振膜发声。动圈耳机与一般扬声器很大的不同在于振膜的区别,音箱扬声器的振膜边缘一般固定在弹性介质(折环和定心支片)上(例如在大口径低音单元上),振膜一般是平整的圆锥形,由弹性介质提供振动系统的力顺;而在动圈式耳机中,振膜边缘直接固定在驱动单元的框架上,振膜具有褶皱,振动系统的力顺完全由振膜本身材质的伸展和收缩以及褶皱的变形来提供的,所以说动圈式耳机驱动单元振膜的材质选择和形状设计对单元最终的发声品质影响非常大,同时也是非常娇弱的。动圈式驱动单元的技术现在已经非常成熟,技术不会有大的变化,目前的改进主要是开发更高磁密度的永磁体、更理想的振膜材料以及设计。同时,技术的成熟也使其相应的成本较低,更具竞争力,市场普及度很高。

② 静电式

静电式又称为静电平面振膜,是将导电体(一般为铝)线圈直接电镀或印刷在很薄的塑料膜上,精确到几微米级(目前 STAX 新一代的静电耳机振膜已精确到 1.35 μm);将其置于强静电场中(通常由直流高压发生器和固定金属片(网)组成),信号通过线圈时切割电场,带动振膜振动发声。优点是线性好、失真小(电场比磁场均匀),高频及瞬态反应快(振膜质量较轻)。缺点是需要专门的驱动电路和静电发生器,低频反应差,价格昂贵,效率也不高。

③ 平衡电枢式

平衡电枢式又称动铁式。利用了电磁铁产生交变磁场,振动部分是一个铁片悬浮在电磁铁前方,信号经过电磁铁时会使电磁铁磁场变化,从而使铁片振动发声。

④ 压电式

利用压电陶瓷的压电效应发声。优点是效率高、频率高;缺点是失真大、驱动电压高、低频响应差,抗冲击力差。此类耳机多用于电报收发使用,现基本淘汰,少数耳机采用压电陶瓷作为高音发声单元。

⑤ 气动式

采用气泵和气阀控制气流,直接控制气压和流量,使得空气发生振动,有时候气阀改用大功率扬声器来代替。飞机上常用这样的耳机,此耳机实际上只是个导气管。优点是无电驱动,无限制并联、效率高;缺点是失真大、频响窄、有噪音。

(2) 耳机的相关参数

① 阻抗

注意与电阻含义的区别,在直流电(DC)的世界中,物体对电流阻碍的作用叫作电阻,但是在交流电(AC)的领域中则除了电阻会阻碍电流以外,电容及电感也会阻碍电流的流动,这种作用就称之为电抗,而我们日常所说的阻抗是电阻与电抗在向量上的和。耳机阻抗是耳机交流阻抗的简称,不同阻抗的耳机主要用于不同的场合,在台式机或功放、VCD、DVD、电视等机器上,通常会使用高阻抗耳机,有些专业耳机阻抗甚至会在 200 Ω 以上,这是为了与专业机上的耳机插口匹配。而对于各种便携式随身听,例如 CD、MD 和 MP3,一般使用低阻抗耳机,这些低阻抗耳机一般比较容易驱动。

② 灵敏度

灵敏度指向耳机输入 1 mA 的功率时耳机所能发出的声压级(声压的单位是分贝,声压越大音量越大),所以一般灵敏度越高、阻抗越小,耳机越容易出声、越容易驱动。耳机的灵敏度就是指在同样响度的情况下,音源需要输入的功率的大小,也就是说在用户听起来声音一样的情况下,耳机的灵敏度越高,音源所需要输入的功率就越小。这对于随身听等便携装置来说,灵敏度越高,耳机就越容易驱动。

③ 频率响应

频响范围是指耳机能够放送出的频带的宽度,国际电工委员会 IEC581 - 10 标准中高保真耳机的频响范围不能小于 50 Hz 到 12 500 Hz,优秀耳机的频响宽度可达 5～40 000 Hz,而人耳的听觉范围仅在 20～20 000 Hz。值得注意的是,界定频响宽度的标准是不同的,例如以低于平均输出幅度的 1/2 为标准或低于 1/4 为标准,这显然是不一样的。一般的生产商是以输出幅度降低 1/2 为标准测出频响宽度,这就是说以 −3 dB 为标准,但是由于所采用的测试标准不同,有些产品是以 −10 dB 为标准测量的,这实际上是等于低于正常值 1/16 下为标准测量的。因此,频响宽度大大展宽。用户在选购时应注意不同品牌的耳机的频响宽度可能有不同的测试标准。

④ 谐波失真

谐波失真就是一种波形失真,在耳机指标中有标示,失真越小,音质也就越好。

1.7　显示器件

显示器是电子计算机最重要的终端输出设备,是人机对话的窗口。显示器由电路部分和显示器件组成,采用何种显示器件,决定了显示器的电路结构,也决定了显示器的性能指标。指示或显示器件主要分为机械式指示装置和电子显示器件。传统的电压或电流表头就是一个典型的指示器件,它广泛用于稳压电源、万用表等仪器上。随着电子仪器的智能化水平提高,电子显示器件的使用日益广泛,主要有发光二极管、数码管、液晶显示器、荧光屏等。

1.7.1　LED 数码管

LED 数码管是目前最常用的一种数显器件,是将发光二极管制成条状,再按照一定方式连接,组成数字"8",就构成 LED 数码管,简称 LED。使用时按规定使某些笔段上的发光二极管发光,即可组成 0～9 的一系列数字或 a、b、c、d、e 等字母,如图 1-20 所示。

图 1-20　数字字符号与显示段码对应图

1. LED 数码管构造与显示原理

LED 数码管分共阳极与共阴极两种,a～g 代表 7 个笔段的驱动端,亦称笔段电极。对于共阴极 LED 数码管,如图 1-21 所示,将七只发光二极管的阴极(负极)短接后作为公共阴极。其工作特点是,当笔段电极接高电平、公共阴极接低电平时,相应笔段可以发光。共阳极 LED 数码管则与之相反,它是将发光二极管的阳极(正极)短接后作为公共阳极。当驱动信号为低电平、公共阳极接高电平时,才能发光。

LED 的输出光谱决定其发光颜色以及光辐射强度,也反映出半导体材料的特性。常见管芯材料有磷化镓(GaP)、砷化镓(GaAs)、磷砷化镓(GaAsP)、氮化镓(GaN)等。其中氮化镓可发蓝光。LED 数码管的产品中,以发红光、绿光的居多,这两种颜色也比较醒目。使用 LED 数码管时,工作电流一般选 10 mA 左右/段,既保证亮度适中,又不会损坏器件。

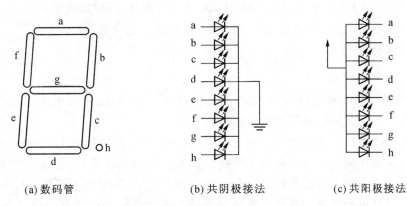

(a) 数码管　　　　　　(b) 共阴极接法　　　　(c) 共阳极接法

图 1 - 21　数码管连接示意图

2. LED 数码管分类

目前国内外生产的 LED 数码管种类繁多,型号各异。大致有以下几种分类方式:

(1) 按外形尺寸分类

目前我国尚未制定 LED 数码管的统一标准,型号一般由生产厂家自定,小型 LED 数码管一般采用双列直插式,大型 LED 数码管采用印刷板插入式。

(2) 根据显示位数划分

根据器件所显示位数的多少,可划分成一位、双位、多位 LED 显示器。一位 LED 显示器就是通常说的 LED 数码管,两位以上的一般称作显示器。

双位 LED 数码管是将两只数码管封装成一体,其特点是结构紧凑、成本较低(与两只一位数码管相比)。国外典型产品有 LC5012 - 11S(红双、共阴)。

为简化外部引线数量和降低显示器功耗,多位 LED 显示器一般采用动态扫描显示方式。其特点是将各位同一笔段的电极短接后作为一个引出端,并且各位数码管按一定顺序轮流发光显示,只要位扫描频率足够高,就观察不到闪烁现象。

(3) 根据显示亮度划分

根据显示亮度分为普通亮度和高亮度。普通 LED 数码管的发光强度 $I_v \geqslant 0.3$ mcd,而高亮度 LED 数码管的 $I_v \geqslant 5$ mcd,提高将近一个数量级,并且后者在大约 1 mA 的工作电流下即可发光。高亮度 LED 数码管典型产品有 2ED102 等。

(4) 按字形结构划分

按字形结构划分,有数码管、符号管两种。常见"＋"符号管可显示正(＋)、负(－)极性,"±1"符号管能显示＋1 或－1。其中以"米"字管的功能最全,除显示运算符号"＋""－""×""÷"之外,还可显示 A~Z 共 26 个英文字母,常用作单位符号显示。

此外,还可按共阳或共阴、发光颜色来分类。

3. LED 数码管特点

LED 数码管的主要特点如下:

(1) 能在低电压、小电流条件下驱动发光,能与 CMOS、TTL 电路兼容。

(2) 发光响应时间极短(<0.1 μs),高频特性好,单色性好,亮度高。

(3) 体积小,重量轻,抗冲击性好。

（4）寿命长，使用寿命在 10 万小时以上，甚至可达 100 万小时，成本低。

因此，它被广泛用作数字仪器仪表、数控装置、计算机的数显器件。

4. LED 数码管简易检测及实用注意事项

（1）LED 数码管简易检测

LED 数码管外观要求颜色均匀、无局部变色及无气泡等，在业余条件下可用干电池为例进一步检查。现以共阴数码管为例介绍检查方法。

将 3 V 干电池负极引出线固定接触在 LED 数码管的公共负极端上，电池正极引出线依次移动接触笔画的正极端。这一根引出线接触到某一笔画的正极端时，那一笔画就相应显示出来。用这种简单的方法就可检查出数码管是否有断笔（某笔画不能显示）、连笔（某些笔画连在一起），并且可相对比较出不同笔画发光的强弱性能。若检查共阳极数码管，只需将电池正负极引出线对调一下，方法同上。

LED 数码管每笔画工作电流 I_{LED} 约在 5～10 mA 之间，若电流过大会损坏数码管。因此，必须加限流电阻，其阻值可按下式计算：

$$R_限 = (U_。 - U_{LED})/I_{LED}$$

式中：$U_。$为加在 LED 两端电压；U_{LED}为 LED 数码管每笔画压降（约 2 V）。

利用数字万用表的 h_{FE} 插口能够方便地检查 LED 数码管的发光情况。选择 NPN 挡时，C 孔带正电，E 孔带负电。例如检查 LTS547R 型共阴极 LED 数码管时，从 E 孔插入一根单股细导线，导线引出端接阴极，再从 C 孔引出一根导线依次接触各笔段电极，可分别显示所对应的笔段。

（2）LED 数码管使用注意事项

检查时若发光暗淡，说明器件已老化，发光效率太低。如果显示的笔段残缺不全，说明数码管已局部损坏。

对于型号不明、又无管脚排列图的 LED 数码管，用数字万用表的 h_{FE}挡可完成下述测试工作：① 判定数码管的结构形式（共阴或共阳）；② 识别管脚；③ 检查全亮笔段。预先可假定某个电极为公共极，然后根据笔段发光或不发光加以验证。当笔段电极接反或公共极判断错误时，该笔段就不能发光。

1.7.2　LCD 显示器

1. LCD 及其特点

液晶是一种几乎完全透明的物质，它的分子排列决定了光线穿透液晶的路径。LCD 是在一定电压下（仅为数伏），使液晶的特定分子改变另一种分子的排列方式，由于分子的再排列使液晶盒的双折射性、旋光性、二色性、光散射性等光学性质发生变化，进而又由这些光学性质的变化转换成视觉的变化，也就是说 LCD 是一种液晶利用光调制的受光型显示器件。

LCD 的特点是体积小、形状薄、重量轻、耗能少（1～10 $\mu W/cm^2$）、低发热、工作电压低（1.5～6 V）、无污染，无辐射、无静电感应，尤其是视域宽、显示信息量大、无闪烁，并能直接与 CMOS 集成电路相匹配，同时还是真正的"平板"式显示设备，这些特点正在使显示领域从传统 CRT 走向 LCD。

2. LCD 的基本结构及工作原理

LCD 器件的结构如图 1－22 所示。由于液晶的四壁效应,在定向膜的作用下,液晶分子在正、背玻璃电极上呈水平排列,但排列方向为正交,而玻璃间的分子呈连续扭转过度,这样的构造能使液晶对光产生旋光作用,使光偏转方向旋转 90°。图 1－23 显示了液晶显示器的工作原理。当外部光线通过上偏振片后形成偏振光,偏振方向成垂直排列,当此偏振

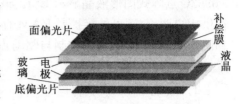

图 1－22　LCD 器件的结构图

光通过液晶材料之后,被旋转 90°,偏振方向成水平方向,此方向与下偏振片的偏振方向一致,因此,此光线能完全穿过下偏振片而达到反射极,经反射后沿原路返回,从而呈现出透明状态。当液晶盒的上、下电极加上一定的电压后,电极部分的液晶分子转成垂直排列,从而失去旋光性。因此,从上偏振片入射的偏振光不能被旋转,当此偏转光到达下偏振片时,因其偏振方向与下偏转片的偏振方向垂直,因而被下偏振片吸收,无法到达反射板形成反射,所以呈现出黑色。根据需要,将电极做成各种文字、数字或点阵,就可以获得所需的各种显示。

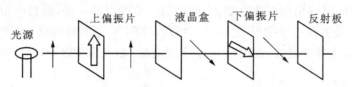

图 1－23　液晶显示器的工作原理图

3. LCD 的驱动方式

液晶显示器的驱动方式由电极引线的选择方向确定,因此在选择好液晶显示器之后,用户无法改变驱动方式。液晶显示器的驱动方式一般有静态驱动和动态驱动两种。由于直流电压驱动 LCD 会使液晶体产生电解和电极老化,从而大大降低 LCD 的使用寿命,所以现在的驱动方式多用交流电压驱动。

（1）静态驱动方式

所谓静态驱动,是指让需要显示的段同时驱动的方法。液晶显示的驱动与 LED 的驱动有很大不同,对于 LED 而言,当在 LED 两端加上恒定的导通或截止电压便可控制其亮或暗。而 LCD 两极不能加恒定的直流电压,因而给驱动带来复杂性。一般应在 LCD 的公共极(一般为背极)加上恒定的交变方波信号(一般为 30～150 Hz),通过控制前极的电压变化而在 LCD 两极间产生所需的零电压或二倍幅值的交变电压,以达到 LCD 亮、灭的控制。目前已有许多 LCD 驱动集成芯片,在这些芯片中将多个 LCD 驱动电路集成到一起。

（2）动态驱动方式

动态驱动实质上是矩阵扫描驱动,可用于多位的 8 段数码显示和点阵显示。点阵式 LCD 的控制一般采用行扫描方式,并且要采用时分割驱动方法,原理比较复杂。

（3）LCD 显示控制接口芯片介绍

随着液晶显示技术的迅速发展,各种专用的控制和驱动 LCD 的大规模集成电路 LSI,使得 LCD 的控制和驱动极为方便,而且可由 CPU 直接控制,满足了用户对液晶显示的多种

要求。目前这类 LSI 已发展到既可显示数字和字符，又可显示图形。常用的接口芯片是 T6963C 点阵式图形液晶显示 LSI。该芯片自带字符 ROM，可产生标准的 128 个 ASCII 字符供用户调用，还可外接扩展 RAM 存储若干屏的显示数据。还可在图形模式下显示汉字和图形。T6963C 常用于控制与驱动点阵图形式 LCD，通过对其片脚的不同预置可进行文本、图形混合显示。

4. LCD 的分类及其应用

LCD 分为扭曲向列型(TN－LCD)、超扭曲向列型(STN－LCD)和薄膜晶体管(TFT－LCD)三种。LCD(Liquid Crystal Display，液晶显示器)主要有三类应用，即笔记本电脑显示屏、显示屏主机一体化台式电脑显示器和单独应用的专用显示器。

(1) TN－LCD

该材料液晶具有可视角较低、温度范围较窄的特点，适应用于字符、数字型、段码式要求的行业应用，也就是所谓字符型液晶的主要材料，它们的命名方式主要是以字符及行数来形容。

(2) STN－LCD

该材料具有的可视角相对 TN 要大，而且温度范围也好一些，是目前市面上比较通用的一种。根据功能及更深一步的开发，还有 DSTN，FSTN 等多种规格，可实现单色或伪彩色的不同需要，目前主要命名方式是图形、点阵式液晶，如点阵 128×64～640×200 单色或彩色液晶。

以上两种可广泛应用于医疗、仪器设备、航空、科研、工业等。

(3) TFT－LCD

TFT(Thin Film Transistor)是指薄膜晶体管，意即每个液晶像素点都是由集成在像素点后面的薄膜晶体管来驱动，从而可以做到高速度、高亮度、高对比度显示屏幕信息。TFT－LCD 是目前最好的 LCD 彩色显示设备之一，其效果接近 CRT 显示器，是现在笔记本电脑和台式机上的主流显示设备。该材料液晶是目前最优秀的液晶之一，该液晶继承了 STN－LCD 的命名方式，具有分辨率点阵高、超薄、超轻、真彩色、响应时间快等特点，而被广泛应用于各大领域，甚至是民用市场的液晶电脑显示器、液晶电视机、监视器等。

5. 选用液晶显示器应注意的要素

(1) 尺寸

过去对电子表、计算器、手机的使用使我们对液晶显示并不陌生，但大尺寸的显示屏则是现代液晶技术的具体体现。在 TFT 技术的支持下，液晶板从以往的 8 英寸发展到今天广泛应用的 14 英寸到 18 英寸，LG 甚至推出了 22 英寸的显示器。没有了传统的电子射线对显示镜面的轰击，液晶板的尺寸可以做得"实实在在"，在可视面积上要比同样尺寸的 CRT 可视面积大。当然这也与不同层次的应用技术有关，如 LG 的未来窗 LCD 680LE 的规格尺寸是 16，显示面积为 15.7 英寸，已相当于 CRT 中 17 英寸显示器的显示面积。

(2) 视角

以往的液晶显示器(如笔记本电脑)，用户必须正襟危坐在显示器前面，因为那时的视面观赏角度不大，稍微偏离屏幕正面，画面就会失色。而现在的大尺寸 LCD 显示器，140 至 160°的水平可视角度以成为基本指标。较小尺寸的 15 英寸或 15 英寸以下的 LCD 显示器，

120°的可视角度也足以显示完整的画面。液晶显示器的左、右观赏角度一般会大于上、下观赏角度,也就是说,垂直的观赏角度小于水平观赏角度,当然,越来越多的 LCD 显示器强调其水平与垂直观赏角度相同。LG 的未来窗 LCD 885LE 更是在水平和垂直视角上均达到了前所未有的 180°,也就是说没有视觉死角。

（3）响应速度

响应时间是指液晶由明转暗或者由暗转明所需的时间。一般来说,响应时间越短越好。响应时间越短,用户在看移动的画面时就不会感到类似残影或者拖沓的痕迹。按照人眼的反应时间,响应时间如果超过 40 ms,就会出现运动图像的迟滞现象。目前液晶显示器的标准响应时间大部分介于 $50 \sim 100$ ms 之间,不过也有少数几种可达到 30 ms 左右,如 LG 的未来窗 LCD 570LS、885LE;EMC 的 BM - 568,完全可以和 CRT 显示器媲美。

（4）色彩

显示器的色彩是目前 CRT 显示器能够对抗 LCD 显示器的一大优势。LCD 显示器在轻松达到 $1\,024 \times 768$ 分辨率的同时,也使自己需要 240 万个像素来满足红、蓝、绿三色的显示,这在技术上提出了很高的要求。一般的 LCD 显示器只能支持几十万种色彩,市场上多见的是支持 24 位色彩,即显示色彩的像素数量达到 262 144 的显示器。但也有一些突破了技术上的瓶颈,LG 公司的液晶显示器如未来窗 LCD 885LE,在分辨率达到 $1\,280 \times 1\,024$ 的情况下,显示色彩达到 1 670 万种,色阶过渡相当完美,会使用户体会到名副其实的真色彩。

（5）分辨率

分辨率是所有显示器最重要的选购技术指标之一,分辨率越高,显示的效果越好。液晶显示器的分辨率不同于 CRT 显示器,因为它一般是不能随便调整的,经由制造商设置和规定后,只有工作在标称的分辨率模式下,液晶显示器才能达到最好的显示效果。所以,购买时要注意该显示器的分辨率。一般的液晶显示器,它的标准分辨率为 $1\,024 \times 768$,这一分辨率可以支持目前一般用户大部分用途的显示要求,一些一般性的专业绘图要求也可满足。当然,更高的分辨率也已出现。LG 的未来窗 LCD 680LE 的分辨率可以达到 $1\,280 \times 1\,024$,完全可以达到 17 英寸 CRT 显示器的应用标准。

1.7.3　PDP 显示屏

PDP,即等离子显示板,是一种利用气体放电的显示技术,其工作原理与日光灯很相似。它采用了等离子管作为发光元件,屏幕上每一个等离子管对应一个像素,屏幕以玻璃作为基板,基板间隔一定距离,四周经气密性封接形成一个个放电空间。放电空间内充入氖、氙等混合惰性气体作为工作媒质。在两块玻璃基板的内侧面上涂有金属氧化物导电薄膜作激励电极。当向电极上加入电压,放电空间内的混合气体便发生等离子体放电现象。气体等离子体放电产生紫外线,紫外线激发荧光屏,荧光屏发射出可见光,显现出图像。

1. 等离子显示屏的组成及结构特征

等离子屏幕的面板主要由两个部分构成(图 1 - 24),一个是靠近使用者面的前板制程等离子显示屏,其中包括玻璃基板、透明电极、Bus 电极、透明诱电体层、MgO 膜。

另外一个是后板制程,其中包括有荧光体层、隔墙、下板透明诱电体层、寻址电极、玻璃基板。

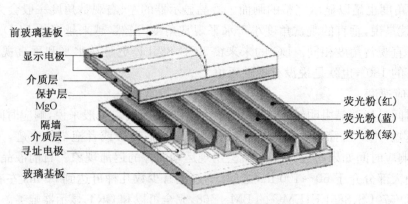

前玻璃基板
显示电极
介质层
保护层 MgO
隔墙
介质层
寻址电极
玻璃基板

荧光粉(红)
荧光粉(蓝)
荧光粉(绿)

图1-24　等离子显示屏结构示意图

2. PDP 的特点

(1) 易于实现薄型大屏幕：显示面积可以做得很大,不存在原理上的限制,而目前主要受限于制作设备和工艺技术。目前,PDP 屏的尺寸主要集中在对角线 37~80 英寸的范围。

(2) 具有高速响应特性：PDP 显示器以气体放电为基本物理过程,其"开""关"速度极高,在微秒量级。因而扫描线数和像素数几乎不受限制,特别适合大屏幕高分辨率显示。

(3) 可实现全色彩显示：利用稀有混合气体放电产生的紫外线激励红、绿、蓝三基色荧光粉发光,并采用时间调制(脉冲调制)灰度技术,可以达到 256 级灰度和 1 677 万种颜色,能获得与 CRT 同样宽的色域,具有良好的色彩还原性。

(4) 环境适应性好：由于结构整体性好,抗振能力强,所以可在很宽的温度和湿度范围内及在有电磁干扰、冲击等恶劣环境条件下工作。

(5) 寿命长：单色 PDP 的寿命可达 10 万小时,彩色 PDP 也可达 3 万~4 万小时。

(6) 因 PDP 内部气压为 0.5 个大气压,所以海拔 2 000 m 以上不能使用。

1.7.4　触摸显示屏

1. 触摸屏的原理

触摸屏的基本原理是,用手指或其他物体触摸安装在显示器前端的触摸屏时,所触摸的位置(以坐标形式)由触摸屏控制器检测,并通过相应通信接口送到 CPU,从而确定输入的信息。触摸屏系统一般包括触摸屏控制器(卡)和触摸检测装置两个部分。其中,触摸屏控制器(卡)的主要作用是从触摸点检测装置上接收触摸信息,并将它转换成触点坐标,再送给 CPU,它同时能接收 CPU 发来的命令并加以执行；触摸检测装置一般安装在显示器的前端,主要作用是检测用户的触摸位置,并传送给触摸屏控制卡。

2. 触摸屏的种类

从技术原理来分类,可分为五个基本种类：矢量压力传感技术触摸屏、电阻技术触摸屏、电容技术触摸屏、红外线技术触摸屏、表面声波技术触摸屏。现在矢量压力传感技术触摸屏已基本不再使用；红外线技术触摸屏价格低廉,但其外框易碎,容易产生光干扰,曲面情况下失真；电容技术触摸屏设计构思合理,但其图像失真问题很难得到根本解决；电阻技术触摸屏的定位准确,但其价格颇高,且怕刮易损；表面声波触摸屏解决了以往触摸屏的各种缺陷,清晰,不容易被损坏,适于各种场合,缺点是屏幕表面如果有水滴和尘土会使触摸屏变得迟钝,甚至不工作。

按照触摸屏的工作原理和传输信息的介质,把触摸屏分为四种,它们分别为电阻式、电容感应式、红外线式以及表面声波式。每一类触摸屏都有其各自的优缺点,下面对上述的各种类型的触摸屏进行简要介绍:

(1) 电阻触摸屏

电阻触摸屏的屏体部分是一块与显示器表面相匹配的多层复合薄膜,由一层玻璃或有机玻璃作为基层,表面涂有一层透明的导电层,上面再盖有一层外表面硬化处理、光滑防刮的塑料层,它的内表面也涂有一层透明导电层,在两层导电层之间有许多细小(小于千分之一英寸)的透明隔离点把它们隔开绝缘。

当手指触摸屏幕时,平常相互绝缘的两层导电层就在触摸点位置有了一个接触,因其中一面导电层接通 Y 轴方向的 5 V 均匀电压场,使得侦测层的电压由零变为非零,这种接通状态被控制器侦测到后,进行 A/D 转换,并将得到的电压值与 5 V 相比即可得到触摸点的 Y 轴坐标。同理得出 X 轴的坐标,这就是所有电阻技术触摸屏共同的最基本原理。

电阻触摸屏是一种对外界完全隔离的工作环境,不怕灰尘和水汽,它可以用任何物体来触摸,可以用来写字画画,比较适合工业控制领域及办公室内有限人的使用。

电阻触摸屏共同的缺点是因为复合薄膜的外层采用塑胶材料,不知道的人太用力或使用锐器触摸可能划伤整个触摸屏而导致报废。不过,在限度之内,划伤只会伤及外导电层,外导电层的划伤对于五线电阻触摸屏来说没有关系,而对四线电阻触摸屏来说是致命的。

(2) 红外线触摸屏

红外线触摸屏安装简单,只需在显示器上加上光点距架框,光点距架框的四边排列了红外线发射管及接收管,在屏幕表面形成一个红外线网。用户以手指触摸屏幕某一点,便会挡住经过该位置的横竖两条红外线,电脑便可即时算出触摸点的位置。任何触摸物体都可改变触点上的红外线而实现触摸屏操作。

红外线式触摸屏价格便宜、安装容易、能较好地感应轻微触摸与快速触摸。但是由于红外线式触摸屏依靠红外线感应动作,外界光线变化,如阳光、室内射灯等均会影响其准确度。而且红外线式触摸屏不防水和怕污垢,任何细小的外来物都会引起误差,影响其性能,不适宜置于户外和公共场所。

(3) 电容式触摸屏

电容式触摸屏的构造主要是在玻璃屏幕上镀一层透明的薄膜体层,再在导体层外上一块保护玻璃,双玻璃设计能彻底保护导体层及感应器。此外,在附加的触摸屏四边均镀上狭长的电极,在导电体内形成一个低电压交流电场。用户触摸屏幕时,由于人体电场、手指与导体层间会形成一个耦合电容,四边电极发出的电流会流向触点,而其强弱与手指及电极的距离成正比,位于触摸屏幕后的控制器便会计算电流的比例及强弱,准确算出触摸点的位置。电容触摸屏的双玻璃不但能保护导体及感应器,更有效地防止外在环境因素对触摸屏造成影响,就算屏幕沾有污秽、尘埃或油渍,电容式触摸屏依然能准确算出触摸位置。

电容屏在原理上把人体当作一个电容器元件的一个电极使用,当有导体靠近与夹层 ITO 工作面之间耦合出足够量容值的电容时,流走的电流就足够引起电容屏的误动作。我们知道,电容值虽然与极间距离成反比,却与相对面积成正比,并且还与介质的绝缘系数有关。因此，当较大面积的手掌或手持的导体物靠近电容屏而不是触摸时就能引起电容屏的误动作，在潮湿的天气这种情况尤为严重，手扶住显示器、手掌靠近显示器 7 cm 以内或身体靠近显示器 15 cm 以内就能引起电容屏的误动作。电容屏的另一个缺点是用戴手套的手或手持不导电的物体触摸时没有反应，这是因为增加了更为绝缘的介质。电容屏更主要的缺点是漂移：当环境温度、湿度改变、环境电场发生改变时，都会引起电容屏的漂移，造成不准确。

（4）表面声波触摸屏

表面声波触摸屏的触摸屏部分可以是一块平面、球面或是柱面的玻璃平板，安装在CRT、LED、LCD 或是等离子显示器屏幕的前面。这块玻璃平板只是一块纯粹的强化玻璃，区别于别类触摸屏技术是没有任何贴膜和覆盖层。玻璃屏的左上角和右下角各固定了竖直和水平方向的超声波发射换能器，右上角则固定了两个相应的超声波接收换能器。玻璃屏的四个周边则刻有 45°角由疏到密间隔非常精密的反射条纹。

表面声波触摸屏特点是清晰度较高；高度耐久；抗刮伤性良好（相对于电阻、电容等有表面镀膜）；反应灵敏；不受温度、湿度等环境因素影响；分辨率高；寿命长（维护良好情况下5 000万次）；透光率高（92％），能保持清晰透亮的图像质量；没有漂移，只需安装时一次校正；有第三轴（即压力轴）响应，目前在公共场所使用较多。

表面声波屏需经常维护，因灰尘、油污甚至饮料的液体沾污在屏的表面，都会阻塞触摸屏表面的导波槽，使波不能正常发射，或使波形改变而控制器无法正常识别，从而影响触摸屏的正常使用，用户需严格注意环境卫生，必须经常擦抹屏的表面，以保持屏面的光洁，并定期作一次全面彻底擦除。

1.8　导　　线

1.8.1　常用材料

1. 导线的分类

常用导线分为电线与电缆两类，它们是电能或电磁信号的传输线。构成电线与电缆的核心材料是导线。按材料可分为单金属丝（如铜丝、铝丝），双金属丝（如镀银铜线）和合金线；按有无绝缘层可分为裸导线和绝缘电线。导线的粗细标准称为线规，有线号制和线径制两种表示方法。按导线的粗细排列成一定号码的叫线号制，线号越大，其线径越小；按导线直径大小的毫米（mm）数表示叫线径制。中国采用线径制，而英、美等国采用线号制。

电线种类包括：

① 裸导线

裸导线（又称裸线）是表面没有绝缘层的金属导线，可分为圆单线、绞线、软接线和其他特殊导线。裸线可作为电线电缆的导电线心，也可直接使用，如电子元器件的连接线。

② 绝缘电线

绝缘电线是在裸导线表面裹上绝缘材料层。按用途和导线结构分为固定敷设电线、绝缘软电线（橡胶绝缘编织软线、聚氯乙烯绝缘电线、铜心聚氯乙烯绝缘安装电线、铝心绝缘塑料护套电线)和屏蔽线。屏蔽线是用来防止因导线周围磁场的干扰而影响电路的正常工作的绝缘电线,是在绝缘电线绝缘层的外面再包上一层金属编织构成一个金属屏蔽层。

③ 电磁线

电磁线是由涂漆或包缠纤维做成的绝缘导线,它的导电电线心有圆线、扁线、带箔等。主要用于绕制电机、变压器、电感线圈等的绕组,其作用是通过电流产生磁场或切割磁力线产生电流,以实现电能和磁能的相互转换。按绝缘层的特点和用途,电磁线分为绕包线(丝包、玻璃丝包、薄膜包、纱包)、漆包线、无机绝缘电磁线及特种电磁线(如高温、高湿低温等环境用电磁线)。

2. 电缆

(1) 电缆结构

电缆是在单根或多根绞合而相互绝缘的心线外面再包上金属壳层或绝缘护套而组成的,按照用途不同,分为绝缘电线电缆和通信电缆。电缆线结构如图 1 - 25 所示,由导体、绝缘层、屏蔽层、护套组成。

导体　绝缘层　屏蔽层　　　护套

图 1 - 25　电缆结构示意图

① 导体

导体的主要材料是铜线或铝线,采用多股细线绞合而成,以增加电缆的柔软性。为了减少集肤效应,也会采用铜管或皱皮铜管作导体材料。

② 绝缘层

它由橡皮、塑料、油纸、绝缘漆、无机绝缘材料等组成,有良好的电气和机械物理性能。绝缘层的作用是防止通信电缆漏电和电力电缆放电。

③ 屏蔽层

屏蔽层是用导电或导磁材料制成的盒、壳、屏、板等将电磁能限制在一定的范围内,使电磁场的能量从屏蔽体的一面传到另一面时受到很大的衰减。一般用金属丝包或用细金属丝编织而成,也有采用双金属和多层复合屏蔽的。

④ 护套

电线电缆绝缘层或导体上面包裹的物质称为护套。它主要起机械保护和防潮的作用,有金属和非金属两种。

为了增强电缆的抗拉强度及保护电缆不受机械损伤,有的电缆在护套外面还加有钢带铠装、镀锌扁钢丝或镀锌圆钢丝铠装等保护层。

(2) 电缆种类

电缆根据用途可分为如下 3 类:

① 电力电缆

电力电缆主要用于电力系统中的传输和分配,大多是用纸或橡皮绝缘的 2 芯至 4 芯电缆,有的外层还用铅作为保护层,甚至再加上钢的铠装。

② 电气装配用电缆

电气装配用电缆主要指矿用、船用、石油勘探、信号电线和直流高压软电缆等特殊场合及日用电器、小型电动设备、防水电缆及无线电用电缆。

③ 通信电缆

通信电缆包括电信系统中各种通信电缆、射频电缆、电话线和广播线等。通信电缆按不同结构分为对称电缆和同轴电缆;按不同用途分为市内通信电缆、长途对称电缆和干线通信电缆三种。一般通信电缆多为对称电缆且为多芯电缆,是成对出现的,对数可达几百甚至上千对,其芯间多为纸或塑料绝缘,外面还用橡胶、塑料或铅等作为保护层。由于对称电缆的每一对绝缘芯线与地是对称的,其磁场效应及涡流效应较强,因此传输频率不能太高,通常在几百千赫以下。

单芯高频电缆通常又称为同轴电缆,其传输损耗小,传输效率很高,适于长距离和高频传输。同轴电缆特性阻抗有 50 Ω 和 75 Ω 两种,常用型号为 SYV-××-×,意为聚乙烯绝缘射频同轴电缆,××表示特性阻抗,×表示外导体近似直径(mm)。

高频电缆(射频电缆)主要用于传输高频、脉冲、低电平信号等,具有良好的传输效果,衰减小、抗干扰能力强、天线效应小,有固定的波抗阻,便于匹配,但加工较困难。高频电缆又分为单芯和双芯电缆,双芯高频电缆又多为平行线。它的优点是价格便宜,易实现匹配;缺点是没有屏蔽层,易引入干扰杂波,抗干扰性能差。

1.8.2　导线加工工艺

绝缘导线及其加工(包括开线、剥头、焊接、压接、扎线)在电子产品的加工装配中占有重要位置。实践中发现,出现故障的电子产品中,导线焊接、压接的失效率往往高于 PCB 板。因此,必须把绝缘导线及其加工纳入产品实现的特殊过程进行规范,并加以监控。

1. 常用连接导线

电子装配常用绝缘导线有三类:

(1) 单股绝缘导线,绝缘层内只有一根导线,俗称"硬线",容易成型固定,常用于固定位置连接。漆包线也属于此范围,只不过它的绝缘层不是塑胶,而是绝缘漆。

(2) 多股绝缘导线,绝缘层内有 4 根以上的导线,俗称"软线",使用最为广泛。

(3) 屏蔽线,在弱信号的传输中应用很广,同样结构的还有高频传输线。

2. 绝缘导线焊接前处理

(1) 导线裁剪(俗称"开线")

绝缘导线应按先长后短的顺序,用斜口钳进行剪切,剪裁绝缘导线时要拉直再剪。剪线长度按产品设计文件导线表中规定执行,长度应符合要求(一般情况可按表 1-8 选择公差)。绝缘导线的绝缘层不允许损伤,芯线应无锈蚀,绝缘层已损坏或芯线有锈蚀的绝缘导线不能使用。

表 1-8　绝缘导线剥除导线长度与公差

导线长度/mm	50	50~100	100~200	200~500	500~1 000	>1 000
公差/mm	+3	+5	+5~+10	+10~+15	+15~+20	+30

（2）剥绝缘层

导线焊接前要除去末端绝缘层。剥除绝缘层采用专用工具——机械剥线钳。

① 使用合格的剥线钳,剥线钳尺寸必须符合线径要求,有缺陷的剥线钳不得使用。

② 剥线时,要注意:对单股线(硬线)不应伤及导线,对多股线(软线)及屏蔽线芯线不能出现断(股)线。

③ 剥线长度,一般为 5～8 mm,其值包含导线的检验空隙。检验空隙的长度按导线规格不同而不同,如表 1-9 所示。

④ 多股线(软线)剥除绝缘层后,应将芯线拧成螺丝状。

⑤ 不接地端的加工工序:去外绝缘皮,松散屏蔽层编织线,剪去屏蔽层编织线,编织线翻上,套热缩管并加热,截去芯线绝缘层,芯线浸锡。

⑥ 接地端加工工序:去外绝缘皮,拆散屏蔽层剪切屏蔽层编织线,屏蔽层捻头、浸锡,另焊一根导线,套热缩管。

表 1-9　导线规格与检验空隙长度

导线规格/mm	Φ0.22～Φ0.61	Φ0.63～Φ2.24	Φ2.5 以上
检验空隙长度/mm	1～3	2～4	3～6

（3）预焊(搪锡、挂锡)

导线经过剥头应及时预焊,防止氧化。

① 导线挂锡可以用锡锅或电烙铁。锡锅挂锡时,不许伤及绝缘层,浸锡时间为 1～3 s;电烙铁挂锡时,旋转方向与拧合方向一致。

② 挂锡时,要注意不能让焊锡浸入绝缘层内,造成导线变硬。要求导线头挂锡后,挂锡层与导线绝缘层之间约有 1 mm 的距离,且锡层表面光滑均匀,镀层良好。

1.8.3　导线焊接工艺

导线焊接在电子装配中占有一定的比例,实践表明其焊点失效率高于印制电路板。针对常见的导线类型,例如单股导线、多股导线、屏蔽线,导线连接采用绕焊、钩焊、搭焊等基本方法。需要注意的是:导线剥线长度要合适,上锡要均匀;线端连接要牢固;芯线稍长于外屏蔽层,以免因芯线受外力而断开;导线的连接点可以用热缩管进行绝缘处理,既美观又耐用。

导线的焊接与元器件的焊接大致相同,都要先进行绝缘层处理、搪锡,然后再焊接,一般去绝缘层露出 3 mm 的金属导线即可。导线的类型不同,有不同的处理方法:多芯线去绝缘层后,要沿一个方向将多芯线拧紧,然后搪锡;漆包线要先轻轻刮去漆层,或用带有焊锡的烙铁烫一会儿,在去漆包皮的同时上锡;丝包线在去绝缘层后,还要去掉丝包层才能上锡。导线焊接工艺包括导线与导线的焊接(连接)和与导线端子的焊接。

1. 导线与导线的焊接步骤

（1）剥绝缘层

导线焊接前要除去末端绝缘层。剥除绝缘层应采用专用工具(剥线钳)。将焊接导线按相应接线端子尺寸剥去绝缘层,注意保证芯线伸出焊线部 0.5～1 mm。用剥线钳剥线时要选用与导线线径相同的刀口,对单股线不应伤及导线,屏蔽线、多股导线不断线。对多股导线剥除绝缘层时注意将线芯拧成螺旋状,一般采用边拽边拧的方法。

(2) 预焊

选择合适的烙铁将导线及接线端子的焊接部位预先用焊锡润湿,多股导线挂锡时要边上锡边旋转,旋转方向与拧合方向一致。

(3) 套线号

按文件要求套上相应线号,每根导线应套两个线号,两个线号的正方向分别正对接线端子。

(4) 焊接

用烙铁将接线端子内的焊锡熔化,将导线垂直插入端子,保证芯线伸出焊接部位 0.5～1 mm,移开烙铁并保持到凝固,注意导线不可动。

(5) 套热缩套管

导线焊接端子后,套上相应的热缩套管(热缩套管在加热到 100 ℃以上时直径可缩到 1/2～1/3),并用热吹风机合适的温度均匀加热热缩套管直至热缩套管紧箍在焊接部位及导线上。

(6) 自检

按文件要求自行检查所焊接导线是否符合文件的要求。

2. 导线和接线端子的焊接

导线和接线端子的焊接是指各种导线与焊片、继电器、开关元件的接点以及各种导电连接器的接点的焊接,这些焊接都是手工焊接的主要对象。通常按连接方式可分为绕焊、钩焊、搭焊和插焊四种。

(1) 绕焊

把导线端头用尖嘴钳或镊子卷绕在接线端子上,然后进行焊接的方法称为绕焊。绕焊连接时,不管采用何种端子,导线都要贴紧端子,端头不得翘起,导线绝缘层不得接触端子,一般应离 1～3 mm 的距离。多个排列成行的端子的焊接,可以用一根裸导线连接跨接,即连续绕几个 360°,但首末两个端子上卷绕的角度应符合 180～270°的要求。

(2) 钩焊

把导线端头弯成钩状,钩连在端子上,并用扁嘴钳子夹紧,然后进行焊接的方法称为钩焊。钩连导线必须紧贴端子,几种导线(不大于三根)在同一孔内连接时,导线不应交叉和重叠,应顺序排列,适用于扁状焊片端子。

(3) 搭焊

把导线端头搭接在线端子上,用烙铁焊接的方法称为搭焊。这种方法仅适用于不能用绕焊和钩焊的场合。

(4) 插焊

把导线端头插入接线端子孔内,用电烙铁焊接的方法称为插焊。这种方法适用于环形接线端子。插焊有两种加热方法:大体积端子对体积较大的端子,由于散热面积大,可用大功率电烙铁在端子外侧加热,预先将焊料熔入插线孔内,然后插入导线;对小型端子,可直接用 50～75 W 电烙铁焊接。

1.9 开关器件

1.9.1 继电器

继电器是一种电子控制器件,它具有控制系统(又称输入回路)和被控制系统(又称输出回路),通常应用于自动控制电路中,在电路中起到安全保护、自动调节及转换电路等作用。

1. 继电器的分类及特性

(1) 电磁继电器

电磁继电器一般由铁心、线圈、衔铁、触点簧片等组成,如图 1-26 所示。只要在线圈两端加上一定的电压,线圈中就会流过一定的电流,从而产生电磁效应,衔铁就会在电磁力吸引的作用下克服返回弹簧的拉力吸向铁心,从而带动衔铁的动触点与静触点(常开触点)吸合。当线圈断电后,电磁的吸力也随之消失,衔铁就会在弹簧的反作用力返回原来的位置,使动触点与原来的静触点(常闭触点)吸合。这样吸合释放,从而达到了在电路中的导通、切断的目的。对于继电器的"常开、常闭"触点,可以这样来区分:继电器线圈未通电时处于断开状态的静触点,称为"常开触点";处于接通状态的静触点,称为"常闭触点"。

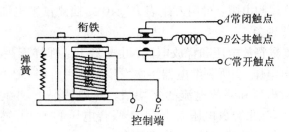

图 1-26 电磁继电器结构示意图

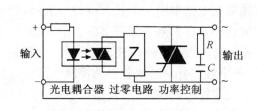

图 1-27 固态继电器电路原理图

(2) 固态继电器

固态继电器是一种两个接线端为输入端,另两个接线端为输出端的四端器件,中间采用隔离器件实现输入输出的电隔离,如图 1-27 所示。固态继电器按负载电源类型可分为交流型和直流型;按开关形式可分为常开型和常闭型;按隔离形式可分为混合型、变压器隔离型和光电隔离型,以光电隔离型为最多。

2. 继电器主要技术参数

(1) 直流电阻:是指继电器中线圈的直流电阻,可以通过万能表测量。

(2) 额定工作电压:是指继电器正常工作时线圈所需要的电压(根据继电器的型号不同,电压也不同,可以是直流电压,也可以是交流电压)。

(3) 吸合电流:是指继电器能够产生吸合动作的最小电流,在正常使用时,给定的电流必须略大于吸合电流,继电器才能稳定工作(而对于线圈所加的工作电压,一般不要超过额定工作电压的 1.5 倍,否则会产生较大的电流,从而把线圈烧坏)。

(4) 释放电流:是指继电器产生释放动作的最大电流。当继电器吸合状态的电流减小到一定程度时,继电器就会恢复到未通电的释放状态,这时的电流远远小于吸合电流。

(5) 触点切换电压和电流:是指继电器允许加载的电压和电流。它决定了继电器能控制电压和电流的大小,使用时不能超过此值,否则容易损坏继电器的触点。

3. 继电器测试项目

(1) 测触点电阻:用万能表的电阻挡,测量常闭触点与动点电阻,其阻值应为 0;而常开触点与动点的阻值就为无穷大。由此可以区别出哪个是常闭触点,哪个是常开触点。

(2) 测量吸合电压和吸合电流:用可调稳压电源和电流表,给继电器输入一组电压,且在供电回路中串入电流表进行检测。慢慢调高电源电压,听到继电器吸合声时,记下该吸合电压和吸合电流。为求准确,可以多试几次,求平均值。

(3) 测线圈电阻:可用万用表 $R \times 10 \, \Omega$ 挡测量继电器线圈的阻值,来判断该线圈是否存在着开路现象。

(4) 测量释放电压和释放电流:也是像上述那样连接测试,当继电器发生吸合后,再逐渐降低供电电压,当听到继电器再次发生释放声音时,记下此时的电压和电流,亦可多测几次而取释放电压和释放电流的平均值。一般情况下,继电器的释放电压约在吸合电压的 $10\% \sim 50\%$,如果释放电压太小,小于吸合电压的 $1/10$,继电器就不能正常使用了,这样会对电路的稳定性造成威胁,工作不可靠。

4. 继电器的触点形式及符号表示方式

继电器线圈在电路中用一个长方框符号表示,如果继电器有两个线圈,就画两个并列的长方框。同时在长方框内或长方框旁标上继电器的文字符号"J"。继电器的触点有两种表示方法:一种是把它们直接画在长方框一侧,这种表示法较为直观。另一种是按照电路连接的需要,把各个触点分别画到各自的控制电路中,通常在同一继电器的触点与线圈旁分别标注上相同的文字符号,并将触点组编上号码,以示区别。继电器的触点有三种基本形式:

(1) 动合型(H 型)线圈不通电时两触点是断开的,通电后两个触点就闭合。以合字的拼音字头"H"表示。

(2) 动断型(D 型)线圈不通电时两触点是闭合的,通电后两个触点就断开。用断字的拼音字头"D"表示。

(3) 转换型(Z 型),这是触点组型。这种触点组共有三个触点,即中间是动触点,上下各一个静触点。线圈不通电时,动触点和其中一个静触点断开和另一个闭合;线圈通电后,动触点就移动,使原来断开的成闭合,原来闭合的成断开状态,达到转换的目的。这样的触点组称为转换触点,用"转"字的拼音字头"Z"表示。

1.9.2　保险器

保险器即保险管,也称保险丝,是一种安装在电路中、保证电路安全运行的电器元件,也被称为熔断器。保险管(丝)会在电流异常升高到一定的高度和一定的时候,自身熔断切断电流,从而起到保护电路安全运行的作用。

1. 工作原理

当电流流过导体时,因导体存在一定的电阻,所以导体将会发热,且发热量遵循着这个公式:$Q=0.24I^2RT$。其中:Q 是发热量,0.24 是一个常数,I 是流过导体的电流,R 是导体的电阻,T 是电流流过导体的时间。以此公式我们不难看出保险丝的简单的工作原理了。

一旦制作保险丝的材料及其形状确定了,其电阻 R 就相对确定了(若不考虑它的电阻温度系数)。当电流流过它时,它就会发热,随着时间的增加其发热量也在增加。电流与电阻的大小确定了产生热量的速度,保险丝的构造与其安装的状况确定了热量耗散的速度,若产生热量的速度小于热量耗散的速度时,保险丝是不会熔断的。若产生热量的速度等于热量耗散的速度时,在相当长的时间内它也不会熔断。若产生热量的速度大于热量耗散的速度时,那么产生的热量就会越来越多。又因为它有一定比热及质量,其热量的增加就表现在温度的升高上,当温度升高到保险丝的熔点以上时保险丝就发生了熔断。这就是保险丝的工作原理。

一般保险丝由三个部分组成:一是熔体部分,它是保险丝的核心,熔断时起到切断电流的作用,同一类、同一规格保险丝的熔体,材质要相同、几何尺寸要相同、电阻值尽可能地小且要一致,最重要的是熔断特性要一致;二是电极部分,通常有两个,它是熔体与电路连接的重要部件,它必须有良好的导电性,不应产生明显的安装接触电阻;三是支架部分,保险丝的熔体一般都是纤细柔软的,支架的作用就是将熔体固定并使三个部分成为刚性的整体,便于安装、使用,它必须有良好的机械强度、绝缘性、耐热性和阻燃性,在使用中不应出现断裂、变形、燃烧及短路等现象。

电力电路及大功率设备所使用的保险丝,不仅有一般保险丝的三个部分,而且还有灭弧装置,因为这类保险丝所保护的电路不仅工作电流较大,而且当熔体发生熔断时其两端的电压也很高,往往会出现熔体已熔化(熔断)甚至已汽化,但是电流并没有切断的现象,其原因就是在熔断的一瞬间在电压及电流的作用下,保险丝的两电极之间发生拉弧现象。这个灭弧装置必须有很强的绝缘性与很好的导热性,且呈负电性。石英砂就是常用的灭弧材料。

另外,还有一些保险丝有熔断指示装置,它的作用就是当保险丝动作(熔断)后其本身发生一定的外观变化,易于被维修人员发现,例如:发光、变色、弹出固体指示器等。

2. 保险丝的种类

(1) 按保护形式分,可分为过电流保护与过热保护。用于过电流保护的保险丝就是平常说的保险丝(也叫限流保险丝),用于过热保护的保险丝一般被称为"温度保险丝"。温度保险丝又分为低熔点合金型与感温触发型,还有记忆合金型等等(温度保险丝是防止发热电器或易发热电器温度过高而进行保护的,例如电吹风、电熨斗、电饭锅、电炉、变压器、电动机等等;它响应于用电电器温升的升高,不会理会电路的工作电流大小,其工作原理不同于"限流保险丝")。

（2）按使用范围分，可分为电力保险丝、机床保险丝、电器仪表保险丝（电子保险丝）、汽车保险丝。

（3）按体积分，可分为大型、中型、小型及微型。

（4）按额定电压分，可分为高压保险丝、低压保险丝和安全电压保险丝。

（5）按分断能力分，可分为高、低分断能力保险丝。

（6）按形状分，可分为平头管状保险丝（又可分为内焊保险丝与外焊保险丝）、尖头管状保险丝、铡刀式保险丝、螺旋式保险丝、插片式保险丝、平板式保险丝、裹敷式保险丝、贴片式保险丝。

（7）按材料分，可分为玻璃保险管、陶瓷保险管。

（8）按熔断速度分，可分为特慢速保险丝（一般用 TT 表示）、慢速保险丝（一般用 T 表示）、中速保险丝（一般用 M 表示）、快速保险丝（一般用 F 表示）、特快速保险丝（一般用 FF 表示）。

3. 保险丝的主要参数

（1）额定电流

额定电流又称保险丝的工作电流，符号为 I_n，保险丝的额定电流是由制造部门在实验室的条件下所确定的。额定电流值通常有 100, 200, 315, 400, 500, 630, 800, 1 000, 1 600, 2 000, 2 500, 3 150, 4 000, 5 000 和 6 300 mA 等。

（2）额定电压

额定电压又称工作电压，代号是 U_n，一般保险丝的标准电压额定值为 32, 60, 125, 250, 300, 500 和 600 V。保险丝可以在不大于其额定电压的电压下使用，但一般不在电路电压大于保险丝额定电压的电路中使用。

（3）电压降

对保险丝在通额定电流，当保险丝达到热平衡即温度稳定下来时所测得的其两端的电压，代号是 U_d。由于保险丝两端电压降对电路会有一定的影响，因此在有些国家和地区里有对电压降的明确规定。

（4）保险丝电阻

通常分为冷态电阻和热态电阻。冷态电阻是保险丝 25 ℃的条件下，通过小于额定电流的 10% 的测试电流所测得的电阻值。热态电阻则是以全额额定电流值为测试电流所测得的电压降转化过来的，其计算公式为 $R_热 = U_d / I_n$。通常热电阻比冷电阻要大，生产厂家提供的保险丝电阻值即为冷电阻值（仅作为参考）。

（5）过载电流

过载电流是指在电路中流过有高于正常工作时的电流。如果不能及时切断过载电流，则有可能会对电路中其他设备带来破坏。短路电流则是指电路中局部或全部短路而产生的电流，短路电流通常很大，且比过载电流要大。

（6）分断能力

分断能力又称额定短路容量，即在额定电压下，保险丝能够安全分断的最大电流值（交流电为有效值）。它是保险丝重要的安全指针，分断能力的代号是 I_r。

（7）温升

温升是指保险丝在通规定的电流值（U_L 中规定为 $100\% I_n$，日规中规定为 $115\% I_n$）的条件下使温度达到稳定时的温度值与通电前之温度的差值。

4. 保险丝的选用

（1）首先应根据使用场合和负载性质选择熔断器的类型。

（2）额定电流包括两个电流值，一个是熔体的额定电流，另一个是熔断器的额定电流。选择时先要根据负载情况确定熔体的额定电流，再根据所选熔体的额定电流选择熔断器的额定电流。熔体额定电流的选择，要区分负载性质和控制方式，即：

① 对于变压器、电炉和照明等负载，熔体的额定电流应略大于或等于负载电流；

② 对于输配电线路，熔体的额定电流应略大于或等于线路的安全电流；

③ 对电动机负载，熔体的额定电流应等于电动机额定电流的 1.5～2.5 倍。

（3）根据选择的熔体额定电流确定熔断器的额定电流。

熔断器的额定电流应大于熔体的额定电流。例如熔体电流选择为 10 A，选用 RL_1 系列螺旋式熔断器，则熔断器的规格为 RL_1 - 15，即熔断器的额定电流为 15 A。

（4）熔断器对过载反应不灵敏，除照明线路外，熔断器一般不用作过载保护，主要作短路保护。

（5）熔断器和熔体只有经过正确选择，才能起到应有的保护作用。熔体选择时，计算出的数值应结合实际技术参数确定，即参照教材中给出的熔断器的技术参数表，合理选择实际的熔体额定电流值，所选熔断器的额定电流应大于熔体额定电流。

习　题

1. 什么是电阻器？电阻器有哪些主要参数？

2. 如何检测判断普通固定电阻器、电位器及敏感电阻器的性能好坏？

3. 什么是电容器？它有哪些主要参数？电容器有何作用？

4. 什么是电解电容器？与普通电容器相比，它有什么不同？

5. 如何判断较大容量的电容器是否出现断路、击穿及漏电故障？

6. 什么是电感器？电感器有哪些主要参数？

7. 变压器有何作用？举出 5 种常见电子变压器的例子。

8. 电阻器、电容器、电感器的主要标志方法有哪几种？

9. 指出下列电阻器的标称阻值、允许偏差及标志方法。

（1）2.2 kΩ±10％　　　　　　（2）680 Ω±20％

（3）5K1±5％　　　　　　　　（4）3M6J

（5）4R7M　　　　　　　　　　（6）125K

（7）829J　　　　　　　　　　（8）红紫黄棕

（9）蓝灰黑橙银

10. 指出下列电容器的标称容量、允许偏差及标志方法。

（1）5n1　　　　　　　　　　　（2）103J

（3）2P2　　　　　　　　　　　（4）339K

（5）R56K

11. 二极管有何特点？如何用万用表检测判断二极管的引脚极性及好坏？

12. 三极管有哪几个引脚？从结构上看，它有哪些类型？如何用万用表检测？

13. 什么是集成电路？它有何特点？按集成度是如何分类的？

14. 按控制方式分类，开关件分为哪几类？各有何特点？

15. 简述普通导线的加工过程。

16. 简述屏蔽线及同轴电缆的加工过程。

17. 开关件有何作用？如何检测其好坏？

18. 常见的电声器件有哪些？各有何作用？

项目 2 PCB 的设计与制作

项目要求
- 能描述覆铜板的结构与特点、PCB 设计中抑制干扰的措施
- 能描述 PCB 的设计规则、生产工艺和制作的基本过程
- 能描述 Protel 99SE 软件设计 PCB 的步骤
- 能描述手工制作 PCB 的常用方法
- 会熟练使用 Protel 99SE 软件设计单面 PCB、双面 PCB
- 会熟练使用快速制板机手工制作单、双面 PCB

2.1 PCB 设计基础

印制电路板也称印制线路板，通常简称为印制板或 PCB(Printed Circuit Board)。所谓的印制电路板，是指在绝缘基板上，有选择地加工安装孔、连接导线和装配焊接电子元器件的焊盘，以实现元器件间的电气连接的组装板。

2.1.1 覆铜板概述

1. 覆铜板发展

覆铜板(Copper Clad Laminate，全称覆铜板层压板，英文简称 CCL)是由木浆纸或玻纤布等作增强材料，浸以树脂，单面或双面覆以铜箔，经热压而成的一种产品。

覆铜板是电子工业的基础材料，主要用于加工制造印制电路板(PCB)，广泛用在电视机、收音机、计算机、移动通信等电子产品。覆铜板业已有近百年的历史，它是与电子信息工业，特别是与 PCB 业同步发展、不可分割的。覆铜板的发展，始于 20 世纪初期。当时，覆铜板用树脂、增强材料以及基板的制造，有了可喜的进展，如：

1909 年，美国巴克兰博士(Bakeland)对酚醛树脂的开发和应用。

1934 年，德国斯契莱克(Schlack)用双酚 A 和环氧氯丙烷合成了环氧树脂。

1938 年，美国欧文斯·康宁玻纤公司开始生产玻璃纤维。

1939 年，美国 Anaconda 公司首创了用电解法制作铜箔的技术。

以上技术的开发，都为覆铜板的发展打下了重要基础和创造了必要的条件。此后，随着集成电路的发明与应用，电子产品的小型化、高性能化，推动了覆铜板技术和生产进一步发展。积层法多层板技术(Buildup Multilayer)迅猛发展、涂树脂铜箔(RCC)等多种新型基板材料随之出现。

2. 覆铜板简介

印制板(PCB)的主要材料是覆铜板,而覆铜板(敷铜板)是由基板、铜箔和黏合剂构成的。基板是由高分子合成树脂和增强材料组成的绝缘层板;在基板的表面覆盖着一层导电率较高、焊接性良好的纯铜箔。铜箔覆盖在基板一面的覆铜板称为单面覆铜板,基板的两面均覆盖铜箔的覆铜板称为双面覆铜板;铜箔能否牢固地覆在基板上,则由黏合剂来完成。常用覆铜板的厚度有 1.0,1.5 和 2.0 mm 三种。

覆铜板的种类也较多。按绝缘材料不同可分为纸基板、玻璃布基板和合成纤维板;按黏结剂树脂不同可分为酚醛、环氧、聚酯和聚四氟乙烯等;按用途可分为通用型和特殊型。

3. 国内常用覆铜板的结构及特点

(1) 覆铜箔酚醛纸层压板是由绝缘浸渍纸(TFZ - 62)或棉纤维浸渍纸(1TZ - 63)浸以酚醛树脂经热压而成的层压制品,两表面胶纸可附以单张无碱玻璃浸胶布,其一面敷以铜箔。主要用作无线电设备中的印制电路板。

(2) 覆铜箔酚醛玻璃布层压板是用无碱玻璃布浸以环氧酚醛树脂经热压而成的层压制品,其一面或双面敷以铜箔,具有质轻、电气和机械性能良好、加工方便等优点。其板面呈淡黄色,若用三氰二胺作固化剂,则板面呈淡绿色,具有良好的透明度。主要在工作温度和工作频率较高的无线电设备中用作印制电路板。

(3) 覆铜箔聚四氟乙烯层压板是以聚四氟乙烯板为基板,敷以铜箔经热压而成的一种覆铜板。主要用于高频和超高频线路中作印制板用。

(4) 覆铜箔环氧玻璃布层压板是孔金属化印制板常用的材料。

(5) 软性聚酯覆铜薄膜是用聚酯薄膜与铜热压而成的带状材料,在应用中将它卷曲成螺旋形状放在设备内部。为了加固或防潮,常以环氧树脂将它灌注成一个整体。主要用作柔性印制电路和印制电缆,可作为接插件的过渡线。

目前国内大量使用的覆铜板主要类型如表 2-1 所示。

表 2-1　覆铜板主要类型

覆铜板名称	覆铜板标称厚度/mm	铜箔厚度/μm	覆铜板特点	覆铜板应用
酚醛纸质覆铜	1.0,1.5,2.0,2.5,3.0,3.2,6.4	50~70	价格低,阻燃强度低,易吸水,耐高温性能差	中低档民用产品,如收音机、录音机等
环氧纸质覆铜	同上	35~70	价格高于酚醛纸板,机械强度、耐高温和潮湿性较好	工作环境好的仪器、仪表及中档以上民用电器
环氧玻璃布覆铜板	0.2,0.3,0.5,1.0,1.5,2.0,3.0,5.0,6.4	35~50	价格较高,性能优于环氧酚醛纸质板,且基板透明	工作环境好的仪器、仪表及中档以上民用电器
聚四氟乙烯覆铜板	0.25,0.3,0.5,0.8,1.0,1.5,2.0	35~50	价格高,介电常数低,介质损耗低,耐高温,耐腐蚀	微波、高频、电器、航天航空、导弹、雷达等
聚酰亚胺柔性覆铜板	0.2,0.5,0.8,1.2,1.6,2.0	35	可挠性、重量轻	民用及工业电器、计算机、仪器仪表等

2.1.2　PCB 常用术语介绍

一块合格的电路 PCB 是由焊盘、过孔、安装孔、定位孔、印制线、元件面、焊接面、阻焊层和丝印层等组成,如图 2-1 所示。

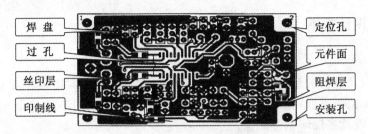

图 2-1　印制电路板的组成

1. 焊盘

焊盘是通过对覆铜箔进行处理而得到的元器件连接点。有的 PCB 上的焊盘就是铜箔本身再喷涂一层助焊剂而形成;有的 PCB 上的焊盘则采用了浸银或浸锡或浸镀铅锡合金等措施。焊盘的大小和形状直接影响焊点的质量和 PCB 的美观。

2. 过孔

过孔是在双面 PCB 上,将上下两层印制线连接起来且内部充满或涂有金属的小洞。有的过孔可作焊盘使用,有的仅起连接作用,使过孔内涂金属的过程叫孔金属化。

3. 安装孔

用于固定大型元器件和 PCB 板的小孔,大小根据实际而定。

4. 定位孔

用于 PCB 加工和检测定位的小孔,可用安装孔代替,一般采用三孔定位方式,孔径根据装配工艺确定。

5. 印制线

将覆铜板上的铜箔按要求经过蚀刻处理而留下来的网状细小的线路就是印制线,它是用来提供 PCB 上元器件的电路连接的。成品 PCB 上的印制线已经涂有一层绿色(或棕色)的阻焊剂,以防氧化和锈蚀。

6. 元件面

在 PCB 上用来安装元器件的一面称为元件面,单面 PCB 上无印制线的一面就是元件面。双面 PCB 上的元件面一般印有元器件图形、字符等标记。

7. 焊接面

在 PCB 上用来焊接元器件引脚的一面称为焊接面,该面一般不作任何标记。

8. 阻焊层

PCB 上的绿色或是棕色层面,它是绝缘的防护层,可以保护铜线不致氧化,也可以防止元器件被焊到不正确的地方。

9. 丝印层

在 PCB 的阻焊层上印出文字与符号（大多是白色的）的层面，由于采用的是丝印的方法，故称丝印层。它是用来标示各元器件在板子上位置的。

2.1.3 PCB 设计规则

1. 确定电路板类型

根据电路以及整机的装连要求，用单面即可完成全部互连时应使用单面印制电路板。在用单面印制电路板不能完成电路的全部互连情况下，考虑设计双面印制电路板。在下列情况下，要考虑设计多层印制电路板：

（1）用双面印制电路板不能完成电路的全部互连，需要增加较多的跨接导线；

（2）要求重量轻、体积小；

（3）有高速电路；

（4）要求高可靠性；

（5）简化印制电路板布局和照相底图设计。

为了满足电子设备某些特殊装连的需要和减轻重量、提高装连密度，有时要求采用挠性印制电路，印制电路板的导线要承受大电流或整块印制板的功耗很大，使其超过允许的工作温度时，则需设计具有金属心或不凹面散热器的印制电路板。

2. 印制电路板生产条件与标准化

设计印制电路板应考虑并熟悉生产条件，例如：制作照相底板的方法（照相缩小法/光绘图法、1∶1 贴图翻版法等）、照相制版机允许的最大底图尺寸、各设备加工印刷电路板的最大尺寸和最小尺寸、钻床的钻孔精度、冲裁加工的要求、精度导线图形印制技术和蚀刻精度等。

制作印制电路板的标准有国标（GB）、国际电工委员会（IEC TC52）、美国军用规范（MIL）、英国标准（BS）、日本标准（JIS）和日本印制电路协会（JPCA）等有关标准。

3. PCB 布局

首先要考虑 PCB 尺寸大小。PCB 尺寸过大时，印制线条长，阻抗增加，抗噪声能力下降，成本也增加；过小，则散热不好，且邻近线条易受干扰。在确定 PCB 尺寸后，再确定特殊元器件的位置。最后，根据电路的功能单元，对电路的全部元器件进行布局。

在确定特殊元器件的位置时要遵守以下原则：

（1）尽可能缩短高频元器件之间的连线，设法减少它们的分布参数和相互间的电磁干扰。易受干扰的元器件不能相互挨得太近，输入和输出元器件应尽量远离。

（2）某些元器件或导线之间可能有较高的电位差，应加大它们之间的距离，以免放电引出意外短路。带高电压的元器件应尽量布置在调试时手不易触及的地方。

（3）重量超过 15 g 的元器件应当用支架加以固定，然后焊接。那些又大又重、发热量多的元器件，不宜装在印制板上，而应装在整机的机箱底板上，且应考虑散热问题。热敏元件应远离发热元件。

（4）对于电位器、可调电感线圈、可变电容器、微动开关等可调元件的布局应考虑整机的结构要求。若是机内调节,应放在印制板上方便于调节的地方;若是机外调节,其位置要与调节旋钮在机箱面板上的位置相适应。

（5）应留出印制板定位孔及固定支架所占用的位置。

根据电路的功能单元,对电路的全部元器件进行布局时,要符合以下原则:

（1）按照电路的流程安排各个功能电路单元的位置,使布局便于信号流通,并使信号尽可能保持一致的方向。

（2）以每个功能电路的核心元件为中心,围绕它来进行布局。元器件应均匀、整齐、紧凑地排列在 PCB 上,尽量减少和缩短各元器件之间的引线和连接。

（3）在高频下工作的电路,要考虑元器件之间的分布参数。一般电路应尽可能使元器件平行排列。这样,不但美观,而且装焊容易,易于批量生产。

（4）位于电路板边缘的元器件,离电路板边缘一般不小于 2 mm。电路板的最佳形状为矩形,长宽比为 3∶2 或 4∶3。电路板面尺寸大于 200 mm×150 mm 时,应考虑电路板所受的机械强度。

4. PCB 布线

（1）输入输出端用的导线应尽量避免相邻平行。最好加线间地线,以免发生反馈耦合。

（2）印制导线的最小宽度主要由导线与绝缘基板间的黏附强度和流过它们的电流值决定。当铜箔厚度为 0.05 mm、宽度为 1～15 mm 时,通过 2 A 的电流,温度不会高于 3 ℃。因此,导线宽度为 1.5 mm 可满足要求。对于集成电路,尤其是数字电路,通常选 0.02～0.3 mm 导线宽度。当然,只要允许,还是尽可能用宽线,尤其是电源线和地线。导线的最小间距主要由最坏情况下的线间绝缘电阻和击穿电压决定。对于集成电路,尤其是数字电路,只要工艺允许,可使间距小至 5～8 mm。

（3）印制导线拐弯处一般取圆弧形,而直角或夹角在高频电路中会影响电气性能。此外,尽量避免使用大面积铜箔,否则长时间受热时,易发生铜箔膨胀和脱落现象。必须用大面积铜箔时,最好用栅格状,这样有利于排除铜箔与基板间黏合剂受热产生的挥发性气体。一般走线如表 2 - 2 所示。

表 2 - 2　印制导线的走向反形状

种类	1	2	3	4	5	6
合理走线						
避免走线						

5. PCB 焊盘

焊盘中心孔要比器件引线直径稍大一些,一般取 0.6 mm,焊盘太大易形成虚焊。焊盘

外径 D 一般不小于 $(d+1.2)$mm，其中 d 为引线孔径。对高密度的数字电路，焊盘最小直径可取 $(d+1.0)$mm。一般焊盘形状如表 2-3 所示。

表 2-3　常见焊盘形状及用途

焊盘形状	用途
	圆形焊盘：广泛用于元件规则排列的单、双面印制板中。若板的密度允许，焊盘可大些，焊接时不至于脱落
	岛形焊盘：焊盘与焊盘间的连线合为一体。常用于立式不规则排列安装中，比如收录机中常采用这种焊盘
	泪滴式焊盘：当焊盘连接的走线较细时常采用，以防焊盘起皮、走线与焊盘断开。这种焊盘常用在高频电路中
	多边形焊盘：用于区别外径接近而孔径不同的焊盘，便于加工和装配
	椭圆形焊盘：这样的焊盘有足够的面积增强抗剥能力。常用于双列直插式器件
	开口形焊盘：为了保证在波峰焊后，使手工补焊的焊盘孔不被焊锡封死时常用
	方形焊盘：印制板上元器件大而少，且印制导线简单时多采用。在手工自制PCB时，采用这种焊盘易于实现

6. PCB 及电路抗干扰措施

印制电路板的抗干扰设计与具体电路有着密切的关系，这里仅就 PCB 抗干扰设计的几项常用措施作一些说明。

（1）电源线设计

根据印制线路板电流的大小，尽量加粗电源线宽度，减少环路电阻。同时，使电源线、地线的走向和数据传递的方向一致，这样有助于增强抗噪声能力。

（2）地线设计

地线设计的原则：

① 数字地与模拟地分开。若线路板上既有逻辑电路又有线性电路，应使它们尽量分开。低频电路的地应尽量采用单点并联接地，实际布线有困难时可部分串联后再并联接地。高频电路宜采用多点串联接地，地线应短而粗，高频元件周围尽量用栅格状大面积地箔。

② 接地线应尽量加粗。若接地线用很细的线条，则接地电位随电流的变化而变化，使抗噪性能降低。因此，应将接地线加粗，使它能通过三倍于印制板上的允许电流。如有可能，接地线应在 2～3 mm 以上。

③ 接地线构成闭环路。只由数字电路组成的印制板，其接地电路布成团环路后大多能提高抗噪声能力。

7. 退耦电容配置

PCB 设计的常规做法之一是在印制板的各个关键部位配置适当的退耦电容。退耦电容的一般配置原则：

（1）电源输入端跨接 $10\sim100\ \mu F$ 的电解电容器。如有可能，接 $100\ \mu F$ 以上的更好。

（2）原则上每个集成电路芯片都应布置一个 $0.01\ pF$ 的瓷片电容，如遇印制板空隙不够，可每 $4\sim8$ 个芯片布置一个 $1\sim10\ pF$ 的钽电容。

（3）对于抗噪能力弱、关断时电源变化大的器件，如 RAM、ROM 存储器件，应在芯片的电源线和地线之间直接接入退耦电容。

（4）电容引线不能太长，尤其是高频旁路电容不能有引线。

此外，还应注意以下两点：

（1）在印制板中有接触器、继电器、按钮等元件时，操作它们时均会产生较大火花放电，必须采用 RC 电路来吸收放电电流。一般 R 取 $1\sim2\ k\Omega$，C 取 $2.2\sim47\ \mu F$。

（2）CMOS 的输入阻抗很高，且易受感应，因此在使用时对不用端要接地或接正电源。

8. 机械加工图

机械加工图包括以下几部分：

（1）电路板的外形尺寸及偏差。包括印制插头部分的尺寸与偏差、机械安装孔的尺寸和它们与参考基准之间的尺寸及其偏差。

（2）采用覆铜箔层压板的名称、符号、厚度和铜箔的厚度，有时更强调铜箔之间的绝缘基材厚度。

（3）表面镀层的技术要求，如锡铅镀层的厚度、锡铅比例、镍或金镀层的厚度等。

（4）表面涂覆层要求，如可焊性涂覆层、阻焊涂覆层等。

（5）组装图和元器件表都是印刷电路板安装时必不可少的文件，组装图应清楚地标出元器件的安装位置、元器件名称及其极性等。

2.1.4　PCB 高级设计

在 PCB 的设计过程中，若只懂得一些设计基础，则只能解决简单及低频方面的 PCB 设计问题，而对于复杂与高频方面的 PCB 设计却要困难得多。往往解决因设计考虑不周而产生的问题所花费的时间是设计时的很多倍，甚至可能重新设计。为此，在 PCB 的设计中还应解决如下问题：

1. 热干扰及抑制

元器件在工作中都有一定程度的发热，尤其是功率较大的元器件所发出的热量会对周边温度比较敏感的器件产生干扰，若热干扰得不到很好的抑制，那么整个电路的电性能就会发生变化。为了对热干扰进行抑制，可采取以下措施：

（1）发热元器件的放置

不要贴板放置，可以移到机壳之外，也可以单独设计为一个功能单元，放在靠近边缘容易散热的地方。比如微机电源、贴于机壳外的功放管等。另外，发热量大的元器件与小热量的元器件应分开放置。

（2）大功率元器件的放置

应尽量靠近印制板边缘布置，在垂直方向时应尽量布置在印制板上方。

（3）温度敏感器件的放置

对温度比较敏感的器件应安置在温度最低的区域，千万不要将它放在发热元器件的正上方。

（4）元器件的排列与气流

非特定要求，一般设备内部均以空气自由对流进行散热，故元器件应以纵式排列；若强制散热，元器件可横式排列。另外，为了改善散热效果，可添加与电路原理无关的零部件以引导热量对流。元器件的排列与气流关系如图 2-2 所示。

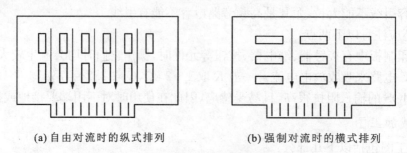

（a）自由对流时的纵式排列　　　　　　（b）强制对流时的横式排列

图 2-2　元器件的排列与气流关系

2. 共阻抗干扰及抑制

共阻抗干扰是由 PCB 上大量的地线造成的。当两个或两个以上的回路共用一段地线时，不同的回路电流在共用地线上产生一定压降，此压降经放大就会影响电路性能；当电流频率很高时，会产生很大的感抗而使电路受到干扰。为了抑制共阻抗干扰，可采用如下措施：

（1）一点接地

（2）就近多点接地

（3）汇流排接地

汇流排是由铜箔板镀银而成，PCB 上所有集成电路的地线都接到汇流排上。汇流排具有条形对称传输线的低阻抗特性，在高速电路里，可提高信号传输速度，减少干扰。汇流排接地示意图如图 2-3 所示。

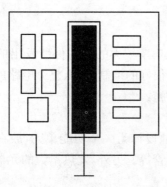

图 2-3　汇流排接地示意图

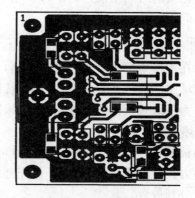

图 2-4　大面积接地示意图

（4）大面积接地

在高频电路中将 PCB 上所有不用面积均布设为地线，以减少地线中的感抗，从而削弱在地线上产生的高频信号，并对电场干扰起到屏蔽作用。大面积接地示意图如图 2-4

所示。

（5）加粗接地线

若接地线很细，则接地电位随电流的变化而变化，致使电子设备的定时信号电平不稳，抗噪声性能变坏。接地线宽度值应大于 3 mm。

（6）D/A（数/模）

电路的地线分开，两种电路的地线各自独立，然后分别与电源端地线相连，以抑制它们相互干扰。

3. 电磁干扰及抑制

电磁干扰是由电磁效应而造成的干扰，由于 PCB 上的元器件及布线越来越密集，如果设计不当就会产生电磁干扰。为了抑制电磁干扰，可采取如下措施：

（1）合理布设导线

印制线应远离干扰源且不能切割磁力线；避免平行走线，双面板可以交叉通过，单面板可以通过"飞线"跨过；避免成环，防止产生环形天线效应；时钟信号布线应与地线靠近，对于数据总线的布线应在每两根之间夹一根地线或紧挨着地址引线放置；为了抑制出现在印制导线终端的反射干扰，可在传输线的末端对地和电源端各加接一个相同阻值的匹配电阻。

（2）采用屏蔽措施

可设置大面积的屏蔽地线和专用屏蔽线，以屏蔽弱信号不受干扰，屏蔽线防止电磁干扰如图 2-5 所示。

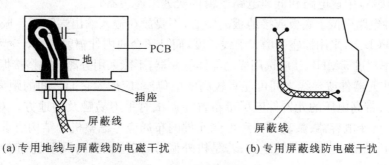

(a) 专用地线与屏蔽线防电磁干扰　　　　(b) 专用屏蔽线防电磁干扰

图 2-5　屏蔽线防止电磁干扰

（3）去耦电容的配置

在直流供电电路中，负载的变化会引起电源噪声并通过电源及配线对电路产生干扰。为抑制这种干扰，可在单元电路的供电端接一个 10～100 μF 的电解电容器；可在集成电路的供电端配置一个 680 pF～0.1 μF 的陶瓷电容器或 4～10 个芯片配置一个 1～10 μF 的电解电容器；对 ROM、RAM 等芯片应在电源线（V_{CC}）和地线（GND）间直接接入去耦电容等。

4. PCB 布局的基本原则

（1）要考虑 PCB 尺寸大小。PCB 尺寸过大时印制线条长，阻抗增加，抗噪声能力下降，成本也增加。过小时，散热不好，且邻近线条易受干扰。电路板的最佳形状为矩形。长宽比为 3：2 或 4：3。当确定 PCB 尺寸后，再确定特殊元件的位置。

（2）根据电路的功能单元，先划分数字、模拟、地区域，对电路的全部元器件进行布局：

强信号、弱信号、高电压信号和弱电压信号要分开,使相互间的信号耦合为最小。还要根据电路的流程安排各个功能电路单元的位置,根据信号流向规律使布局便于信号流通,并使信号尽可能保持一致的方向,尽量减少和缩短各元器件之间的引线和连接。

(3) 元件布局时,使用同一种电源的元件应考虑尽量放在一起,以便于将来的电源分割。相同结构电路部分也应尽可能采取对称布局。要根据元件的位置来确定连接器的引脚安排。另外,每种电源配置的地脚也要匹配,也就是说数字信号配数字地,模拟信号配模拟地。

(4) DIP 元件相互间的距离要大于 2 mm,BGA 与相邻元件间的距离大于 5 mm,阻容等贴片小元件的相互距离要大于 0.7 mm,贴片元件焊盘外侧与相临插装元件焊盘外侧要大于 2 mm,压接元件周围 5 mm 不可以放置插装元器件,焊接面周围 5 mm 以内不可以放置贴装元件,位于电路板边缘的元器件,离电路板边缘一般不小于 2 mm。

(5) 集成电路的去耦电容应尽量靠近芯片的电源脚,以高频最靠近为原则,使之与电源和地之间形成的回路最短。旁路电容应均匀分布在集成电路周围。

(6) 在高频下工作的电路,要考虑元器件之间的分布参数。尽可能缩短高频元器件之间的连线。设法减少它们的分布参数和相互间的电磁干扰。易受干扰的元器件不能相互靠得太近,输入和输出元件尽量远离。用于阻抗匹配目的的阻容器件的放置,也应根据其属性合理布局。

(7) 在电路板上包括高速、中速、低速逻辑电路时,要尽可能缩短高速信号线,如时钟线、数据线、地址线等。如果高速器件的信号线必须与连接器相连接,高速电路逻辑器件应紧靠边缘连接器,中速电路和低速电路逻辑依次远离连接器。

(8) 时钟电路应位于底板或接地板的中心,不要放在输入输出端附近。振荡器或晶体要直接焊接到 PCB 上,采用插座会增大引线长度,而且还会向内外辐射能量,产生干扰。如果时钟的振荡频率超过 5 MHz,就应选用成品晶体振荡器,不能采用分离元件搭接振荡电路。

(9) 某些元器件或导线之间可能有较高的电位差,应加大它们之间的距离,以免放电引起意外短路。带高电压的元器件应尽量布置在调试时手不易触及的地方。对于电位器、可调电感线圈、可变电容器、微动开关和可调元件的布局应考虑整机的结构要求。若是机内调节,应放在印制板上便于调节的地方;若是机外调节,其位置要与调节旋钮在机箱面板上的位置相适应。

(10) 质量超过 15 g 的元器件应当用支架加以固定,然后焊接。那些又大又重、发热量多的元器件,不宜装在印制板上,而应装在整机的机箱底板上,且应考虑散热问题。热敏元件应远离发热元件。应留出印制板定位孔及固定支架所占用的位置。当电路板面尺寸大于 200 mm×150 mm 时,应考虑电路板所受的机械强度。

(11) 当时钟频率超过 5 MHz 或上升时间小于 5 ns 时,就需要选用多层板,这就是所谓的 5/5 规则。

5. 布线的原则

PCB 布线有单面布线、双面布线、多层布线。先布时钟线,然后布高速线,在确保此类信号的过孔足够少、分布参数特性好以后,最后才能布一般的不重要的信号线,要仔细分析,确保走线最优。

(1) 输入输出端用的导线应尽量避免相邻平行。

（2）选择合理的导线宽度。地线宽度＞电源线宽度＞信号线宽度（分离元件可为 1.5 mm，集成电路常选 0.2～0.3 mm，电源线为 1.2～2.5 mm）。

（3）导线的最小距离主要由最坏情况下的线间绝缘电阻和击穿电压决定。对集成电路间距可小至 5～8 mm。

（4）印制导线拐弯处一般取圆弧形。必须用大面积铜箔时，最好用栅格状。

（5）专用零伏线，电源线的走线宽度≥1 mm。

（6）电源线和地线尽可能靠近，整块印刷板上的电源与地要呈"井"字形分布，以便使分布线电流达到均衡。

（7）焊盘中心孔要比元器件引线直径稍大一些，焊盘太大易形成虚焊，焊盘外径 D 一般不小于 $(d+1.2)$ mm，d 为引线直径。

（8）为了兼顾电气性能与工艺的需要，做成十字花焊盘。

（9）高频走线应减少使用过孔连接。

（10）所有信号走线远离晶振电路。

（11）晶振走线尽量短，与地线回路相靠近；如有可能，晶振外壳应接地。

6．PCB 静电防护设计

（1）I/O 端口与电路分离，隔离开单独地。电缆接 I/O 地或浮地。

（2）数字电路时钟前沿时间小于 3 ns 时，要在 I/O 连接器端口对地间设计火花放电间隙来防护电路。

（3）I/O 端口加高压电容，加在刚刚出口的位置，电容耐压要足够，多用陶瓷电容器。

（4）I/O 端口加 LC 滤波器。

（5）ESD 敏感电路采用护沟和隔离区的设计方法。

（6）PCB 上下两层采用大面积敷铜并多点接地。

（7）电缆穿过铁氧体环可以大大减小 ESD 电流，也可减小电磁干扰辐射。

（8）多层 PCB 比双层 PCB 的防非直击 ESD 性能改善 10～100 倍。

（9）回路面积尽可能小，包括信号回路和电源回路。

（10）在功能板顶层和底层上设计 3.2 mm 的印制线防护环，防护环不能与其他电路连接。

（11）信号线走线应靠近低阻抗 0 V 参考地面。

2.2　PCB 设计实例

2.2.1　电路原理图的设计及流程

1．电路原理图设计步骤

由电路原理图自动生成印刷电路板（PCB）图是 Protel 99SE 的重要功能之一，电路原理图设计是整个电路设计的基础。因此，首先介绍电路原理图设计的一般步骤。

（1）启动 Protel 99SE，在建立的设计数据库文件下新建一个原理图文档；

（2）打开原理图文档；

（3）设置图纸参数；

（4）添加元件库；

（5）放置元器件；

（6）编辑元器件；

（7）调整元器件布局；

（8）放置连线、端口符号、电源符号与文字；

（9）原理图电气规则检查；

（10）生成各类报表文件；

（11）文档保存与输出。

2. 简单电路原理设计举例

下面以分压式偏置共发射极放大电路（图 2-6）为例说明如何运用 Protel 99SE 来进行原理图设计。

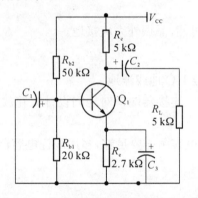

图 2-6　分压式偏置共发射极放大电路

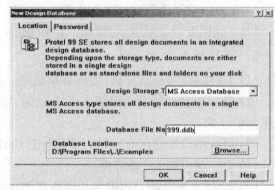

图 2-7　建立以"999. ddb"命令的数据库

（1）建立设计数据库和原理图设计文档。首先调出图 2-7 对话框，建立以"999. ddb"命名的数据库；其次在新建设计数据库右边绘图区内"Documents"选项中建立以"H. Sch"命名的原理图文档，如图 2-8 所示；最后双击"H. Sch"，进入原理图设计服务器界面。

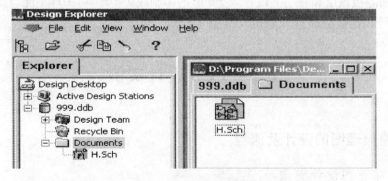

图 2-8　建立以"H. Sch"命名的原理图文档

（2）设置图纸大小为 A4。通过菜单栏"Design\Option"选项将图纸参数对话框中的"Standard"栏内容设置为 A4 号，如图 2-9 所示。

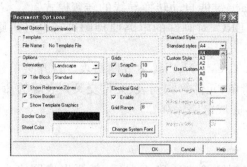
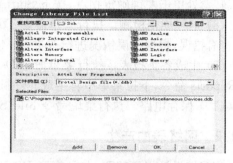

图 2-9   设置图纸大小为 A4   图 2-10   装入所需的元件库

（3）装入所需的元件库。打开元件库浏览器"Browse. sch"标签，按下该窗口中的"Add/Remove"按钮，在出现对话框中选择原理图库文件夹"Sch"，然后从列出的原理图元件库中加载基本元件库"Miscellaneous Devices. ddb"数据库，如图 2-10 所示。

（4）放置元件。根据电路需要，从元件库中找到所需元件，然后用菜单栏的 Place 按钮或 Wiring Tools 工具栏中的放置工具将 5 个电阻 RES2、两个电容 CAP，一个 NPN 型三极管元件放置在工作平面上，再根据元件之间的走线把元件调整好。

（5）编辑元件。鼠标左键双击绘图区内某个 RES2 元件。在出现对话框中（图 2-10）修改元件属性。将"Designator"栏中的"R?"修改为"R$_c$"，将"Part Type"栏中的"RES2"修改为 5K，如图 2-11 所示。将剩下电阻、电容和三极管按照相同方法修改。今后学习中还要对元件封装"Footprint"进行定义。

（6）调整元件布局。将所有元件放置到图纸的合适位置，用鼠标左键单击元件后不放开，让元件呈虚线浮动状态，按空格键使元件沿逆时针方向旋转，按 X 键使元件左右翻转，按 Y 键使元件上下翻转，完成元件的布局。

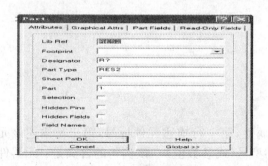
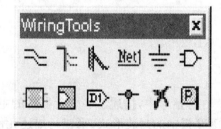

图 2-11   编辑元件   图 2-12   连线工具栏"Wiring Tools"

（7）连接线路。用鼠标左键单击连线工具栏"Wiring Tools"中的第一个画导线工具，如图 2-14 所示。按照原理图将各元件连接起来，此时光标变为十字状，移到所需位置，若附近有其他导线或元件引脚，在光标处会自动出现一个大黑点，这时单击左键，确定导线起点。在导线的终点处，单击左键确定终点，再单击右键则完成一段导线绘制。单击两次右键则退出绘制状态。用鼠标单击连线工具栏中的接地符号，将其放入绘图区。默认网络名称为 VCC，类型为 Bar，图标是 。

注意：导线丁字形交叉处会自动生成节点 Junction，十字形交叉处不会自动生成节点。

导线转弯处单击左键确定拐点,按下 Shift＋Space 键能自动转换导线的转弯模式。

(8) 电气规则检测。执行菜单命令 Tools/ERC,对画好的电路原理图进行电气规则检查,若有错误,根据错误情况进行改进。

(9) 生成各类报表。执行菜单命令 Design/Create Netlist 生成网络表。打开菜单栏中的 Reports 命令,下拉菜单中有生成元件材料清单、元件管脚列表、元件交叉列表等的命令。

(10) 保存电路。执行菜单命令 File/Save,完成电路保存。

2.2.2　网络表的产生

当我们设计好原理图,在进行了 ERC 电气规则检查正确无误后,就要生成网络表,为 PCB 布线做准备。网络表生成非常容易,只要在"Design"下选取"Create Netlist"对话框,设置为指定格式的网络表。网络表生成后,就可以进行 PCB 设计了。

网络表是 Protel 99SE 中一个非常重要的观念,因为网络表是电路原理图与 PCB 板之间的"桥梁",是生成 PCB 文件的基本依据。网络表描述了电路中每个元器件等电路要素的标号(Designator)、型号(Type)、封装(Package)及利用电气网络名(Net)确定的引脚连接关系。其描述信息将被提供给 PCB 设计子系统,用来确定在 PCB 板上将用到哪些封装及其焊盘(Pad)间的连接。

在电路的设计中,当 PCB 设计子系统导入网络表时,经常会发生网络表导入错误的提示,而这些错误是必须处理的,否则将无法准确完成 PCB 的设计。

1. 网络表结构分析

Protel 99SE 有多种网络表格式,比较常用的是 Protel 格式,其扩展名为 .Net,是由元器件描述和网络描述两大部分构成的。该文件使用"["、"]"(或"("、")")来描述一个元器件(或一个网络)。

(1) 元器件描述

例句:

[
C3
RB.2/.4
10 μF
]

在方括号中,描述了一个元器件的主要属性,第一行描述元件标号,第二行描述该元件在 PCB 板中的封装形式,第三行描述元件的型号(或参数值)。该例句的含义是: 元器件为电解电容,其标号为 C3、值为 10 μF、封装为 RB.2/.4。

(2) 网络描述

例句:

(
Net3
IC1 - 10
C3 - 2
)

在圆括号中,第一行描述网络名称,第二行开始描述网络中的节点信息,节点信息包括元器件标号和引脚序号。该例句含义是：网络 Net3，该网络包括了两个相连的引脚——集成块 IC1 的 10 号引脚与电容 C3 的 2 号引脚。

2. 网络表常见错误类型

在 PCB 设计子系统导入网络表时，常见的错误类型如下：

(1) 元器件的引脚序号与对应封装的焊盘序号不一致。

(2) 原理图中元器件未定义封装。

(3) 定义的封装非法或在当前封装库中不存在。

(4) 封装库未加载。

(5) 封装在所有的封装库中不存在。

3. 常见错误分析与处理

在导入网络表时，错误信息提示多种多样，这里以若干例子介绍网络表常见错误及其分析、处理方法。

【例 1】错误信息：Add new Component U2

　　　　　　　Error：Footprint SMS not found in Library

该信息表明，在导入元器件 U2 时，在当前封装库中未发现 U2 的封装——SMS。

原因：在原理图中定义的封装名——SMS，在当前封装库中没有，或该封装名输入有误。

处理方法：检查封装名是否输入错误，检查该封装是否存在于 Protel 99SE 的封装库索引中。若是前者，则在原理图中重新输入封装名，重新创建网络表；若是该封装在未加载的封装库中，则需要加载封装库；若是排除了前两个原因，那么可以肯定该封装是未定义的，需要设计者自建该封装。

【例 2】错误信息：Add node D1 - 1 to Net +5

　　　　　　　Error：Node not found

该信息表明，在所定义的封装中，与网络 Net +5 中元器件 D1 的 1 号引脚对应的焊盘未找到。

原因：该元器件的封装是存在的，但封装的焊盘序号与原理图中该元器件的电气图形的引脚序号不一致，如在电气图形中引脚序号使用数码表示（"1""2"），而在封装中对应焊盘的序号却使用字母表示（"A""K"）。

处理方法：打开包含该封装的封装库，修改该封装焊盘的序号为数码（必须与原理图中电气图形的序号表示一致），或打开原理图元器件库，修改元器件电气图形的序号为字母，然后单击"Update Schematic"，重新创建网络表。

【例 3】错误信息：Add new Component C1

　　　　　　　Error：Footprint not Found in Library

该信息表明，元器件 C1 的封装未定义。

原因：在原理图中，没有给出 C1 的封装。

处理方法：回到原理图，为 C1 定义一个封装，重新创建网络表，或在网络表中，直接为 C1 输入封装名，并保存网络表文件。

以上错误处理完毕后，再重新导入网络表，则可顺利进入 PCB 设计阶段。

4．网络表比较

在 PCB 设计完成后，为保证电路设计的准确性，将 PCB 与原理图进行比较是必要的技术措施之一。利用 Protel 99SE 提供的网络表比较功能，可以将 PCB 生成的网络表与由原理图生成的网络表进行比较，从而发现原理图与 PCB 之间是否存在不一致。

首先，在 PCB 设计子系统中导出网络表，方法是：单击菜单 Design-Netlist Manager…，进入网络表管理器，通过其中的 Menu-Export Netlist from PCB…命令导出其网络表。

其次，利用 Menu-Compare Netlists…命令对原理图生成的网络表与 PCB 导出的网络表进行比较，系统自动生成比较报告文件。从网络表比较报告文件中可以发现原理图与PCB 板不一致的地方，此时需要按照实际电路的设计进行修订。

2.2.3　印制电路板的设计及流程

1．印刷电路板设计的步骤

印刷电路板是由原理图生成产品的前提，是电路设计中最重要、最关键的一步。印刷电路板通常设计步骤如下：

（1）规划电路板；

（2）设置电路板参数；

（3）装入网络表；

（4）元器件布局；

（5）自动与手工布线。

2．规划电路板和参数设置

（1）启动印刷电路板设计服务器

执行菜单命令 File/New，从中选择出 PCB 服务器（PCB Document）图标，双击该图标，建立 PCB 设计文档。双击文档图标，进入 PCB 设计界面。

（2）规划电路板

根据要设计的电路，确定电路板的电气尺寸。首先选取 Keep Out Layer 板层，执行菜单命令 Place/Track，绘制电路板的边框。执行菜单命令 Design/Options，在 Signal Layer 中选择 Top Layer 和 Bottom Layer，把电路板定义为双层板。界面如图 2-13 所示。

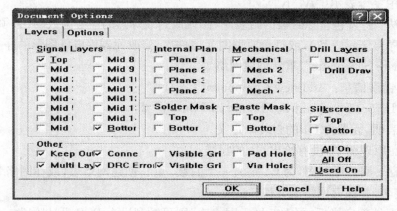

图 2-13　电路板规划

（3）参数设置

参数设置是电路板设计的重要步骤，执行菜单命令 Design/rules，左键单击 Routing 按钮，根据设计要求，在规则类（Rules Classes）中设置参数。

选择 Routing Layer，对布线工作层面进行设置：左键单击 Properties，在"布线工作层面设置"对话框的"Rule Attributes"选项中设置 Top Layer 为"Horizontal"、设置 Bottom Layer 为"Vertical"，如图 2-14 所示。

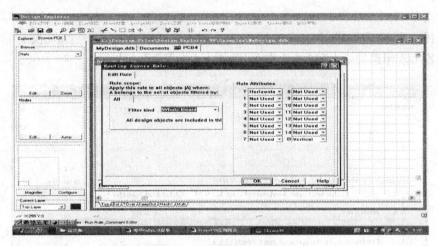

图 2-14　电路板参数设置

选择 Width Constraint，要求地线宽度是电源线宽度的 2 倍。① 对地线线宽进行设置：左键单击 Add 按钮，进入线宽规则设置界面，首先在 Rule Scope 区域的 Filter Kind 选择框中选择 Net，然后在 Net 下拉框中选择 GND，再在 Rule Attribute 区域将 Minimum Width 和 Maximum Width 两个输入框的线宽设置为 1.27 mm；② 电源宽度的设置：在 Net 下拉菜单中选择 VCC，其他与地线线宽设置相同；③ 整板线宽设置：在 Filter Kind 选择框中选择 Whole Board，然后将 Minimum Width 和 Maximum Width 两个输入框的线宽设置为 0.635 mm。操作界面如图 2-15 所示。

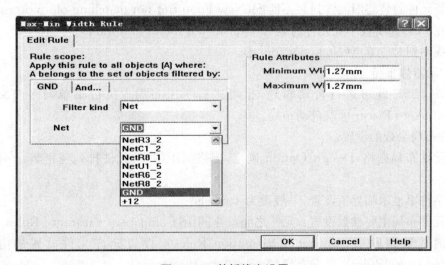

图 2-15　整板线宽设置

3. 装载元件封装和手工布局

（1）装入元件封装库

执行菜单 Design/Add/Remove Library 命令，在"添加/删除元件"对话框中选取所有元件所对应的元件封装库，例如 PCB Footprint，Transistor，General IC，international Rectifiers 等。

（2）装入网络表

执行菜单 Design/Load Nets 命令，然后在弹出的窗口中单击 Browse 按钮，再在弹出的窗口中选择电路原理图设计生成的网络表文件（扩展名为 Net）。如果没有错误，单击 Execute；若出现错误提示，必须更改错误，如图 2－16 所示。

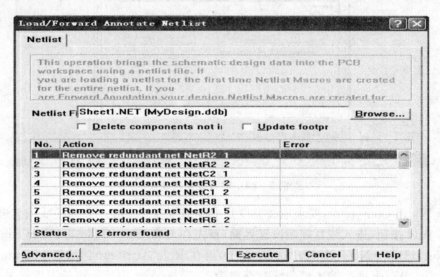

图 2－16　装入网络表

① 找不到对应网络（Net Not found）；

② 找不到对应元件（Component not found）；

③ 新元件封装与旧元件封装不匹配（New Footprint not matching old footprint）；

④ 在 PCB 库中找不到元件封装（Footprint not found in library）；

⑤ 找不到对应节点（Node not found）。

（3）元器件布局

Protel 99SE 既可进行自动布局，也可进行手工布局。执行菜单命令 Tools/Auto Placement/Auto Placer 可以自动布局。

元件布局参数的设置：

① 元件布局栅格，Design/Option 确定，栅格间距越小，元件排列越密集，一般默认值 20 mile；

② 字符串显示临界值设置，一般设为 4 pixels；

③ 元件布局主要参数设置：元件之间最小间距（Component Clearance Rules），设置布置元件时放置角度（Component Orientation Rules），设置允许元件放置的电路板层（Permitted Layer Rules），自动布局（Tools/Auto Placement）。

　　布局是布线关键性的一环，为了使布局更加合理，多数设计者都采用手工布局加自动布局方式，如图 2-17 所示。

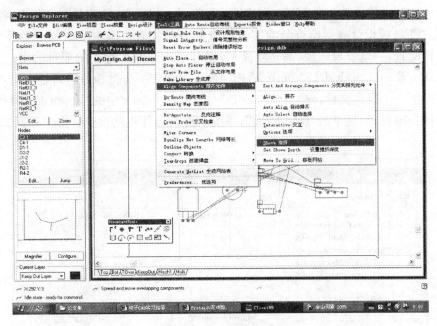

图 2-17　元器件布局

4. 自动布线

　　Protel 99SE 采用世界最先进的无网络、基于形状的对角线布线技术，执行菜单命令 Auto Routing/All，并在弹出的窗口中单击按钮 Routing All，程序即对印刷电路板进行自动布线。只要设置有关参数、元器件布局合理，自动布线的成功率几乎是 100%。

　　自动布线设置规则：

　　(1) 设置安全间距(Clearance Constraint)；

　　(2) 设置布线的拐角模式(Routing Corner)；

　　(3) 设置布线的工作层(Routing Layer)；

　　(4) 设置布线的拓扑结构(Routing Topology)；

　　(5) 设置过孔类型(Routing Via Style)；

　　(6) 设置布线宽度(Width Constraint)。

5. 手工调整

　　自动布线结束后，可能存在一些令人不满意的地方，可以手工调整，把电路板设计得尽善尽美。

　　(1) 放置直线：单击放置工具栏按钮，将光标移到导线起点，单击鼠标左键；然后将光标移到导线的终点，单击鼠标左键，完成导线绘制。单击鼠标右键，结束本次操作。

　　(2) 放置折线：在导线出现转折时，要双击鼠标左键。同时按下"Shift"和"空格"键，可以切换导线转折方式，共有 6 种，分别是 45°转折、弧线转折、90°转折、圆弧角转折、任意角度转折和 1/4 圆弧角度转折。

（3）布线层切换：单击工作区下的工作层标签或小键盘上的"＊"或"＋"键。

6．设计规则检查

各种设计规则在电路板的不同设计阶段，起监视电路板图、检测各图件是否满足设计要求的作用。PCB 板设计规则检查分为实时检查和分批检查。其中实时检查是系统自动利用规则进行检查，一旦发现违规，高亮度显示，提醒用户注意。检查的项目由用户通过执行 Tools/Design Rule Check 中的"On-line"选项命令来设定。分批检查运行是由用户控制的，其结果是产生一个报告文件。单击 Tools/Design Rule Check 中的"Report"选项命令，根据需要选出检查项目，然后单击"Run DRC"，系统就进行设计规则检查。操作界面如图 2－18 所示。

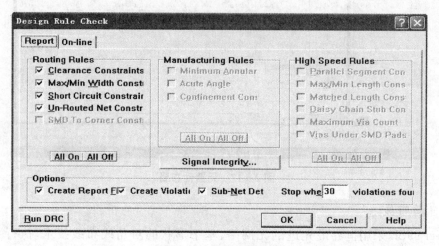

图 2－18　设计规则检查

检查结果是生成一个报表文件。从该文件中可以看到违规原因，也可以从 PCB 浏览管理器找到违规原因、违规器件，然后进行修改。

7．生成报表

（1）生成电路板信息报表，执行"Reports/Board information…"命令，可以显示电路板的大小、有关元件信息、所有网络名称。

（2）生成网络状态报表，执行"Reports/nets list…"命令。

（3）生成钻孔文档，执行"Reports/NC Drill…"命令，可生成当前电路板的钻孔文档。内容有：制作该电路板时所使用的钻头种类，每种钻头所钻的孔的孔径，每种钻头钻孔的个数。最后用"Export"命令导出作为一个独立的钻孔文件。

（4）其余报表按照需要同学可自由确定是否生成。

2.2.4　技能实训 1——PCB 的设计实训

1．实训目的

（1）了解 PCB 设计流程。

（2）学会布线参数的设置。

（3）熟练掌握 PCB 绘图工具。

（4）熟悉自动布局、布线。

2．实训设备与器材准备

（1）电脑

（2）protel 99SE 软件

3．实训题目及要求

（1）电路原理图示例（图 2-19）

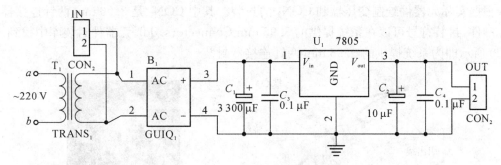

图 2-19　直流稳压电源

（2）元器件属性列表（表 2-4）

（3）绘制原理图

① 双击桌面上的 Protel 99SE 快捷图标进入 Protel 99SE 设计环境。

② 在设计环境中，执行菜单命令 File→New，创建一个名为 Project1.ddb 的设计数据库文件，将其存放在指定文件夹下。

③ 在 Project1.ddb 中执行菜单命令 File→New，在弹出的对话框中选择 Schematic Document 图标，新建一个原理图元器件文件 Sheet1.SCH。

④ 按照图 2-19 所示绘制原理图，绘制完毕进行保存。

⑤ 创建网络表文件。打开原理图文件，执行菜单命令 Design→Create Netlist，系统弹出 Netlist Creation 网络表设置对话框，由于本项目涉及的是单张原理图，所以在对话框的 Sheets to Netlist 选项中选择 Active Sheet 选项，即只对当前打开的电路图文件产生网络表，其余采用默认即可。

（4）确定变压器与 CON_2 的封装

表 2-4　元器件属性列表

LibRef	Designator	Comment	Footprint
$TRANS_1$	T_1		自制
CON_2	IN,OUT		自制
BRIDGE	B_1		D-44
$ELECTRO_1$	C_1	3 300 μF	RB.2/.

LibRef	Designator	Comment	Footprint
ELECTRO$_1$	C_2	10 μF	RB. 2/.
Cap	C_3、C_4	0. 1 μF	RAD0. 2
VOLTREG	U_1	7 805	TO‑220
元器件库：Miscellaneous Devices. ddb			

　　根据实际元器件绘制变压器和CON$_2$的封装。其中CON$_2$是 3. 96 mm 两针连接器,它是标准件,封装符号可以在系统提供的 3. 96 mm Connectors. ddb 元器件封装库中找到。图 2‑20 所示即为系统提供的 3. 96 mm 两针连接器封装。

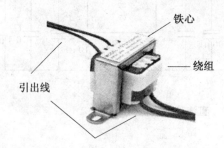

图 2‑20　系统提供的 3. 96 mm 两针连接器封装

　　绘制变压器封装符号,如图 2‑21 所示。

　　① 焊盘尺寸。输入端焊盘孔径：1. 27 mm(50 mil);输入端焊盘直径：X 方向确定为 5. 08 mm(200 mil),Y 方向确定为 3. 81 mm(150 mil);输出端焊盘孔径：1. 27 mm(50 mil);输出端焊盘直径：X 方向确定为 2. 8 mm(约为 110 mil),Y 方向确定为 2. 8 mm(110 mil);焊盘号：在图 2‑21 中,左侧是输入端,焊盘号分别为 1 和 3,右侧是输出端,焊盘号分别为 2 和 4。

　　② 定位孔的尺寸。孔径确定为 3. 5 mm(约为 138 mil);定位孔通过放置过孔实现,定位孔的绘制分为两个步骤,一是放置过孔,二是在过孔外 TopOverLayer 绘制一个轮廓。

　　(5) 绘制单面 PCB 图

　　① 新建 PCB 文件

　　在 Project1. ddb 设计数据库中执行菜单命令 File→New,系统弹出 New Document 对话框,在对话框中选择 PCB Document 图标,新建一个 PCB 文件。

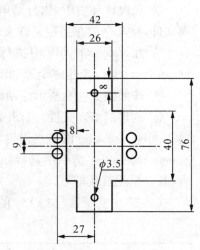

图 2‑21　变压器外形尺寸

　　② 规划电路板

　　确定单面板工作层。顶层 Top Layer：放置元器件;底层 Bottom Layer：布线;机械层 Mechanical Layer：绘制电路板的物理边界;顶层丝印层 Top Overlay：显示元器件轮廓和标注字符；多层 Multi Layer：放置焊盘；禁止布线层 Keep Out Layer：绘制电路板的电气边界。

③ 创建机械层

执行菜单命令 Design→Mechanical Layers 绘制物理边界，图中的尺寸单位是 mm，如图 2-22 所示。

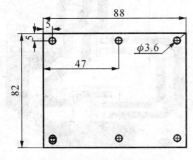

图 2-22　创建机械层

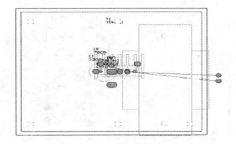

图 2-23　绘制完成的电气边界

④ 绘制安装孔

利用过孔放置安装孔。

在 PCB 文件中单击工具栏中的放置过孔图标，按"Tab"键，在弹出的 Via 属性对话框中按设置过孔属性，将当前层设置为 Keep Out Layer。单击工具栏中的绘制圆图标，在过孔的外面绘制一个半径为 1.8 mm 的同心圆。

⑤ 加载元器件封装库

加载系统提供的元器件封装库：

执行菜单命令 Design→Add/Remove Library 或单击主工具栏的加载元件封装库图标或在屏幕左边 PCB 管理器中选择 Browse PCB 选项卡，在 Browse 下拉列表框中，选择 Libraries（元件封装库），单击框中的"Add/Remove"按钮，选择所需元件封装库即可。

⑥ 使用自己建的 PCB 封装库

一是通过加载自己建的 PCB 封装库所在的 ddb 文件，来使用其中的 PCB 封装库。

二是在 PCB 文件所在的 ddb 设计数据库中先打开自己建的 PCB 封装库，这时可在 PCB 文件中直接使用该封装库中的符号。

（6）装入网络表

① 绘制电气边界

用鼠标左键单击 Keep Out Layer 工作层标签，将 Keep Out Layer 设置为当前层，按照绘制物理边界的方法绘制电气边界。绘制完成的电气边界和物理边界如图 2-23 所示，其中内层是电气边界。

② 装入网络表

在 PCB 文件中执行菜单命令 Design→Load Nets，单击"Browse"按钮，选择根据原理图创建的网络表文件→单击"OK"，系统自动生成网络宏，并将其在装入网络表对话框中列出。

（7）元器件布局

执行菜单命令 Tools→Auto Placement→Auto Placer，系统弹出 Auto Placer 自动布局对话框。其中：Cluster Placer，群集式布局方式，适用于元器件数量少于 100 的情况；Quick

Component Placement,快速布局,但不能得到最佳布局效果。单击"OK",系统进行自动布局。最后进行手工布局调整,如图 2-24 所示。

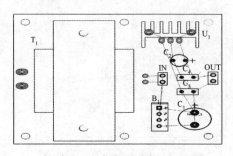

图 2-24　元器件布局

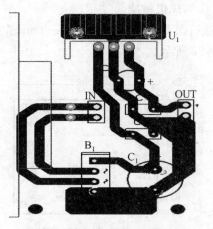

图 2-25　手工布线绘制完毕

(8) 布线

① 布线方法。布线方法有多种,如完全手工布线、完全自动布线、自动布线后进行手工调整等。本例采用手工布线的方法。

② 设置布线规则。设置所有线宽均为 100 mil。

执行菜单命令 Design→Rules,在弹出的 Design Rules(设计规则)对话框中选择 Routing 选项卡,在 Routing 选项卡中选择 Width Constraint(设置布线宽度)选项。

③ 手工布线,因为是单面板,全部走线都在底层 Bottom Layer。

首先绘制信号线,然后绘制接地线,最后对接地网络进行加粗。图 2-25 是绘制完毕的情况。

④ 放置标注。将当前层设置为 Top Over Lay。用鼠标左键单击 Placement Tools 工具栏中的放置文字标注图标,对输入端和输出端进行标注,如图 2-26 所示。

 IN~220 V

图 2-26　放置标注

(9) 编制工艺文件

在 PCB 板图设计完成后,一般都交由专业化的生产厂家制造印制板。在委托专业厂家制板时,应该提供制板的技术文件。

制板的技术要求,应该文字准确、清晰、有条理,主要内容包括:

① 板的材质、厚度,板的外形及尺寸、公差;

② 焊盘外径、内径、线宽、焊盘间距及尺寸、公差;

③ 焊盘钻孔的尺寸、公差及孔金属化的技术要求;

④ 印制导线和焊盘的镀层要求(指镀金、银、铅锡合金等);

⑤ 板面阻焊剂的使用;

⑥ 其他具体要求。

编制本项目工艺文件:

① 是单面板,图形是透视图(或反图),字符为正字;

② 板厚:2.0 mm;

③ 板材：FR - 4；

④ 铜箔厚度：不小于 35 μm；

⑤ 孔径和孔位均按文件中的定义；

⑥ 表面处理：热风整平；

⑦ 字符颜色：白色；

⑧ 阻焊颜色：绿色；

⑨ 数量：500 片；

⑩ 工期：7～10 天。

2.3　PCB 制作基本过程

PCB 的制造工艺发展很快，不同类型和不同要求的 PCB 采取不同的工艺，但其基本工艺流程是一致的。一般都要经历胶片制版、图形转移、化学蚀刻、过孔和铜箔处理、助焊和阻焊处理等过程。大约可分为以下五步：

(1) 胶片制版；

(2) 图形转移；

(3) 化学蚀刻；

(4) 过孔与铜箔处理；

(5) 助焊与阻焊处理。

2.3.1　胶片制版

1. 绘制底图

大多数的底图是由设计者绘制的，而 PCB 生产厂家为了保证印制板加工的质量，要对这些底图进行检查、修改，不符合要求的需要重新绘制。

2. 照相制板

用绘制好的制板底图照相制板，版面尺寸应与 PCB 尺寸一致。PCB 照相制板过程与普通照相大体相同，可分为软片剪裁—曝光—显影—定影—水洗—干燥—修版。执行照相前应检查核对底图的正确性，特别是长时间放置的底图。曝光前，应调好焦距，双面板的相版应保持正反面照相的两次焦距一致；相版干燥后需要修版。

2.3.2　图形转移

把相版上的 PCB 印制电路图形转移到覆铜板上，称 PCB 图形转移。PCB 图形转移的方法很多，常用的有丝网漏印法和光化学法等。

丝网漏印（简称丝印）是种古老的工艺，先将所需要的印制电路图形制在丝网上，然后用油墨通过丝网版将线路图形漏印在铜箔板上，形成耐腐蚀的保护层，经过腐蚀，去除保护层，最后制成印制电路板。由于它具有操作简单、生产效率高、质量稳定及成本低廉等优点，所以广泛用于印制电路板制造中，当前用丝印法生产的印制电路板，占整个印制电路板产量的大部分,丝印如图 2-27 所示。

目前,丝印法制印制电路板在工艺、材料、设备上都有较大突破,现在已能印制出0.2 mm宽的导线。其缺点是所制的印制电路板的精度比光化学法的差;对品种多、数量少的产品,要求丝印工人具有熟练的操作技术。

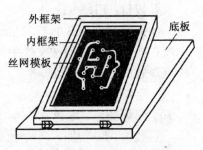

图 2-27　简单的丝网漏印装置

手动丝网漏印的步骤:

(1) 将覆铜板在底板上定位,印制材料放到固定丝网的框内。

(2) 用橡皮板刮压印料,使丝网与覆铜板直接接触,在覆铜板上就形成组成的图形。

(3) 烘干、修板。

2.3.3　化学蚀刻

蚀刻前的孔与铜箔处理:

1. 直接感光法

工艺过程为覆铜板表面处理—涂感光胶—曝光—显影—固膜—修版。修版是蚀刻前必须要做的工作,可以把毛刺、断线、砂眼等进行修补。

2. 光敏干膜法

工艺过程与直接感光法相同,只是不使用感光胶,而是用一种薄膜作为感光材料。这种薄膜由聚酯薄膜、感光胶膜和聚乙烯薄膜三层材料组成,感光胶膜夹在中间,使用时揭掉外层的保护膜,使用贴膜机把感光胶膜贴在覆铜板上。

化学蚀刻是利用化学方法除去板上不需要的铜箔,留下组成图形的焊盘、印制导线及符号等,常用的蚀刻溶液有酸性氯化铜、碱性氯化铜、三氯化铁等。

2.3.4　过孔与铜箔处理

1. 金属化孔

金属化孔就是把铜沉积在贯通两面导线或焊盘的孔壁上,使原来非金属的孔壁金属化,也称沉铜。在双面和多层 PCB 中,这是一道必不可少的工序。实际生产中要经过钻孔—去油—粗化—浸清洗液—孔壁活化—化学沉铜—电镀—加厚等一系列工艺过程才能完成。

金属化孔的质量对双面 PCB 是至关重要的,因此必须对其进行检查,要求金属层均匀、完整,与铜箔连接可靠。在表面安装高密度板中这种金属化孔采用盲孔方法(沉铜充满整个孔)来减小过孔所占面积,提高密度。

2. 金属涂覆

为了提高 PCB 印制电路的导电性、可焊性、耐磨性、装饰性及延长 PCB 的使用寿命,提高电气可靠性,往往在 PCB 的铜箔上进行金属涂覆。常用的涂覆层材料有金、银和铅锡合金等。

2.3.5　助焊与阻焊处理

PCB 经表面金属涂覆后，根据不同需要可进行助焊或阻焊处理。涂助焊剂可提高可焊性；而在高密度铅锡合金板上，为使板面得到保护，确保焊接的准确性，可在板面上加阻焊剂，使焊盘裸露，其他部位均在阻焊层下。阻焊涂料分热固化型和光固化型两种，色泽为深绿或浅绿色。

2.4　PCB 的生产工艺

由于印制线路板基本是以环氧树脂为基材的，因此一般不提其全称环氧印刷线路板，通常只提印刷线路板，或英文缩写 PCB。通常把在绝缘材上，按预定设计制成印制线路、印制元件或两者组合而成的导电图形称为印制电路。在绝缘基材上提供元器件之间电气连接的导电图形，称为印制线路。这样就把印制电路或印制线路的成品板称为印制线路板，亦称为印制板或印制电路板。

环氧印刷线路板，它提供集成电路等各种电子元器件固定装配的机械支撑、实现集成电路等各种电子元器件之间的布线和电气连接或电绝缘、提供所要求的电气特性，如特性阻抗等。同时为自动锡焊提供阻焊图形，为元器件插装、检查、维修提供识别字符和图形。

我们打开通用电脑的键盘就能看到一张软性薄膜（挠性的绝缘基材），印上有银白色（银浆）的导电图形与键位图形。因为通用丝网漏印方法得到这种图形，所以我们称这种印制线路板为挠性银浆印制线路板。而我们去电脑城看到的各种电脑主机板、显卡、网卡、调制解调器、声卡及家用电器上的环氧印制电路板就不同了，它所用的基材是由纸基（常用于单面）或玻璃布基（常用于双面及多层），预浸酚醛或环氧树脂，表层一面或两面粘上覆铜簿再层压固化而成。这种线路板覆铜簿板材，我们就称它为刚性板。再制成印制线路板，我们就称它为刚性印制线路板。

单面有印制线路图形的，我们称单面印制线路板；双面有印制线路图形，再通过孔的金属化进行双面互连形成的印制线路板，我们就称其为双面印制线路板。如果用一块双面作内层、两块单面作外层或两块双面作内层、两块单面作外层的印制线路板，通过定位系统及绝缘黏结材料交替在一起且导电图形按设计要求进行互连的印制线路板就成为四层、六层印制电路板了，也称为多层印制线路板。现在已有超过 100 层的实用环氧印制线路板了。

环氧印制线路板的生产过程较为复杂，它涉及的工艺范围较广，从简单的机械加工到复杂的机械加工，有普通的化学反应，还有光化学、电化学、热化学等工艺，计算机辅助设计 CAM 等多方面的知识。常见的 PCB 板制作工艺有单面、双面印制线路板及普通多层板的制作工艺。

2.4.1　单面 PCB 生产流程

单面 PCB 是只有一面有导电图形的印制板。一般采用酚醛纸基覆铜箔板制作，也常采用环氧纸基或环氧玻璃布覆铜板。单面 PCB 主要用于民用电子产品,如收音机、电视机、电子仪器仪表等。单面板的印制图形比较简单,一般采用丝网漏印的方法转移图形,然后蚀刻出印制板,也有采用光化学法生产的。

单面刚性印制板生产流程见图 2-28 所示:制备单面覆铜板→下料→(刷洗、干燥)→钻孔或冲孔→网印线路抗蚀刻图形或使用干膜→固化检查修板→蚀刻铜→去抗蚀印料、干燥→刷洗、干燥→网印阻焊图形(常用绿油)、紫外线(UV)固化→网印字符标记图形、UV 固化→预热、冲孔及外形→电气开、短路测试→刷洗、干燥→预涂助焊防氧化剂(干燥)或喷锡热风整平→检验包装→成品出厂。

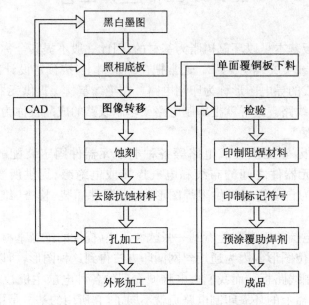

图 2-28　单面 PCB 生产工艺流程图

2.4.2　双面 PCB 生产流程

双面 PCB 是两面都有导电图形的印制板。显然,双面板的面积比单面板大了一倍,适合用于比单面板更复杂的电路。双面印制板通常采用环氧玻璃布覆铜箔板制造,它主要用于性能要求较高的通信电子设备、高级仪器仪表以及电子计算机等。双面板的生产工艺一般分为工艺导线法、堵孔法、掩蔽法和图形电镀-蚀刻法等几种。

双面刚性印制板一般流程见图 2-29 所示:制备双面覆铜板→下料→叠板→数控钻导通孔→检验、去毛刺刷洗→化学镀(导通孔金属化)→(全板电镀薄铜)→检验刷洗→网印负性电路图形、固化(干膜或湿膜、曝光、显影)→检验、修板→线路图形电镀→电镀锡(抗蚀镍/金)→去印料(感光膜)→蚀刻铜→(退锡)→清洁刷洗→网印阻焊图形常用热固化绿油(贴感光干膜或湿膜、曝光、显影、热固化,常用感光热固化绿油)→清洗、干燥→网印标记字符图形、固化→(喷锡或有机保焊膜)→外形加工→清洗、干燥→电气通断检测→检验包装→成品出厂。

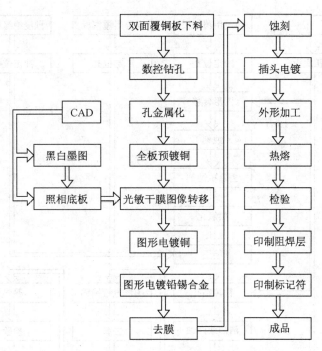

图 2 - 29　双面 PCB 生产工艺流程图

2.4.3　多层 PCB 生产流程

多层 PCB 是有三层或三层以上导电图形和绝缘材料层压合成的印制板,其工艺流程如图 2 - 30 所示。它实际上是使用数片双面板,并在每层板间放进一层绝缘层后粘牢(压合)而成。它的层数通常都是偶数,并且包含最外侧的两层。从技术的角度来说可以做到近 100 层的 PCB 板,但目前计算机的主机板都是 4~8 层的结构。多层印制板一般采用环氧玻璃布覆铜箔层压板。为了提高金属化孔的可靠性,应尽量选用耐高温的、基板尺寸稳定性好的、特别是厚度方向热膨胀系数较小的且与铜镀层热膨胀系数基本匹配的新型材料。制作多层印制板,先用铜箔蚀刻法做出内层导线图形,然后根据设计要求,把几张内层导线图形重叠,放在专用的多层压机内,经过热压、黏合工序,就制成了具有内层导电图形的覆铜箔的层压板,以后加工工序与双面孔金属化印制板的制造工序基本相同。

贯通孔金属化法制造多层板工艺流程:制备材料→内层覆铜板双面开料→刷洗→钻定位孔→贴光致抗蚀干膜或涂覆光致抗蚀剂→曝光→显影→蚀刻与去膜→内层粗化、去氧化→内层检查→(外层单面覆铜板线路制作、B—阶黏结片、板材黏结片检查、钻定位孔)→层压→数控制钻孔→孔检查→孔前凹蚀处理与化学镀铜→全板镀薄铜→镀层检查→贴光致耐电镀干膜或涂覆光致耐电镀剂→面层底板曝光→显影、干燥→修板→线路图形电镀→电镀锡铅合金或镍/金镀→去膜与蚀刻→检查→网印阻焊图形或光致阻焊图形→印制字符图形→热风整平或有机保焊膜→数控洗外形→清洗、干燥→电气通断检测→成品检查→包装出厂。

从工艺流程图可以看出,多层板工艺是从双面孔金属化工艺基础上发展起来的,它除了继承了双面工艺外,还有几个独特内容:金属化孔内层互连、钻孔与去环氧钻污、定位系统、

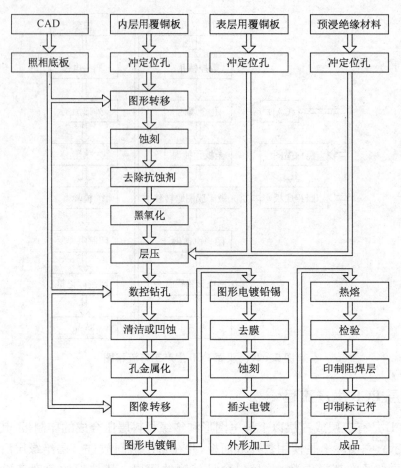

图 2-30 多层 PCB 生产工艺流程图

层压、专用材料。我们常见的电脑板卡基本上是环氧树脂玻璃布基双面印制线路板,其中有一面是插装元件,另一面为元件脚焊接面,能看出焊点很有规则,这些焊点的元件脚分立焊接面,我们就叫它为焊盘。

2.5 PCB 的手工制作

2.5.1 漆图法制作 PCB

漆图法是以前常用的制板方法,由于最初使用调和漆作为描绘图形的材料,所以称为漆图法。该方法实现条件简单,但工艺复杂,制作电路精度有限,现在已使用不多。用漆图法自制印制电路板的主要步骤如下:

(1)下料:按版图的实际设计尺寸剪裁覆铜板,去四周毛刺。

(2)拓图:用复写纸将已设计好的印制电路板布线草图拓在覆铜板的铜箔面上。印制导线用单线,焊盘用小圆点表示。拓制双面板时,为保证两面定位准确,板与草图均应有 3

个以上孔距的定位孔。

（3）打孔：拓图后，对照板与草图检查焊盘与导线是否有遗漏，然后在板上定位打出焊盘孔。

（4）调漆：在描图之前应先把所用的漆调配好。通常可以用稀料调配调和漆，也可以将虫胶漆片溶解在酒精中，并配入一些甲基紫（使颜色清晰）。要注意稀稠适宜，以免描不上或流淌，画焊盘的漆应比画线用的稍稠一些。

（5）描漆图：按照拓好的图形，用漆描好焊盘及导线。应先描焊盘，要用比焊盘外径稍细的硬导线或木棍蘸漆点画，注意与钻好的孔同心，大小尽量均匀。然后用鸭嘴笔与直尺描绘导线，直尺两端应垫起，双面板应把两面的图形同时描好。

（6）腐蚀：腐蚀前应检查图形，修整线条焊盘。腐蚀液一般用三氯化铁溶液，浓度在 28%～42%，可以从化工商店购买三氯化铁粉剂自己配制。将板全部浸入溶液后，没有被漆膜覆盖的铜箔就被腐蚀掉了。在冬天可以对溶液适当加温以加快腐蚀，但为防止将漆膜泡掉，温度不宜过高（不超过 40 ℃左右）；也可以用软毛排笔轻轻刷扫板面，但不要用力过猛，以免把漆膜刮掉。待完全腐蚀后，取出板子用水清洗。

（7）去漆膜：用热水浸泡板子，可以把漆膜剥掉，未擦净处可用天那水等稀料清洗。

（8）钻孔：用台钻或手钻钻孔，钻头的大小要保证能插入器件的引脚又不能太大。

（9）打磨：漆膜去净后，用砂纸在板面上轻轻擦拭，去掉铜箔的氧化膜，使线条及焊盘露出铜的光亮本色。注意在擦拭时应按某一固定方向，这样可以使铜箔反光方向一致，看起来更加美观。在漆膜去净后，一些不整齐的地方、毛刺和粘连等就会清晰地暴露出来，这时还需要用锋利的刻刀再进行修整。

（10）涂助焊剂：把已配好的松香酒精溶液涂在洗净晾干的印制电路板上作为助焊剂。

2.5.2　贴图法制作 PCB

1. 预切符号法

电子商店有售一种"标准的预切符号及胶带"，预切符号常用规格有 D373（OD - 2.79，ID - 0.79），D266（OD - 2.00，ID - 0.80），D237（OD - 3.50，ID - 1.50）等几种，最好购买纸基材料做的（黑色），塑基（红色）材料尽量不用。胶带常用规格有 0.3，0.9，1.8，2.3，3.7 等几种，单位均为毫米。可以根据电路设计版图，选用对应的符号及胶带，粘贴到覆铜板的铜箔面上。用软一点的小锤，如光滑的橡胶、塑料等敲打图贴，使之与铜箔充分粘连，重点敲击线条转弯处、搭接处。天冷时，最好用取暖器使表面加温，以加强粘连效果。张贴好后就可以进行腐蚀工序了。

2. 不干胶纸贴图法

用 Protel 或 PADS 等设计软件绘出印制板图，用针式打印机输出到不干胶纸，将不干胶纸贴在已作清洁处理的覆铜板上，用切纸刀片沿线条轮廓切出，将需腐蚀部分纸条撕掉，投入三氯化铁溶液中腐蚀、清洗、晒干后即可投入使用。此法类似雕刻法，但比雕刻法要省不少力气，且能保证印制导线的美观和精度。

2.5.3　刀刻法制作 PCB

用刀刻法制作印制电路板时，由于电路板面积比较小，所以一般采用厚度 1 mm 的单面覆铜板就可以满足要求。甚至工厂大规模生产印制电路板时所产生的边角料，都是我们理想的选料。印制电路板实际尺寸是 30 mm×20 mm，可按照图 2-31 所示，先用钢板尺、铅笔在单面覆铜板的铜箔面画出 30 mm×20 mm 裁取线，再用手钢锯沿画线的外侧锯得所用单面覆铜板，最后用细砂纸（或砂布）将覆铜板的边缘打磨平直光滑。注意：画裁取线时最好紧靠覆铜板的一个直角，这样只需要画两条裁取直线即可；锯覆铜板时不要沿画线走锯，否则锯取的覆铜板经砂纸打磨后尺寸就会小于所要求的尺寸许多。

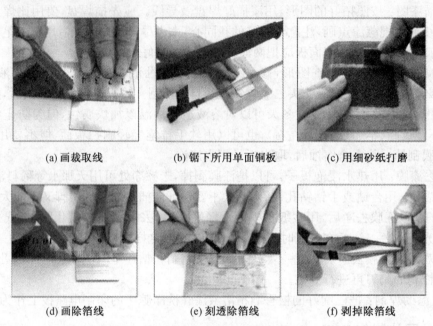

<table>
<tr><td>(a) 画裁取线</td><td>(b) 锯下所用单面铜板</td><td>(c) 用细砂纸打磨</td></tr>
<tr><td>(d) 画除箔线</td><td>(e) 刻透除箔线</td><td>(f) 剥掉除箔线</td></tr>
</table>

图 2-31 刀刻法制作 PCB

刻制印制电路板所用的工具是：刻刀、钢板尺和尖嘴钳（用直头手术钳效果更佳），刻制流程如图 2-31 所示，可分为画除箔线、刻透除箔线、剥掉除箔条三大步骤来完成。对于残留的铜箔，可用刻刀铲除。对于刀口存在的毛刺和铜箔上的氧化物等，可用细砂纸（或砂布）打磨至光亮。

钻孔：刻好的印制电路板，在条件允许下可将元器件直接焊在有铜箔的一面，这样可省去在印制电路板上钻元器件安装孔的麻烦，而且可以很直观地对照着印制电路板接线图焊接元器件，不易出错，这对于简单的电路尤为适用。但是大多数制作还是要求给印制电路板钻出元器件安装孔。钻孔前，先用锥子在需要钻孔的铜箔上扎出一个凹痕，这样钻孔时钻头才不会滑动，如嫌用锥子扎凹痕吃力，可用尖头冲子（或铁钉）在焊点处冲小坑，效果是一样的。钻孔时，按照图 2-32 所示，钻头要对准铜箔上的凹痕，钻头要和电路板垂直，并适当地施加压力。钻孔时还要注意，装插一般小型元器件接脚的孔径应为 0.8~1 mm，稍大元器件接脚和电线的孔径应为 1.2~1.5 mm，装固定螺丝的孔径一般是 3 mm，应根据元器件引脚的实际粗细等选择合适的钻头。如果没有适当大小的钻头，可先钻一个小孔，再用斜口小刀把它适当扩大；对于个别更大的孔，可用尖头小钢锉或圆锉来进一步加工。

(a) 用锥子在铜箔上钻孔   (b) 用钻头在铜箔上钻孔

图 2‑32   常用钻孔法

涂刷"松香水":用细砂皮轻轻打磨(或用粗橡皮擦除)钻完孔的印制电路板铜箔表面的污物和氧化层后,还需要用小刷子在铜箔面均匀地涂刷上一层自己配制的松香酒精溶液(俗称"松香水"),待风干以后方可。涂刷松香酒精溶液的目的是既保护铜箔不被氧化,又便于焊接,可谓一举两得。

松香酒精溶液是一种具有抗氧化、助焊接双重功能的溶剂。松香酒精溶液的配制方法是:在一个密封性良好的玻璃小瓶里盛上大半瓶 95% 的酒精,然后按 3 份酒精加 1 份松香的比例放进压成粉末状的松香,并用小螺丝刀(或小木棍)搅拌,待松香完全溶解在酒精中即成。松香和酒精的比例要求不是十分严格,可根据情况灵活配置。松香加得少,漫流性要好些;松香加得多,助焊效果要强些。这种松香溶液涂在铜箔上,其中的酒精很快地蒸发掉,松香在铜箔表面形成一层薄膜,可使铜箔面始终保持光亮如新,防止氧化。在焊接时,松香还起到助焊剂的作用,使得铜箔很容易上锡。松香酒精溶液存放日久,由于酒精的挥发,溶液会变稠,这时可以再加些酒精稀释。这种自制的松香酒精溶液可作为液态焊剂涂在刮去污物和氧化物的元器件引脚等焊件上,以利于焊接。安装不同的元器件时,还应掌握它的安装要求,并对照印制电路板接线图或装配图正确焊接。各种集成电路、晶体管在安装时应分清它的型号及管脚,认准排列,不要插错或装反。电阻器在安装时,应区分同一电路中各个不同阻值、功率、类型的电阻器的安装位置,大功率电阻器应与底板隔开距离大一些,与其他零件的距离也要大一些;小功率电阻器可与底板近一些,并采用卧式安装。电容器的安装应根据它的种类和极性以及耐压情况确定,尤其是电解电容器,极性不能搞错。元器件外壳和引线不得相碰,要保证 1 mm 以上的安全间隙,无法避免时,应套上绝缘管。对于金属大功率晶体三极管、变压器等自身重量较重的元器件,仅仅直接依靠引脚的焊接已不足以支撑元器件自身重量,应用螺丝钉固定在电路板上。

2.5.4   感光法制作 PCB

利用专用的感光板材料制作 PCB,工艺简单,制作精度高,通常可以做到 2 mm 的线条,但成本相对较高。需要的材料及设备主要有感光板、硫酸纸(半透明)或菲林胶片(透明)、显影剂(要与感光板匹配,因为感光材料有正性、负性之分)、三氯化铁、曝光机(台灯也可以)等。

(1) 打印:首先应用 Protel,CAD,PowerPCB 等 PCB 设计软件设计出 PCB,根据需要,

打印出需要的电路层。在 Protel 中通常打印 Bottom Layer,Multi Layer,Keep Out Layer 等,打印在硫酸纸(半透明)或菲林胶片(透明)上就可以了。

（2）感光：将感光板上的保护膜揭开,记得要尽量在黑暗环境下,然后把板子揭开的一面和打印好的硫酸纸图形对好。硫酸纸打印最黑的一面贴着板(否则图形就会被印镜像了),纸在板下面放在曝光机的玻璃上,压紧,打开电源,根据曝光机的功率、感光板子的要求时间曝光(用硫酸纸曝光新板子为 8 分钟;台灯和太阳光都是可以的,用台灯曝光新生产的一般 8 分钟,太阳光有强有弱不易掌握需要实验)。感光板生产时间每超过半年,曝光时间增加一半。

（3）显影：在曝光过程中可以配置显影溶液了。显影剂上一般都有说明,有 1∶20 或 1∶40 等,按比例加水就可以了,放在器皿中摇匀溶解。将曝光后的电路板曝光面朝上,放进显影液里,轻轻摇一下,通常两三分钟,有线条的地方都是绿色的线条,无线条的地方露出纯铜色,就可以了。拿出来用清水洗一下,通常一份溶液可以显影多块板,一天内是不会失效的,觉得浓度低了再添加显影剂就可以了。

（4）修补：检查一下,如果有曝光显影不好的地方,线条掉了或某一两条线颜色太淡,用油性笔描一描。

（5）腐蚀：腐蚀液一般用三氯化铁溶液,浓度在 28%～42%。将板全部浸入溶液后,没有被漆膜覆盖的铜箔就被腐蚀掉了。在冬天可以对溶液适当加温以加快腐蚀,但为防止将漆膜泡掉,温度不宜过高(最高 60 ℃左右),腐蚀后,取出板子用水清洗即可。

（6）去绿膜：用酒精清洗板子上的绿膜。

（7）钻孔：用台钻或手钻钻孔,钻头的大小要保证能插入器件的引脚又不能太大,对芯片引脚孔一定要保证对齐,否则芯片可能无法插入。

（8）打磨：漆膜去净后,用砂纸在板面上轻轻擦拭,去掉铜箔的氧化膜,使线条及焊盘露出铜的光亮本色。注意：在擦拭时应按某一固定方向,这样可以使铜箔反光方向一致,看起来更加美观。在漆膜去净后,一些不整齐的地方、毛刺和粘连等就会清晰地暴露出来,这时还需要用锋利的刻刀再进行修整。

（9）涂助焊剂：把配好的松香酒精溶液涂在洗净晾干的印制电路板上作为助焊剂。

2.5.5　热转印法制作 PCB

热转印法制板的工艺简单,制板速度快,精度比感光法差一些,但成本较低。需要普通的覆铜板、专用的转印纸和转印机等,主要步骤如下：

（1）打印：将用 Protel 等画图软件设计的电路图打印在专用的热转印纸上,如图 2-33 所示。

（2）热转印：将打印好 PCB 的转印纸平铺在覆铜板上,粘紧,准备转印,如图 2-34(a) 所示。将电路板通过转印机,可以多过两次。转印过后,油墨就被转印在电路板上了,如图 2-36(b)所示。

（3）修补：检查一下,如果有转印不好的地方,线条掉了或断开的地方用油性笔描一描。

（4）腐蚀钻孔：下面的过程和前面的方法工艺相同,就不再介绍了。

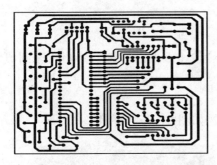

图 2‒33 电路图打印在专用的热转印纸上

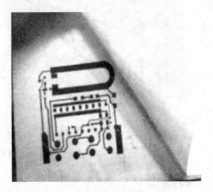

(a) 准备转印　　　　　　　　　　　　　(b) 油墨已被转印

图 2‒34 热转印

2.5.6 技能实训 2——PCB 的手工制作

1. 实训目的

(1) 能描述 PCB 手工制作常用方法与步骤。

(2) 能描述热转印法制作 PCB 的工艺流程。

(3) 会熟练使用快速制板设备。

(4) 会熟练打印 PCB 图到热转印纸上。

2. 实训设备与器材准备

(1) DM‒2100B 型快速制板机 1 台

(2) 快速腐蚀机 1 台

(3) 热转印纸若干张

(4) 覆铜板 1 张

(5) FeCl$_3$ 若干

(6) 激光打印机 1 台

(7) PC 机 1 台

(8) 微型电钻 1 个

3. 实训主要设备简介

(1) DM-2100B型快速制板机

DM-2100B型快速制板机是用来将打印在热转印纸上的印制电路图转印到覆铜板上的设备,其实物与面板如图2-35(a)所示。

(2) 快速腐蚀机

快速腐蚀机是用来快速腐蚀印制板的,其实物如图2-35(b)所示。

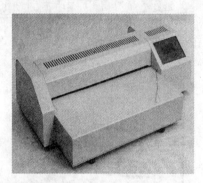

(a) DM-2100B型快速制板机　　　　　　(b) 快速腐蚀机实物

图 2-35　快速腐蚀机

(3) 热转印纸

热转印纸是经过特殊处理的、通过高分子技术在它的表面覆盖了数层特殊材料的专用纸,具有耐高温不粘连的特性。

(4) 微型电钻

微型电钻是用来对腐蚀好的印制电路板进行钻孔的。

4. 实训步骤与报告

(1) PCB图的打印方法如图2-36所示。

(a) 底层(Bottom)打印设置　　　　　　(b) 顶层(Top)打印设置

图 2-36　打印设置

① 底层印制图(Bottom)打印设置;

② 顶层印制图(Top)打印设置。

(2) 覆铜板的下料与处理

① 用钢锯根据 PCB 的规划设计时的尺寸对覆铜板进行下料；

② 用锉刀将四周边缘毛刺去掉；

③ 用细砂纸或少量去污粉去掉表面的氧化物；

④ 清水洗净后，晾干或擦干。

（3）PCB 图的转贴处理

对于单面 PCB 或只有底图的印制板图的转贴操作比较简单，具体方法如下：

① 将热转印纸平铺于桌面，有图案的一面朝上；

② 将单面板置于热转印纸上，有覆铜的一面朝下；

③ 将覆铜板的边缘与热转印纸上的印制图的边缘对齐；

④ 将热转印纸按左右和上下弯折 180°，然后在交接处用透明胶带粘接，单面 PCB 的底图转贴操作示意图如图 2 - 37(a)所示。

(a) 单面PCB的底图转贴操作示意图   (b) 双面PCB的印制图转贴操作示意图

图 2 - 37 转贴操作示意图

对于双面 PCB 的印制板图的转贴操作比较复杂，具体示意图如图 2 - 37(b)所示。

（4）PCB 图的转印

（5）转印 PCB 图的处理

① 转印后，待其温度下降后将转印纸轻轻掀起一角进行观察，此时转印纸上的图形应完全被转印在覆铜板上；

② 如果有较大缺陷，应将转印纸按原位置贴好，送入转印机再转印一次；

③ 如有较小缺陷，请用油性记号笔进行修补。

（6）三氯化铁溶液的配制

① 戴好乳胶手套，按 3∶5 的比例混合好三氯化铁溶液（大约 3～4 升）；

② 将配制的溶液进行过滤；

③ 将过滤后的腐蚀液倒入快速腐蚀机中，以不超过腐蚀平台为宜；

④ 准备一块抹布，以防止三氯化铁溶液溅出。

（7）PCB 板的腐蚀

① 将装有三氯化铁溶液的腐蚀机放置平稳；

② 带好乳胶手套，以防腐蚀液侵蚀皮肤；

③ 将"橡胶吸盘"吸在工作台上，再将经转印得到的线路板卡在橡胶吸盘上，使线路板与工作台成一夹角；

④ 接通电源，观察水流是否覆盖整个电路板，如不能覆盖整个电路板，在切断电源后，

调整橡胶吸盘在工作台上的位置,以求水流覆盖整个电路板;

　⑤ 盖上腐蚀机的盖子,接通电源进行腐蚀,待覆铜板上裸露铜箔被完全腐蚀掉后,断开电源;

　⑥ 取出被腐蚀的电路板,用清水反复清洗后擦干。

(8) PCB 板的打孔

① 将带有定位锥的圆柱体形专用钻头装在微型电钻(或钻床)上;

② 对准电路板上的焊盘中心进行钻孔,定位锥可以磨掉钻孔附近的墨粉,形成一个非常干净的焊盘;

③ 配制酒精松香助焊剂,对焊盘涂盖助焊剂进行保护。

(9) PCB 的手工制作实训报告

5. 实训注意事项

(1) 转印纸为一次性用纸,也不可用一般纸代替。

实训项目	实训器材	实训步骤		
1.		(1)	(2)	(3)
2.		(1)	(2)	(3)
心得体会				
教师评语				

(2) 为保证制版质量,所绘线条宽度应尽可能不小于 0.3 mm。

(3) 制板机关机时,按下温度控制键,显示器第一位将显示闪动的"C",电机仍将运转一段时间,待温度下降到 100 ℃以后,电源将自动关闭。开机时如温度显示低于 100 ℃,请勿按动加热控制键,否则将关闭电源。不用时请将电源插头拔掉。

(4) 使用腐蚀机进行腐蚀时,要保护好环境卫生。

习　题

1. 常用覆铜板有哪些? 它们有何结构及特点?

2. 一块标准的 PCB 是由哪些要素构成的?

3. 在 PCB 设计时,应考虑哪些干扰?

4. 请画出电路原理图的设计流程。

5. 请画出 PCB 的设计流程。

6. 在 PCB 的设计中,网络表的作用是什么?

7. 请叙述 PCB 制作的基本过程。

8. 助焊处理与阻焊处理有何不同?

9. 用"漆图法"制作 PCB 时的步骤有哪些?

10. 用"热转印法"制作 PCB 的步骤有哪些?

11. 在手工制作双面 PCB 时,顶层印制图(Top)如何打印?

项目 3　PCB 的焊接技术

项目要求
- 能描述常用焊接材料的作用、分类和选用知识
- 能描述浸焊和波峰焊的流程
- 能描述新型焊接技术的特点
- 能掌握 PCB 手工焊接的姿势、步骤和操作要领
- 能熟练进行常用电子元器件、插接件的拆焊
- 能熟练测试与维修电烙铁
- 能熟练进行 PCB 手工焊接与手工浸焊

在电子整机装配过程中,焊接是一种主要的连接方式。它是将组成产品的各种元器件、导线等,用焊接的方法牢固地连接在一起的过程。焊接技术是生产整机类电子产品中最关键的技术之一,从事电子产品工作的工程技术人员必须全面深入地掌握这门关键技术。

3.1　常用焊接材料与工具

焊接材料包括焊料(焊锡)和焊剂(助焊剂与阻焊剂),焊接工具在手工焊接时主要是电烙铁,它们在电子产品的手工组装过程中是必不可少的器具。下面对这些常用器具的种类、特点、要求及用途等作简要的介绍。

3.1.1　常用焊接材料

1. 焊料

焊料是指在焊接过程中用于熔合两种或两种以上的金属面,使它们成为一个整体的金属或合金。按组成成分不同,焊料可分为锡铅焊料、银焊料和铜焊料;按熔点不同,焊料又可分为软焊料(熔点在 450 ℃以下)和硬焊料(熔点高于 450 ℃)。在电子产品装配中常用的是软焊料(即锡铅焊料),简称焊锡,它具有熔点低、机械强度高、抗腐蚀性能好等特点。

(1) 锡铅焊料的特性

① 锡铅比

从图 3-1 锡铅焊料状态图中可以看出,当锡含量为 61.9%、铅含量为 38.1%时为锡铅合金的共晶点(A 点),达到这样锡铅比的共晶合金具有最优异的特性,它熔点低、熔融和凝固过程简单、流动性好,因此非常适合用作焊料,通常称为共晶焊料。

由于锡铅比处在共晶点附近的焊料的焊接性能是最优良的,所以在实际使用中,一般采

用锡含量为 60%～63%、铅含量为 40%～37% 的锡铅合金。对于较高档的电子产品最好选用含锡量为 63% 的焊料。因为在实际焊接中，焊料向母材的扩散属选择性扩散，只有焊料成分中的锡向母材扩散，而铅是不扩散的，所以锡的消耗量大于铅的消耗量，因此选择含锡量稍高于共晶点的焊料更有利于维持锡槽内焊料的锡铅比接近共晶点。

② 熔点

从图 3-1 中可以看出，共晶焊料的熔点最低点为 183 ℃，随着锡铅比例的变化，熔点逐渐升高。焊料熔点降低可减小对元器件的热冲击并节约能源。

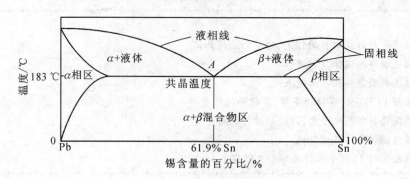

图 3-1　锡铅焊料状态图

③ 机械性能

电子产品在运输和使用过程中不可避免地要受到振动冲击应力的作用，因此要求焊接点必须具有一定的机械强度。处在共晶点附近的锡铅焊料的抗拉强度和剪切强度为最高，分别为 $5.36\ kg/mm^2$ 和 $3.47\ kg/mm^2$ 左右，而且焊接后会变得更大；而非共晶焊料的抗拉强度和剪切强度均下降为 $5\ kg/mm^2$ 和 $3\ kg/mm^2$ 以下。

④ 表面张力和黏度

从焊接润湿的角度出发，我们希望焊料的表面张力和黏度都较小，这样有利于焊料的浸流和渗透。但实际情况是锡的含量越高，表面张力越大，黏度越小；反之，铅的含量越高，黏度越大，表面张力却越小。共晶焊料能较好地兼顾这两个特性，从而获得良好的润湿效果。

（2）杂质对焊锡性能的影响

锡铅焊料中往往会含有少量杂质，有些是出于某种需要而人为掺入的，有些则是在运输、储存和使用过程中无意混入的，这些杂质对焊料的性能有较大的影响。表 3-1 列出了部分杂质对焊锡性能的影响情况。

表 3-1　杂质对焊锡性能的影响

杂质种类	机构特性	焊接性能	熔化温度变化	其他
锑	抗拉强度增大，变脆	润湿性、流动性降低	熔化区变窄	电阻变大
铋	变脆		熔点降低	冷却时产生裂缝
锌		润湿性、流动性降低		多孔，表面晶粒粗大
铁		不易操作	熔点提高	带磁，易附在铁上

杂质种类	机构特性	焊接性能	熔化温度变化	其他
铝	结合力减弱	流动性降低		易氧化、腐蚀
砷	脆而硬	流动性提高一些		形成水泡状、针状结晶
镉	变脆	影响光泽,流动性降低	熔化区变宽	多孔,白色
铜	脆而硬		熔点提高	粒状,不易熔
镍	变脆	焊接性能降低	熔点提高	形成水泡状结晶
银	超过 5%易产生气体	需活性焊剂	熔点提高	耐热性增加
金	变脆	失去光泽		呈白色

这里要说明的是,并非所有的杂质都会对焊锡产生不良影响,有时为了改善其性能,也可以掺入某些金属。常用的有以下几类:

① 加锑焊锡

由于锡铅合金会在极冷的环境中重新结晶,此时的焊锡不再是金属而是晶态,并且很脆,这种结晶变化会使焊点膨胀而断裂脱焊。所以,在焊锡中融入适量的锑可防止焊锡的重新结晶。加锑焊锡的焊料比例为 63% 的锡、36.7% 的铅、0.3% 的锑。

② 加镉焊锡

如果在某些对温度比较敏感的场合,可以使用加镉焊锡,它的熔点为 145 ℃,所以称之为超低温焊锡,比例是锡 50%、铅 33%、镉 17%。但由于镉的毒性较强,应谨慎使用。

③ 加银焊锡

加银焊锡我们在电子产品中也是比较常用的,它常常被用在对信号要求较高的电子产品或某些镀银元器件的焊接中,比例一般是锡 62%、铅 36%、银 2%。

④ 加铜焊锡

焊接极细的铜线时,为防止焊锡及助焊剂对细铜线的侵蚀,应使用加铜焊锡,比例为锡 50%、铅 48.5%、铜 1.5%。

（3）常用焊锡

① 管状焊锡丝

管状焊锡丝由助焊剂与焊锡制作在一起做成管状,助焊剂一般选用特级松香和少量活化剂组成。管状焊锡丝的直径有 0.5,0.8,1.2,1.5,2.0,2.5,4.0 和 5.0 mm 等多种规格。

② 抗氧化焊锡

由于浸焊和波峰焊使用的锡槽都有大面积的高温表面,焊料液体暴露在大气中,很容易被氧化而影响焊接质量,使焊点产生虚焊。为此,在锡铅合金中加入少量的活性金属,形成抗氧化焊锡,它能使氧化锡、氧化铅还原,并漂浮在焊锡表面形成致密覆盖层,从而使焊锡不被继续氧化,这类焊锡在浸焊与波峰焊中已得到了普遍使用。

③ 含银焊锡

含银焊锡是在焊锡中添加 0.5%～2.0% 的银,可减少镀银件中的银在焊锡中的溶解量,并可降低焊锡的熔点。

④ 焊膏

焊膏是表面安装技术中一种重要的贴装材料,由焊粉、有机物和溶剂组成,制成糊状物,能方便地用丝网、模板或涂膏机涂在印制电路板上。

⑤ 不同配比的锡铅焊料

因为对被焊元件的材料、焊接的特殊要求及价格等因素,在锡焊工艺中也常使用一些其他配比的锡铅焊料。常见焊锡的特性及用途见表3-2。

表3-2 常用焊锡特性及用途一览表

名称	牌号	主要成分/%			熔点/℃	杂质	电阻率/(Ω·m)	抗拉强度/MPa	主要用途
		锡	锑	铅					
10 锡铅焊料	HISnPb10	89~91	<0.15	余量	220	铜、铋、砷		43	用于钎焊食品器皿及医药卫生物品
39 锡铅焊料	HISnPb39	59~61	<0.8		183	铁、硫、锌、铝	0.145	47	用于钎焊无线电元器件等
58-2 锡铅焊料	HISnPb58-2	39~41	1.5~2		235		0.170	38	用于钎焊无线电元器件、导线、钢皮镀铸件等
68-2 锡铅焊料	HISnPb68-2	29~31	1.5~2		256		0.182	33	用于钎焊电缆金属护套、铝管等
90-6 锡铅焊料	HISnPb90-6	3~4	5~6		256			59	用于钎焊黄铜和铜

2. 助焊剂

助焊剂主要用于锡铅焊接中,有助于清洁被焊面,防止氧化,增加焊料的流动性,使焊点易于成形,提高焊接质量。

(1) 助焊剂的分类

常用助焊剂一般可分为无机、有机和树脂三大类。

① 无机类助焊剂

无机类助焊剂的化学作用强,助焊性能好,但腐蚀作用大,属于酸性焊剂,因为它溶解于水,故又称为水溶性助焊剂,包括无机酸和无机盐两类。它的熔点约为180 ℃,是适用于钎焊的助焊剂。由于其具有强烈的腐蚀作用,因此不宜在电子产品装配中使用,只能在特定场合使用,并且焊后一定要清除残渣。

② 有机类助焊剂

有机类助焊剂由有机酸、有机类卤化物以及各种胺盐树脂类合成。这类助焊剂由于含有较高酸值成分,因此具有很好的助焊性能,但具有一定程度的腐蚀性,残渣不宜清洗,焊接时有废气污染,限制了它在电子产品装配中的使用。

③ 树脂类助焊剂

这类助焊剂在电子产品装配中应用较广,其主要成分是松香。在加热情况下,松香具有去除焊件表面氧化物的能力,同时焊接后形成的膜层具有覆盖和保护焊点不被氧化腐蚀的作用。由于松脂残渣为非腐蚀性、非导电性、非吸湿性,焊接时没有什么污染,且焊后容易清洗,成本又低,所以这类助焊剂被广泛使用。松香助焊剂的缺点是酸值低、软化点低,且易氧化、易结晶、稳定性差,在高温时很容易脱羧碳化而造成虚焊。

为适应不同的应用需要,松香助焊剂有液态、糊状和固态 3 种形态。固态的助焊剂适用于烙铁焊,液态和糊状的助焊剂分别适用于波峰焊和再流焊。

(2) 助焊剂的作用

① 除去氧化物。为了使焊料与元件表面的原子能够充分接近,必须将妨碍两金属原子接近的氧化物和污染物去除,助焊剂具有溶解这些氧化物、氢氧化物或使其剥离的功能。

② 防止元件和焊料加热时氧化。焊接时,助焊剂先于焊料之前熔化,在焊料和元件的表面形成一层薄膜,使之与外界空气隔绝,起到在加热过程中防止元件氧化的作用。

③ 降低焊料表面的张力。使用助焊剂可以减小熔化后焊料的表面张力,增加其流动性,有利于浸润。

④ 能加快热量从烙铁头向焊料和被焊物表面传递。

⑤ 合适的助焊剂还能使焊点美观。

(3) 助焊剂的性能要求

① 常温下必须稳定,熔点应低于焊料。

② 在焊接过程中,助焊剂具有较高的活化性和较低的表面张力,但其黏度和比重应小于焊料。

③ 不产生有刺激性的气味和有害气体,熔化时不产生飞溅或飞沫。

④ 绝缘好、无腐蚀性、残留物无副作用,焊接后的残留物易清洗。

⑤ 形成的膜光亮(加消光剂的除外)、致密、干燥快、不吸潮、热稳定性好,具有保护元件表面的作用。

(4) 使用助焊剂的注意事项

① 对要求较高可靠性的产品及高频电子产品,焊接后要用专用清洗剂,清除助焊剂的残留物。

② 存放时间过长的助焊剂不宜再使用。

③ 对可焊性较差的元器件使用活性较强的助焊剂。

④ 对可焊性较好的元器件宜使用残留物较少的免清洗助焊剂。

3. 阻焊剂

阻焊剂是一种耐高温的涂料,其作用是保护印制电路板上不需要焊接的部位,使焊接只在需要的焊接点上进行,广泛用于浸焊和波峰焊中。

(1) 阻焊剂的优点

① 可避免或减少焊接时桥连、拉尖、虚焊等现象发生,使焊点饱满,大大降低板子的返修率,提高焊接质量,保证产品的可靠性。

② 使用阻焊剂后,除了焊盘外,其余线条均不上锡,可以节约焊料。此外,由于印制电路板受到的热冲击小,板面不易起泡和分层,起到了保护元器件和集成电路的作用。

③ 由于板面部分为阻焊剂膜所覆盖,增加了一定硬度,使印制电路板有很好的永久性保护膜,还可以起到防止印制电路板表面受到机械损伤的作用。

④ 使用带有颜色的阻焊剂,如深绿色和浅绿色等,可使印制电路板的板面显得整洁、美观。

(2) 阻焊剂的分类

阻焊剂的种类有很多,一般分为干膜型阻焊剂和印料型阻焊剂。现广泛使用印料型阻焊剂,这种阻焊剂又可分为热固化型和光固化型两种。

① 热固化型阻焊剂的优点是附着力强,能耐 300 ℃高温。缺点是要在 200 ℃高温下烘烤两小时,板子易翘曲变形,能源消耗大,生产周期长。

② 光固化型阻焊剂的优点是在高压汞灯照射下,只要 2～3 分钟就能固化,节约了大量能源,提高了生产效率,便于组织自动化生产,另外毒性低,减少了环境污染;缺点是溶于酒精,能和印制电路板上喷涂的助焊剂中的酒精成分相溶而影响印制电路板的质量。

3.1.2 常用焊接工具

电烙铁是手工焊接的基本工具,是根据电流通过发热元件产生热量的原理而制成的,常用的电烙铁有外热式、内热式、恒温式、吸锡式等。下面对几种常用电烙铁的构造及特点进行介绍。

1. 外热式电烙铁

外热式电烙铁由烙铁头、烙铁心、外壳、手柄、电源线和插头等各部分组成,其外形如图 3-2 所示。

电阻丝绕在薄云母片绝缘的圆筒上,组成烙铁心。烙铁头装在烙铁心里面,电阻丝通电后产生的热量传送到烙铁头上,使烙铁头温度升高,故称为外热式电烙铁。

电烙铁的规格是用功率来表示的,常用的有 25,75 和 100 W 等几种。功率越大,烙铁的热量越大,烙铁头的温度越高。在焊接印制电路板组件时,通常使用功率为 25 W 的电烙铁。

外热式电烙铁结构简单,价格较低,使用寿命长,但其体积较大,升温较慢,热效率低。

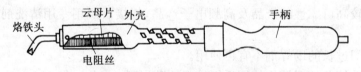

图 3-2 外热式电烙铁外形结构

2. 内热式电烙铁

内热式电烙铁的外形如图 3-3 所示。由于烙铁心装在烙铁头里面,故称为内热式电烙铁。内热式电烙铁的烙铁心是采用极细的镍铬电阻丝绕在瓷管上制成的,外面再套上耐热绝缘瓷管。烙铁头的一端是空心的,它套在心子外面,用弹簧夹紧固。

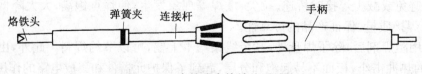

图 3-3 内热式电烙铁外形结构

由于烙铁心装在烙铁头内部,热量完全传到烙铁头上,升温快,因此热效率高达 85%～90%,烙铁头部温度可达 350 ℃左右,20 W 内热式电烙铁的实用功率相当于 25～40 W 的外热式电烙铁。内热式电烙铁具有体积小、重量轻、升温快和热效率高等优点,因而在电子装配工艺中得到了广泛的应用。

3. 恒温式电烙铁

目前使用的外热式和内热式电烙铁的温度一般都超过 300 ℃,这对焊接晶体管、集成电路等是不利的,一是焊锡容易被氧化而造成虚焊,二是烙铁头温度过高,若烙铁头与焊点接触时间长,就会造成元件的损坏。在质量要求较高的场合,通常需要恒温式电烙铁。

恒温式电烙铁有电控和磁控两种。电控是用热电偶作为传感元件来检测和控制烙铁头的温度。当烙铁头温度低于规定值时,温控装置内的电子电路控制半导体开关元件或继电器接通电源,给电烙铁供电,使电烙铁温度上升。当达到预定温度时,温控装置自动切断电源。如此反复动作,使烙铁头基本保持恒温。由于电控恒温式电烙铁的价格较贵,因此目前较普遍使用的是磁控恒温式电烙铁,其结构和外形如图 3-4,3-5 所示。

在磁控恒温式电烙铁中,烙铁头 1 的右端镶有一块软磁金属块 2,烙铁头放在加热器 3 的中间,非磁性金属圆管 5 底部装有一块永久磁铁 4,再用小轴 7 与接触簧片 9 连起来而构成磁性开关,电源未接通时,永久磁铁 4 被软磁金属吸引,小轴 7 带动接触簧片 9 与接点 8 闭合。当电烙铁接通电源后,加热器使烙铁头升温,在达到预定温度时(达到软磁金属的居里点),软磁金属失去磁性,永久磁铁 4 在支架 6 的吸引下离开软磁金属,通过小轴 7 使接点 8 与接触簧片 9 分开,加热器断开,于是烙铁头温度下降,当降到低于居里点时,软磁金属又恢复磁性,永久磁铁又被吸引回来,加热器又恢复加热。如此反复动作,使烙铁头的温度保持在一定范围内。

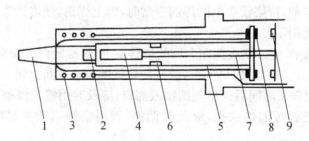

1—烙铁头;2—软磁金属块;3—加热器;4—永久磁铁;5—非磁性金属圆
管;6—支架;7—小轴;8—接点;9—接触簧片

图 3-4　磁控恒温式电烙铁结构示意图

图 3-5　磁控恒温式电烙铁的外形

4. 吸锡式电烙铁

吸锡式电烙铁主要用于电工和电子设备维修中拆换元器件,是手工拆焊中最为方便的工具之一。它是在普通直热式烙铁上增加吸锡结构,使其具有加热、吸锡两种功能。吸锡电烙铁结构如图3-6所示。

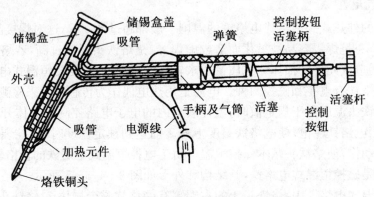

图3-6　吸锡式电烙铁结构示意图

5. 电烙铁的使用与保养

(1) 电烙铁的电源线最好选用纤维编织花线或橡皮软线,这两种线不易被烫坏。

(2) 使用前,先用万用表测量一下电烙铁插头两端是否短路或开路,正常时20 W内热式电烙铁阻值约为2.4 kΩ(烙铁心的电阻值)。再测量插头与外壳是否漏电或短路,正常时阻值应为无穷大。

(3) 新烙铁刃口表面镀有一层铬,不易沾锡。使用前先用锉刀或砂纸将镀铬层去掉,通电加热后涂上少许焊剂,待烙铁头上的焊剂冒烟时,即上焊锡,使烙铁头的刃口镀上一层锡,这时电烙铁就可以使用了。

(4) 在使用间歇中,电烙铁应搁在金属的烙铁架上,这样既保证安全,又可适当散热,避免烙铁头"烧死"。对已"烧死"的烙铁头,应按新烙铁的要求重新上锡。

(5) 烙铁头使用较长时间后会出现凹槽或豁口,应及时用锉刀修整,否则会影响焊点质量。对经多次修整已较短的烙铁头,应及时调换,否则会使烙铁头温度过高,从而损坏烙铁头。

(6) 在使用过程中,电烙铁应避免敲打碰跌,因为在高温时的振动,最易使烙铁心损坏。

6. 其他辅助工具

在焊接中,除了电烙铁外,还需要烙铁架、镊子等辅助工具,如图3-7所示。图中尖嘴钳的主要作用是在连接点上夹持导线、元件引线及对元件引脚成型;斜口钳主要用于剪切导线,剪掉元器件多余的引线;镊子主要用途是夹取微小器件,在焊接时夹持被焊件,以防止其移动和帮助散热。

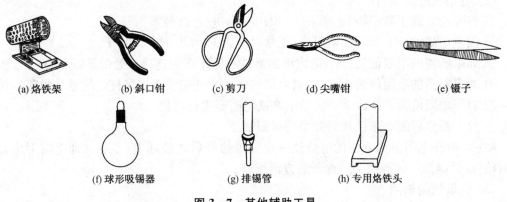

(a) 烙铁架　　　(b) 斜口钳　　　(c) 剪刀　　　(d) 尖嘴钳　　　(e) 镊子

(f) 球形吸锡器　　　(g) 排锡管　　　(h) 专用烙铁头

图 3 - 7　其他辅助工具

3.1.3　技能实训 3——常用焊接工具检测

1. 实训目的

(1) 能描述常用焊接材料与工具的特点、种类及用途。

(2) 能识别手工焊接工具——电烙铁的组成结构。

(3) 会熟练拆装电烙铁、接线板。

(4) 掌握电烙铁、接线板的测试与维修技能。

2. 实训设备与器材准备

(1) 电烙铁 1 把

(2) 接线板 1 个

(3) 烙铁架 1 个

(4) 螺丝刀 1 套

(5) 万用表 1 块

3. 实训步骤与报告

(1) 电烙铁的拆装

① 拆卸：先拧松手柄上卡紧导线的螺钉，旋下手柄，然后卸下电源线和烙铁心引线，取出烙铁心，最后拔下烙铁头。

② 装配：装配顺序与拆卸顺序相反。但须注意的是旋紧手柄时，电源线不能与手柄一起转动，否则易造成短路。电烙铁结构件如图 3 - 8 所示。

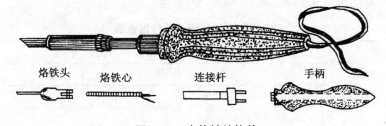

烙铁头　　　烙铁心　　　连接杆　　　手柄

图 3 - 8　电烙铁结构件

（2）电烙铁的测试与维修

① 将万用表置于欧姆挡,选择 $R\times 1$ kΩ 量程,进行"Ω 校零"。

② 测量电烙铁插头两端的电阻值,正常时应为 $R=U^2/P=220^2/P$。

③ 如果所测的电阻值为 0 Ω,则内部的烙铁心短路或者连接杆处的导线相碰。

④ 如果所测的电阻值为无穷大,则内部的烙铁心开路或者连接杆处的导线脱落。

⑤ 对于电阻值为 0 Ω 或无穷大的电烙铁均需要进行维修。

⑥ 对于维修后的电烙铁还需要进行再测试。

注意:对于电阻值为 0 Ω 的电烙铁一定要维修好后才能通电;不能在通电时对电烙铁进行检修,只能拔下电源插头且冷却后方能维修。

（3）电烙铁的选用

① 电烙铁的电源线最好选用纤维编织花线或橡皮软线,这两种线不易被烫坏。

② 根据器件的焊接要求选择内热式或外热式或恒温式的电烙铁。

③ 根据焊接件的形状、大小以及焊点和元器件密度等要求来选择合适的烙铁头形状。

④ 烙铁头顶端温度应根据焊锡的熔点而定。通常烙铁头的顶端温度应比焊锡熔点高 30～80 ℃,而且不应包括烙铁头接触焊点时下降的温度。

⑤ 所选电烙铁的热容量和烙铁头的温度恢复时间应能满足被焊元件的热要求。

（4）接线板的测试与维修

① 将万用表置于欧姆挡,选择 $R\times 1$ kΩ 量程。

② 测量插头两端的电阻值应为无穷大。若为 0,则不能通电,需维修。

③ 将万用表置于 250 V 交流电压挡。

④ 测量通电接线板上的电压,正常应为 220 V。若为 0 V,则内部导线开路。

⑤ 维修接线板时,禁止导线接头与板内金属片之间出现短路现象。

⑥ 维修好后的接线板需再次测量,正常后方能通电使用。

注意:不能在通电时对接线板进行检修,只能拔下电源插头后方能维修。

（5）实训记录与报告

① 电烙铁的记录与报告表(表 3-3)

表 3-3　电烙铁记录与报告表

组成结构	1.　　2.　　3.　　4.　　5.			
种类	1. 内热式　　2. 外热式　　3. 恒温式			
参数值	1. 实测电阻值　　2. 功率值			
性能				

② 接线板的记录与报告表(表 3-4)

表 3-4　接线板记录与报告表

组成结构	1.　　2.　　3.　　4.　　5.			
插头两端电阻值				
线板上插孔电压				
性能				

3.2　焊接条件与过程

　　焊接是电子产品组装的重要工艺,焊接质量的好坏直接影响产品与设备性能的稳定。为了保证焊接质量、获得性能稳定可靠的电子产品,了解和掌握焊接的基本条件和焊接工艺过程是极其重要的。

3.2.1　焊接基本条件

1. 被焊件必须具有可焊性

　　可焊性也就是可浸润性,它是指被焊接的金属材料与焊锡在适当的温度和助焊剂的作用下形成良好结合的性能。在金属材料中,金、银、铜的可焊性较好,其中铜应用最广,铁、镍次之,铝的可焊性最差。为了便于焊接,常在较难焊接的金属材料和合金表面镀上可焊性较好的金属材料,如锡铅合金、金、银等。

2. 被焊金属表面应清洁

　　金属表面的氧化物和粉尘、油污等会妨碍焊料浸润被焊金属表面,在焊接前可用机械或化学方法清除这些杂物。

3. 使用合适的助焊剂

　　助焊剂种类繁多,效果也不一样,使用时必须根据被焊件的材料性质、表面情况和焊接方法来选取。助焊剂的用量越大,助焊效果越好,可焊性越强,但助焊剂残渣也越多。有些助焊剂残渣不仅会腐蚀金属零件,而且会使产品的绝缘性能变差。因此,在锡焊完成后应进行清洗除渣。

4. 具有适当的焊接温度

　　焊接时,加热的作用是使焊锡熔化并向被焊金属扩散以及使金属材料上升到焊接温度,从而生成金属合金。温度过低,则达不到上述要求而难于焊接,造成虚焊;焊接温度过高,会使焊料处于非共晶状态,加速助焊剂的分解,使焊料性能下降,甚至会导致印制电路板上的焊盘零落。

5. 具有合适的焊接时间

　　当焊接温度一定后,就应根据被焊件的外形、大小、特性等来确定焊接时间。焊接时间是指在焊接全过程中,进行物理和化学变化所需要的时间。它包括被焊金属到达焊接温度的时间、焊锡的凝结时间、助焊剂发挥作用及生成金属合金的时间几个部分。焊接时间要掌握适当,过长易损坏焊接部位和元器件,过短则达不到焊接要求。

3.2.2　焊接工艺过程

　　焊接工艺过程一般可分为焊前准备、焊件装配、加热焊接、焊后清理及质量检验等多道工序。焊接工艺过程如图 3-9 所示。

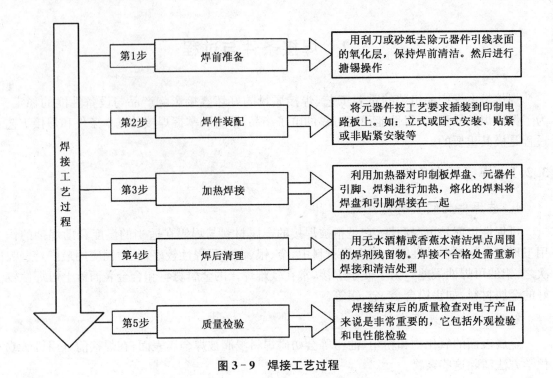

图 3 - 9　焊接工艺过程

3.3　PCB 手工焊接

焊接通常分为熔焊、钎焊及接触焊三大类,在电子装配中主要使用的是钎焊。钎焊按照使用焊料的熔点的不同分为硬焊(焊料熔点高于 450 ℃)和软焊(焊料熔点低于 450 ℃)。采用锡铅焊料进行焊接称为锡铅焊,简称锡焊,它是软焊的一种。目前,在产品研制、设备维修,乃至一些小规模、小型电子产品的生产中,仍广泛地应用手工锡铅焊,它是锡焊工艺的基础。

3.3.1　手工焊接姿势

1. 操作姿势

一般采用坐姿焊接,工作台和坐椅的高度要合适。此外还要掌握以下两点:

(1)挺胸端正直坐,勿弯腰。

(2)焊剂加热挥发出的化学物质对人体是有害的,如果操作时鼻子距离烙铁头太近,则很容易将有害气体吸入。一般烙铁头离开鼻子的距离应至少保持 20 cm 以上,通常以 40 cm 为宜。

2. 电烙铁握法

电烙铁拿法有三种,即反握法、正握法和笔握法,如图 3 - 10 所示。反握法动作稳定,长时操作不易疲劳,适于大功率电烙铁(>75 W)对大焊点的焊接操作;正握法适于中等功率烙铁或带弯头电烙铁的操作,或直烙铁头在大型机架上的焊接;笔握法适用于小功率的电烙铁焊接印制板上的元器件。

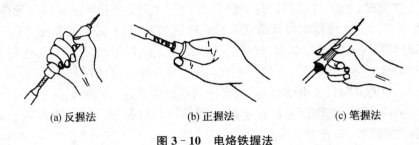

(a) 反握法　　　　　　　(b) 正握法　　　　　　　(c) 笔握法

图 3 - 10　电烙铁握法

3. 焊锡丝拿法

焊锡丝一般有两种拿法,如图 3 - 11 所示。拿焊锡丝时应注意以下三点:

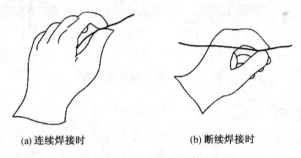

(a) 连续焊接时　　　　　　　　　　(b) 断续焊接时

图 3 - 11　焊锡丝拿法

(1) 操作时应尽量戴手套。

(2) 用拇指和食指捏住焊锡丝,端部留出 3～5 cm 的长度,并借助中指往前送料。

(3) 操作后应洗手。由于焊锡丝成分有一定比例的铅,铅是对人体有害的重金属,因此操作时应戴手套或操作后洗手,避免食入。

注意:使用电烙铁要配置烙铁架,一般放置在工作台右前方,电烙铁用后一定要稳妥放于烙铁架上,并注意导线等物不要碰烙铁头,以免烫伤导线,造成漏电等事故。

3.3.2　手工焊接步骤

1. 焊接操作步骤

(1) 刮:就是处理焊接对象的表面。

(2) 镀:是指对被焊部位进行搪锡处理。

(3) 测:是指对搪过锡的元器件进行检查,在电烙铁高温下是否损坏。

(4) 焊:是指最后把测试合格的、已完成上述三个步骤的元器件焊到电路中去。

2. 五步操作法

手工烙铁焊接时,一般应按以下五个步骤进行(简称为五步焊接操作法),如图 3 - 12 所示。

(1) 准备:将被焊件、焊锡丝、烙铁架等准备好,并放置在便于操作的地方。焊接前将电烙铁加温到工作温度,烙铁头保持干净,一手握好电烙铁,一手拿焊锡丝,电烙铁与焊料分居于被焊工件两侧。

(2) 加热被焊件：将烙铁头放置在被焊件的焊接点上，使焊点升温。

(3) 加入焊锡丝：当元件被焊部位升温到焊接温度时，送上焊锡丝并与元件焊点部位接触，熔化并润湿焊点。焊锡丝应从烙铁头的对称侧加入，而不是直接加在烙铁头上。

(4) 移开焊锡丝：熔入适量焊料(焊件上已形成一层薄薄的焊料层)后，迅速移去焊锡丝。

(5) 移开烙铁：移去焊料后，在助焊剂(焊锡丝内一般含有助焊剂)还未挥发完之前，迅速与轴向成 45°角的方向移去电烙铁，否则将得到不良焊点。

对热容量小的焊件，如印制电路板上的小焊盘，可以用三步焊接法，即将上述步骤(2)(3)合为一步，步骤(4)(5)合为一步。

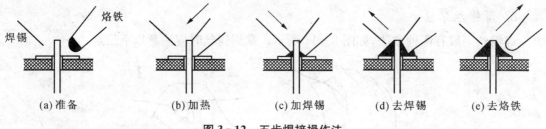

(a) 准备　　　(b) 加热　　　(c) 加焊锡　　　(d) 去焊锡　　　(e) 去烙铁

图 3 - 12　五步焊接操作法

3.3.3　手工焊接要领

1. 焊前准备

(1) 准备工具。根据被焊物体的大小，准备好电烙铁、镊子、斜口钳、尖嘴钳和焊剂等，并保持烙铁头的清洁。

(2) 焊件表面处理。焊接前要将元器件引线刮净，最好是先挂锡再焊接。被焊物表面的氧化物、锈斑、油污、灰尘等要清理干净，手工操作中常用机械刮磨和酒精、丙酮擦洗等简单易行的方法处理被焊物的表面。

2. 焊剂及焊锡的用量要合适

使用焊剂时，必须根据被焊件的面积大小和表面状态而适量使用。用量过少时，影响焊接质量；用量过多时，焊剂残渣将会腐蚀零件，并使线路的绝缘性能变差。

如图 3 - 13 所示，过量的焊锡不但无必要地消耗了焊锡，而且还增加焊接时间，降低工作速度。更为严重的是，过量的焊锡很容易造成不易察觉的短路故障。焊锡过少也不能形成牢固的结合，同样是不利的，特别是焊接印制电路板引出导线时，焊锡用量不足，极容易造成导线脱落。

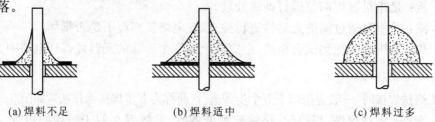

(a) 焊料不足　　　　　(b) 焊料适中　　　　　(c) 焊料过多

图 3 - 13　焊点焊锡量的比较

3. 掌握好焊接的温度和时间

在焊接时,要使被焊件达到适当的温度,并使固体焊料迅速熔化,需要足够的热量。温度过低,焊锡流动性差,很容易凝固,形成虚焊。温度过高,将使焊锡流淌,焊点不易存锡,焊剂分解速度加快,使金属表面加速氧化,并导致印制电路板上的焊盘脱落。焊接时间视被焊件的形状、大小不同而有所差别,但总的原则是视被焊件是否完全被焊料所润湿而定。

4. 焊件要固定,加热要靠焊锡桥

焊接过程中,特别是在焊锡凝固之前不要使焊件移动或振动,否则会造成焊点结构疏松或虚焊。实际操作时可以用各种适宜的方法将焊件固定,或使用可靠的夹持措施。

焊锡桥是指靠烙铁头上保留少量焊锡作为加热时烙铁头与焊件之间传热的桥梁。显然,由于金属液的导热效率远高于空气,因此焊件很快被加热到焊接温度。注意:作为焊锡桥的锡,保留量不可过多。

5. 烙铁撤离有讲究,不要用烙铁头作为运载焊料的工具

烙铁撤离要及时,而且撤离时的角度和方向对焊点形成有一定关系。图 3 - 14 为不同撤离方向对焊料的影响。

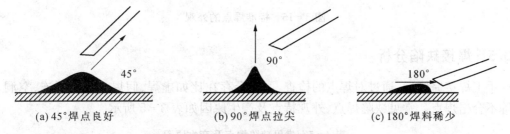

(a) 45°焊点良好　　　　(b) 90°焊点拉尖　　　　(c) 180°焊料稀少

图 3 - 14　烙铁撤离角度对焊料的影响

有人习惯使用烙铁头作为运送焊锡的工具进行焊接,结果造成焊料的氧化。因为烙铁尖的温度一般都在 300 ℃以上,焊锡丝中的助焊剂在高温时容易分解失效,焊锡也处于过热的低质量状态,所以在焊接过程中不要用烙铁头运载焊料。

3.3.4　焊点基本要求

1. 可靠的电气连接

为了使焊点有良好的导电性能,必须防止虚焊。虚焊是指焊料与被焊物表面没有形成合金结构,只是简单地依附在被焊金属的表面上。在锡焊时,如果只有一部分形成合金,这种焊点在短期内也能通过电流,用仪表测量也很难发现问题,但随着时间的推移,没有形成合金的表面就要氧化,此时便会出现时通时断的现象,这势必造成产品的质量问题。

2. 足够的机械强度

为了保证被焊件在受到振动或冲击时不至脱落、松动,因此要求焊点要有足够的机械强度。常见的影响机械强度的缺陷有焊锡过少、焊点不饱满、焊接时焊料尚未凝固就使焊件振动而引起的焊点晶粒粗大(像豆腐渣状)、裂纹、夹渣等。

3. 焊点表面光亮、清洁

为了使焊点美观、光滑、整齐,不但要有熟练的焊接技能,而且要选择合适的焊料和助焊剂,否则将出现焊点表面粗糙、拉尖、棱角等现象。

图 3-15 是标准焊点的外观,从外表直观看,其具有以下特点:

(1) 形状为近似圆锥而表面稍微凹陷,以焊接导线为中心,对称成裙形展开。虚焊点的表面往往向外凸出,可以鉴别出来。

(2) 焊点表面平滑,有金属光泽。

(3) 无裂纹、针孔、夹渣。

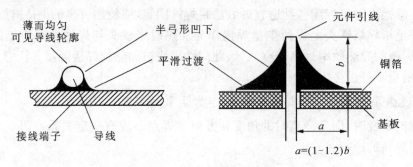

图 3-15　标准焊点的外观

3.3.5　焊接缺陷分析

手工焊接完毕后,通过对焊点的检查,可能会存在比如虚焊、假焊、拉尖、桥连、空洞、堆焊等不合格焊点。常见缺陷焊点、外观特点及产生原因如表 3-5 所示。

表 3-5　常见缺陷焊点及产生原因

焊点缺陷	外观特点	危害	原因分析
针孔	目测或放大镜可见有孔	焊点容易腐蚀	焊盘孔与引线间隙太大
气泡	引线根部有时有焊料隆起,内部藏有空洞	暂时导通但长时间容易引起导通不良	引线与孔间隙过大或引线润湿性不良
剥离	焊点剥落(不是铜皮剥落)	断路	焊盘镀层不良

续表

焊点缺陷	外观特点	危害	原因分析
焊料过多	焊料面呈凸形	浪费焊料,且可能包藏缺陷	焊丝撤离过迟
焊料过少	焊料未形成平滑面	机械强度不足	焊丝撤离过早
松香焊	焊点中夹有松香渣	强度不足,导通不良,有可能时通时断	(1) 加焊剂过多,或已失效 (2) 焊接时间不足,加热不足 (3) 表面氧化膜未去除
过热	焊点发白,无金属光泽,表面较粗糙	(1) 焊盘容易剥落强度降低 (2) 造成元器件失效损坏	烙铁功率过大,加热时间过长
冷焊	表面呈豆腐渣状颗粒,有时会有裂纹	强度低,导电性不好	焊料未凝固时焊件抖动
虚焊	焊料与焊件交界面接触角过大,不平滑	强度低,不通或时通时断	(1) 焊件清理不干净 (2) 助焊剂不足或质量差 (3) 焊件未充分加热
不对称	焊锡未流满焊盘	强度不足	(1) 焊料流动性不好 (2) 助焊剂不足或质量差 (3) 加热不足
松动	导线或元器件引线可移动	导通不良或不导通	(1) 焊锡未凝固前引线移动造成空隙 (2) 引线未处理好(润湿不良或不润湿)

焊点缺陷	外观特点	危害	原因分析
 拉尖	出现尖端	外观不佳,容易造成桥接现象	(1) 加热不足 (2) 焊料不合格
 桥接	相邻导线搭接	短路	(1) 焊锡过多 (2) 烙铁施焊撤离方向不当

3.3.6　手工拆焊技术

在焊接过程中,有时会误将一些导线、元器件等焊接在不应焊接的点上。在调试、例行试验或检验过程中,尤其是在产品维修过程中,都需要更换元器件和导线,要拆除原焊点。拆焊也叫解焊,同样是焊接工艺中一个重要的工艺手段。在手工拆焊过程中常用的工具有吸锡绳、吸锡筒、吸锡电烙铁等。

1. 拆焊的操作要点

拆焊中最大的困难是容易损害元器件、导线和焊点,在 PCB 上拆焊时容易剥落焊盘及印制导线,造成整个印制电路板报废。所以,拆焊操作时要注意以下三点:

(1) 严格控制加热的温度和时间。因拆焊的加热时间和温度较焊接时要长、要高,所以要严格控制温度和加热时间,以免将元器件烫坏或使焊盘翘起、断裂。宜采用间隔加热法来进行拆焊。

(2) 拆焊时不要用力过猛。在高温状态下,元器件封装的强度都会下降,尤其是塑封器件、陶瓷器件、玻璃端子等,过分的用力拉、摇、扭都会损坏元器件和焊盘。

(3) 吸去拆焊点上的焊料。拆焊前,用吸锡工具吸去焊料,有时可以直接将元器件拔下。即使还有少量锡连接,也可以减少拆焊的时间,减少元器件及印制电路板损坏的可能性。如果在没有吸锡工具的情况下,则可以将印制电路板或能移动的部件倒过来,用电烙铁加热拆焊点,利用重力原理,让焊锡自动流向烙铁头,也能达到部分去锡的目的。

2. PCB 上元器件的拆焊方法

(1) 分点拆焊法。即先拆除一端焊接点上的引线,再拆除另一端焊接点上的引线,最后将器件拔出的方法。对卧式安装的阻容元器件,两个焊接点距离较远,可采用电烙铁分点加热,逐点拔出,如图 3 - 16 所示。如果引线是折弯的,则应用烙铁头撬直后再行拆除。

(2) 集中拆焊法。如晶体管以及直立安装的阻容元器件,焊接点距离较近,可用电烙铁同时快速交替加热几个焊接点,待焊锡熔化后一次拔出器件,如图 3 - 17 所示。对多接

点的元器件,如开关、插头座、集成电路等可用专用烙铁头同时对准各个焊接点,一次加
热取下。

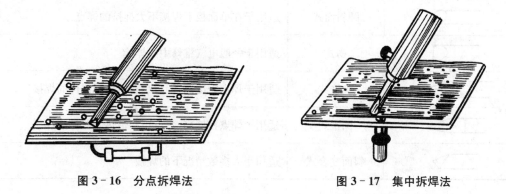

图 3-16　分点拆焊法　　　　　　　　　图 3-17　集中拆焊法

3. 一般焊接点的拆焊方法

(1) 保留拆焊法。对需要保留元器件引线和导线端头的拆焊,要求比较严格,也比较麻烦,可用吸锡工具先吸去被拆焊接点外面的焊锡。如果是钩焊,则应先用烙铁头撬起引线,抽出引线;如果是绕焊,则要弄清楚原来的绕向,在烙铁头加热下,用镊子夹住线头逆绕退出,再调直待用。

(2) 剪断拆焊法。被拆焊点上的元器件引线及导线如留有重焊余量,或确定元器件已损坏,则可沿着焊接点根部剪断引线,再用上述方法去掉线头。

3.3.7　技能实训 4——PCB 手工焊接

1. 实训目的

(1) 了解电烙铁的结构、手工焊接姿势。

(2) 熟悉手工焊接步骤、要领、焊点标准。

(3) 学会烙铁头的选用与上锡方法。

(4) 掌握 PCB 的手工焊接技能及拆焊技术。

2. 实训设备与器材准备

(1) 电烙铁与锉刀

(2) 焊锡丝与松香若干

(3) 焊接 PCB 板 1 块

(4) 有引脚的电阻器若干

(5) 镀银线(或漆包线)若干

3. 实训步骤与报告

(1) 烙铁头的选择

焊点质量的好坏不但取决于焊接要领,而且还与烙铁头的选择有关,因为不同的烙铁头适用于不同的场合。烙铁头的形状与适用范围如表 3-6 所示。

表 3 - 6　烙铁头的形状与适用范围

形状	名称	适用范围
	圆斜面式	适用于在单面板上焊接不太拥挤的焊点
	凿式	适用于一般电气维修中的焊接
	尖锥式	适用于焊点密度高、焊点小和怕热元器件的焊接
	圆锥式	适用于焊点密度高、焊点小和怕热元器件的焊接
	斜面复合式	适用于大多数情况下的焊接

（2）烙铁头的处理与镀锡

① 新烙铁头的处理与上锡方法如下：

（a）锉斜面。用锉刀将烙铁头的斜面锉出铜的颜色，斜面角度应在 30～45°之间（注意：只能锉烙铁头的斜面，而不能锉烙铁头的周围）。

（b）通电加热。电烙铁通电加热的同时，将烙铁头的斜面接触松香。

（c）涂助焊剂。随着电烙铁的温度逐渐升高，熔化的松香便涂在烙铁头的斜面上。

（d）上焊料。等温度尚未增加到熔化焊料时，迅速将焊锡丝接触烙铁头的斜面，一定时间后，焊锡丝被熔化，在斜面涂满焊料。

（e）继续加热。再继续加热，使焊料扩散到烙铁头内部。

（f）电烙铁的烙铁头的处理与上锡完毕。

② 对于周围均已布满焊料的烙铁头，如果不加以处理，必将带来不合格焊点，其处理与上锡方法如下：

（a）断电冷却。拔下电源插头，让烙铁头冷却。

（b）锉斜面与周围。用锉刀将烙铁头斜面及周围有焊锡的地方锉出铜的颜色。

（c）通电加热。电烙铁通电加热，使整个烙铁头全部氧化，即变成黑色。

（d）断电冷却。拔下电源插头，让烙铁头冷却。

（e）完成"新烙铁头的处理与上锡"的步骤。

（3）焊锡量的掌握训练

如图 3 - 18 所示。

① 准备一个木制松香盒、一些去头的小圆钉和若干镀银线（或漆包线）。

② 在松香盒四周将小圆钉钉入少许，将镀银线镀上焊锡。

③ 将镀银线缠绕在小圆钉上，构成交叉的"＋"字网。

④ 在交叉的"＋"字网处进行焊接练习。

⑤ 每个交叉点都焊满之后，取下镀银线，

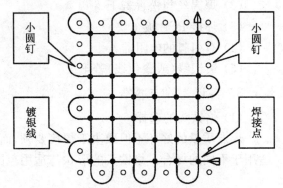

图 3 - 18　焊锡量的掌握训练示意图

清理多余焊锡,再编织,最后焊接。

（4）PCB 焊点成形训练

① 准备一块有焊盘的 PCB,若干有引脚的电阻器;

② 将电阻器的引脚插入焊盘中,居中;

③ 进行焊接;

④ 焊接完毕后,进行拆焊操作;

⑤ 清洁焊盘,重新练习。

（5）手工拆焊训练

① 一手拿镊子,一手拿电烙铁;

② 电烙铁加热拆卸焊点,镊子夹住元器件引脚往外拉;

③ 用电烙铁带走焊点上多余的焊锡;

④ 清洁焊盘。

（6）PCB 手工焊接评价报告（表 3-7）

表 3-7 PCB 手工焊接评价报告

材料准备	1 块 PCB、15 只有引脚的电阻器
焊接时间	20 分钟
焊点总数	30 个
焊接总分	30 分
不合格焊点原因	(1) 焊锡量方面;(2) 焊点成形方面;(3) 焊点基本要求方面
焊接评分要求	一个焊点合格得 1 分,不合格不得分
合格焊点数目	

3.4 浸焊和波峰焊

随着电子技术的发展,手工焊接在提高焊接效率和高可靠性方面已不能满足要求。目前,在工业中广泛采用浸焊和波峰焊两种焊接技术。

3.4.1 浸焊

浸焊是将插装好元器件的印制电路板浸入有熔融状态焊料的锡槽内,一次完成印制电路板上多个焊接点的焊接。浸焊与手工焊接相比,生产效率高、操作简单,适用于批量生产。

浸焊有手工浸焊和机器自动浸焊两种形式。

1. 手工浸焊

手工浸焊是由操作者手持夹具将需焊接的已插装好元器件的 PCB 浸入锡槽内来完成的,其工艺流程如图 3-19 所示。

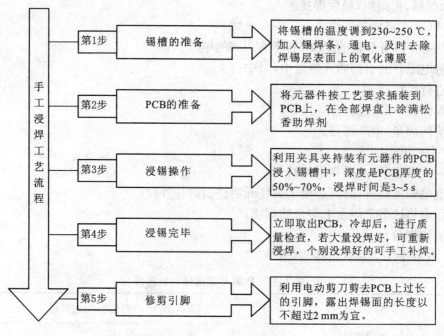

图 3-19 手工浸焊工艺流程

2. 自动浸焊

（1）自动浸焊工艺流程

除手工浸焊外，还可以使用机器设备浸焊，如图 3-20 所示。将插装好元器件的印制电路板用专用夹具安置在传送带上。印制电路板先经过泡沫助焊剂槽被喷上助焊剂，加热器将助焊剂烘干，然后经过熔化的锡槽进行浸焊，待锡冷却凝固后再送到切头机剪去过长的引脚。

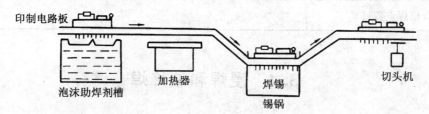

图 3-20 自动浸焊的一般工艺流程

（2）自动浸焊设备

① 带振动头的自动浸焊设备。一般自动浸焊设备上都带有振动头，它安装在安置印制电路板的专用夹具上。印制电路板由传动机构导入锡槽，浸锡 2～3 s，开启振动头 2～3 s 使焊锡深入焊接点内部，尤其对双面印制电路板效果更好，并可振掉多余的焊锡。

② 超声波浸焊设备。超声波浸焊设备是利用超声波来增强浸焊的效果，增加焊锡的渗透性，使焊接更可靠。此设备增加了超声波发生器、换能器等部分，因此比一般设备复杂一些。

3.4.2 波峰焊

波峰焊是目前应用最广泛的自动化焊接工艺。与自动浸焊相比较，其最大的特点是锡槽内的锡不是静止的,熔化的焊锡在机械泵(或电磁泵)的作用下由喷嘴源源不断流出而形成波峰,波峰焊的名称由此而来。波峰即顶部的锡无丝毫氧化物和污染物,在传动机构移动过程中,印制电路板分段、局部与波峰接触焊接,避免了浸焊工艺存在的缺点,使焊接质量可以得到保证。

1. 波峰焊的工艺流程

图 3-21 为波峰焊工艺流程。波峰焊焊接点的合格率可达 99.97% 以上,在现代工厂企业中它已取代了大部分的传统焊接工艺。

图 3-21　波峰焊工艺流程

2. 波峰焊接机的组成

波峰焊接机通常由波峰发生器、传输装置、涂覆助焊剂装置、预热装置、冷却装置等基本部分组成,其他部分包括风刀、油搅拌和惰性气体氮等。波峰焊接机的示意图如 3-22 所示。

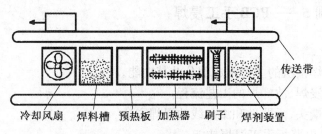

图 3-22　波峰焊接机示意图

主要部分功能如下:

(1) 泡沫助焊剂发生槽。由塑料或不锈钢制成的槽缸,内装一根微孔型发泡瓷管或塑料管,槽内盛有助焊剂。当发泡管接通压缩空气时,助焊剂即从微孔内喷出细小的泡沫,喷射到印制电路板覆铜的一面,如图 3-23 所示。为使助焊剂喷涂均匀,微孔的直径一般为 10 μm。

(2) 气刀。由不锈钢管或塑料管制成,上面有一排小孔,同样也可接上压缩空气,向着印制电路板表面喷气,将板面上多余的助焊剂排除,同时把元器件引脚和焊盘"真空"的大气泡吹破,使整个焊面都喷涂上助焊剂,以提高焊接质量。

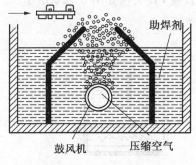

图 3-23　发泡装置示意图

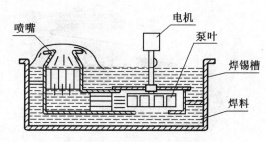

图 3-24　机械泵结构示意图

（3）热风器与预热板。热风器是由不锈钢板制成箱体，内装加热器和风扇；预热板的热源一般是电热丝或红外石英管。热风器与预热板的作用是将印制电路板焊接面上的水淋状助焊剂逐步加热，使其成糊状，增加助焊剂中活性物质的作用，同时也逐步缩小印制电路板和锡槽焊料温差，防止印制电路板变形和助焊剂脱落。

（4）波峰焊锡槽。它是完成印制电路板波峰焊接的主要设备之一。熔化的焊锡在机械泵（或电磁泵）的作用下由喷嘴源源不断喷出而形成波峰，当印制电路板经过波峰时即达到焊接的目的。波峰系统如图 3-24 所示。

3．波峰焊接注意事项

（1）焊接前的检查。焊接前应对设备的运转情况、待焊接印制电路板的质量及插件情况进行检查。

（2）焊接过程中的检查。在焊接过程中应经常注意设备运转，及时清理锡槽表面的氧化物，添加聚苯醚或蓖麻油等防氧化剂，并及时补充焊料。

（3）焊接后的检查。焊接后要逐块检查焊接质量，对少量漏焊、桥连的焊接点，应及时进行手工补焊修整。如出现大量焊接质量问题，要及时找出原因。

3.4.3　技能实训 5——PCB 手工浸焊

1．实训目的

（1）了解波峰焊接机的主要组成部分及其功能。

（2）熟悉手工浸焊、波峰焊的工艺流程。

（3）学会导线端头、元器件和漆包线的浸焊方法。

（4）掌握 PCB 电路板手工浸焊技能。

2．实训设备与器材准备

（1）浸锡锅

（2）焊锡条与松香助焊剂若干

（3）刷子 1 把

（4）元器件与 PCB 若干

（5）镀银线（或漆包线）若干

3．实训主要设备简介

PS-2000 型线路板浸焊机是手工浸焊操作的常用设备，其实物如图 3-25 所示。

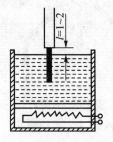

图 3-25　PS-2000 型线路板浸焊机　　　图 3-26　导线端头浸焊示意图

4. 实训步骤与报告

(1) 导线端头的浸焊操作(图 3 - 26)

① 锡锅通电使锅中焊料熔化;

② 将捻好头的导线蘸上助焊剂;

③ 将导线垂直插入锡锅中,并且使浸渍层与绝缘层之间留有 1～2 mm 的间隙,待润湿后取出;

④ 浸锡时间为 1～3 s。

(2) 元器件的浸焊操作(图 3 - 27)

① 将元器件引脚上的氧化膜去除(可用刀片刮除);

② 将引脚涂上松香助焊剂;

③ 将元器件的引脚插入锡锅中 1～3 s;

④ 取出元器件,浸焊完毕。

(3) 漆包线的浸焊操作

① 将漆包线端头的绝缘漆刮除;

② 将漆包线端头涂上松香助焊剂;

③ 将漆包线端头插入锡锅中 1～3 s;

④ 取出漆包线,浸焊完毕。

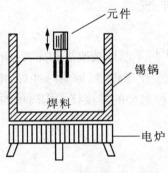

图 3 - 27　元器件浸焊示意图

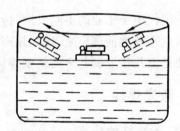

图 3 - 28　PCB 浸焊示意图

(4) PCB 电路板的浸焊操作(图 3 - 28)

① 将元器件插入 PCB 中,浸渍松香助焊剂;

② 用夹具夹住 PCB 的边缘,与锡锅内的焊锡液成 30～45°的倾角进入焊锡液;

③ 当 PCB 完全进入锡锅中后,应与锡液保持平行,浸入深度以 PCB 厚度的 50%～70% 为宜,浸锡的时间约为 3～5 s;

④ 浸焊完成后,仍按原浸入角度缓慢取出;

⑤ 冷却并检查焊接质量。

(5) PCB 电路板手工浸焊评价报告(表 3 - 8)

表 3-8 PCB 手工浸焊评价报告

材料准备	1 块 PCB、15 只有引脚的电阻器
浸焊时间	3～5 s
焊点总数	30 个
浸焊总分	30 分
不合格焊点原因	(1) 焊锡量方面；(2) 焊点成形方面；(3) 焊点基本要求方面
浸焊评分要求	一个焊点合格得 1 分，不合格不得分
合格焊点数目	

5. 浸焊操作注意事项

(1) 为防止焊锡槽中的高温损坏不耐高温的元器件和半开放性元器件，必须事前用耐高温胶带贴封这些元器件。

(2) 对未安装元器件的安装孔也需贴上胶带，以避免焊锡填入孔中。

(3) 操作者必须戴上防护眼镜、手套，穿上围裙。

(4) 高温焊锡表面极易氧化，必须经常清理，以免造成焊接缺陷。

3.5 新型焊接

随着现代电子工业的不断发展，传统的焊接技术将不断地被改进和完善，新的高效率的焊接技术也不断地涌现出来，比如超声波焊、热超声金丝球焊、机械热脉冲焊、电子束焊、激光焊等便是近几年发展起来的新型焊接。下面对几种典型的焊接技术作简单的说明。

3.5.1 激光焊接

1. 激光焊接的优点

激光是 20 世纪最伟大的发明之一，世界上第一台激光器问世于 1960 年，激光焊接是当今先进的制造技术之一。激光焊是利用以聚焦的激光束作为能源轰击焊件接缝所产生的能量进行焊接的方法。与常规焊接方法相比，激光焊有如下优点：

(1) 能量集中，加热速度快，热影响区窄，焊接应力和变形小，易于实现深熔焊和高速焊，特别适于精密焊接和微细焊接。

(2) 可焊接材料种类范围大，适宜于焊接一般焊接方法难以焊接的材料，如难熔金属、热敏感性强的金属，甚至可用于非金属材料的焊接，如陶瓷、有机玻璃等。

(3) 可达性好，可借助反射镜使光束达到一般焊接方法无法施焊的部位。

(4) 可穿过透明介质对密闭容器内的工件进行焊接，如可用于置于玻璃密封容器内的铍合金等剧毒材料的焊接。

(5) 激光束不受电磁干扰，不存在 X 射线防护问题，也不需要真空保护。

(6) 作用时间短，焊接过程中无气体保护，对焊接质量的影响不大。

2. 激光焊接的缺点

(1) 焊件需使用装卡工具时,必须确保焊件的最终位置与激光束将冲击的焊点对准。

(2) 高反射性及高导热性材料如铝、铜及其合金等,焊接性会受激光所改变。

(3) 能量转换率太低,通常低于 10%。

(4) 焊道快速凝固,可能有气孔及脆化的顾虑。

(5) 设备昂贵。

3. 激光焊的应用

自 20 世纪 60 年代美国采用红宝石激光器在钻石上打孔以来,激光加工技术经过几十年的发展,已成为现代工业生产中的一项常用技术。20 世纪 70 年代,高功率 CO_2 激光器的出现,开辟了激光应用于焊接的新纪元。近年来,激光焊在车辆制造、钢铁、能源、宇航、电子等行业得到了日益广泛的应用。实践证明,采用激光焊,不仅生产率高于传统的焊接方法,而且焊接质量也得到了显著的提高。

3.5.2　电子束焊接

电子束焊是利用加速和聚集的高速电子流轰击焊件接口处,产生高热能使金属熔合的焊接方法。

1. 电子束焊的分类

按被焊件所处的环境的真空度分为三类:

(1) 高真空电子束焊。真空条件好,可以有效地保护熔池,适用于核燃料储存构件、飞机、火箭燃料冷系统的容器及密封真空系统部件等焊接。

(2) 低真空电子束焊。电子束流密度和功率密度高,适用于生产线上大批量零件的焊接。

(3) 非真空电子束焊。熔深可达 30 mm,不需要真空环境,适用于焊接大型结构件。

2. 电子束焊的优点

(1) 电子束穿透能力强,焊缝深宽比大。

(2) 焊接速度快,热影响区小,焊接变形小。

(3) 焊缝纯度高,接头质量好。

(4) 规范参数调节范围广,工艺适应性强。电子束焊的焊接参数可独立地在很宽的范围内调节,电子束在真空中可以传到较远的位置上进行焊接,因而也可以焊接难以接近部位的接缝,对焊接结构具有广泛的适应性。

(5) 可焊材料多。电子束焊不仅能焊接金属和异种金属材料的接头,也可焊非金属材料,如陶瓷、石英玻璃等。

3. 电子束焊的缺点

(1) 设备比较复杂,投资大,费用较高。

(2) 电子束焊要求接头位置准确,间隙小而且均匀,因此焊接前对接头加工、装配要求严格。

(3) 真空电子束焊接时,被焊元件尺寸和形状常常受到工作室的限制。

（4）电子束易受杂散电磁场的干扰，影响焊接质量。

（5）电子束焊接时产生 X 射线，操作人员需要严加防护。

4．电子束焊的适用范围

由于电子束焊具有焊接深度大、焊缝性能好、焊接变形小、焊接精度高、生产率高的特点，能够焊接难熔合金和难焊材料，因此在航空、航天、汽车、压力容器、电力及电子等工业领域中得到了广泛的应用。目前，电子束焊可应用于下述材料和结构：

（1）可焊接的材料

在真空室内进行电子束焊时，除含有大量的高蒸气压元素的材料外，一般熔焊能焊的金属，都可以采用电子束焊，如铁、铜、镍、铝、钛及其合金等；此外，还能焊接稀有金属、活性金属、难熔金属和非金属陶瓷等；可以焊接熔点、热导率、溶解度相差很大的异种金属；可以焊接热处理强化或冷作硬化的材料，接头的力学性能不会发生变化。

（2）焊件的结构形状和尺寸

可焊接材料的厚度与电子束的加速电压和功率有关，可以单道焊接厚度超过 100 mm 的碳钢，或厚度超过 400 mm 的铝板，不需开坡口和填充金属；焊薄件的厚度可小于 2.5 mm，甚至薄到 0.025 mm；也可焊厚薄相差悬殊的焊件。

3.5.3　超声波焊接

超声波焊接是利用超声波的高频振荡能量对焊件进行局部加热和表面清理，然后施加压力实现焊接的方法。

超声波焊接的特点及应用如下：

（1）适用于焊接高导热率及高导电率的材料。

（2）属于固相焊接，不会引起高温损伤，适用于焊接半导体硅片与金属细丝。

（3）焊接温度低，耗能小，残余应力与变形小。

（4）对焊件接触面的清理要求不高，只需去除油污，一般不需清理氧化膜。

（5）可以进行异种金属焊接、金属与非金属焊接、非金属之间的焊接等。

习　题

1．常用焊料有哪些？

2．常用助焊剂的种类有哪些？电子产品焊接中常用哪些助焊剂？

3．电烙铁有哪些常见种类？它们有何特点？

4．如何对电烙铁进行测试与维修？

5．怎样对接线板进行测试与维修？

6．焊接工艺的基本条件是什么？

7．焊接工艺过程有哪些？

8．手工焊接有哪些步骤？

9．手工焊接应掌握哪些要领？

10．合格焊点有哪些基本要求？

11. 怎样对电烙铁的烙铁头进行处理与镀锡？
12. 手工拆焊操作要点是什么？
13. 请画出自动浸焊的工艺流程。
14. 请画出波峰焊工艺流程。

项目4　常用调试与检测仪器的使用

项目要求
- 掌握万用表、函数信号发生器、示波器等常用仪器的使用方法
- 掌握直流稳压电源的使用方法
- 掌握其他仪器和设备的使用方法

4.1　万用表

万用表是一种多功能、多量程的测量仪表。一般万用表可测量直流电流、直流电压，交流电流、交流电压、电阻和音频电平等，有的还可以测电容量、电感量及半导体的一些参数（如 β 等。万用表按显示方式分为模拟（指针）万用表和数字万用表，如图4-1,4-2所示。

图4-1　模拟万用表

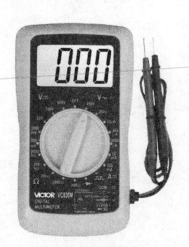

图4-2　数字万用表

4.1.1　模拟万用表

1. 模拟万用表面板结构

模拟万用表面板结构如图4-3所示。

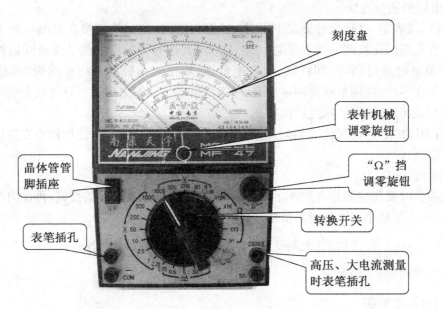

图 4 - 3　模拟万用表面板结构

2．模拟万用表刻度线功能及特点

（1）欧姆刻度线，测电阻时读数使用，最右端为"0"，最左端为"∞"，刻度不均匀。

（2）交直流电压、电流刻度线，测交、直流电压，电流值读数使用，最左端为"0"，最右端下方标有三组数，它们的最大值分别为 250，50 和 10，刻度均匀。

（3）交流 10 V 挡专用刻度线，交流 10 V 量程挡的专用读数标尺。

（4）测三极管放大倍数专用刻度线，放大倍数测量范围 0～300，刻度均匀。

（5）电容量读数刻度线，电容量测量范围 0.001～0.3 μF，刻度不均匀。

（6）电感量读数刻度线，电感量测量范围 20～1 000 H，刻度不均匀。

（7）音频电平读数刻度线，音频电平测量范围 -10～+22 dB，刻度不均匀。

3．模拟万用表的使用

（1）电流的测量方法

插好红、黑表笔，将转换开关置于直流量程范围，测试表笔串入被测电路中。万用表在接入电路之前要先在电流挡范围内选择好量程，注意所选量程要大于被测值，防止电流过大烧坏万用表。串接的时候要注意电流要由红表笔流入万用表，由黑表笔流出万用表，如果接反了，万用表的指针会向反方向摆动，严重时还会损坏万用表。

当万用表在电路中接好以后，要等待指针稳定后才可读数。

（2）电压的测量方法

插好红、黑表笔，将转换开关置于直流或交流量程范围，测试笔并入被测电路中。注意：红表笔接高电位端，黑表笔接低电位端。测量直流电路部分电压时，要选择直流电压挡，所选量程要大于被测值，并且要在电路接好、指针稳定后才可读数。

（3）电阻的测量方法

插好红、黑表笔，将转换开关置于所需"Ω"量程范围，测试笔跨接在被测电阻上。在测量电阻前首先要保证被测电阻不带电，并且不得与其他导体并联。测量前或欧姆挡切换量程后都必须及时进行调零，即将红、黑表笔短接，短接时指针应该指在欧姆"0"位置（"右零"）。若不在零位，应调节欧姆调零旋钮，使指针指零。调零之后就可以将两个表笔与被测电阻的两端相接触，待指针稳定后读数。

注意：因为"Ω"标度尺为非均匀刻度，所以为保证测量精度，应使指针指在"Ω"标度尺中心标度附近。

（4）读数方法

读取数据时要先按照量程选择正确的标度尺，然后读出大刻度的数值，再读出小刻度的数值，最后对不足最小刻度的指示值估读，即

$$读数＝（大刻度值＋小刻度值＋估读值）×倍率$$

其中倍率＝量程/最大刻度值。

4.1.2　数字万用表

1. 数字万用表的使用

操作时首先将 ON—OFF 开关置于 ON 位置。检查 9 V 电池，如果电压不足，需更换电池。

（1）直流电压（DCV）测量

将量程转换开关置于 DCV 范围，并选择量程，其量程分为五挡：200 mV，2 V，20 V，200 V 和 1 000 V。测量时，将黑表笔插入 COM 插孔，红表笔插入 V/Ω 插孔，测量时若显示器上显示"1"，表示过量程，应重新选择量程。

（2）交流电压（ACV）测量

将量程转换开关置于 ACV 范围，并选择量程，其量程分为五挡：200 mV，2 V，20 V，200 V 和 700 V。测量时，将黑表笔插入 COM 插孔，红表笔插入 V/Ω 插孔。测量时不允许超过额定值，以免损坏内部电路。显示值为交流电压的有效值。

（3）直流电流（DCA）测量

将量程转换开关转到 DCA 位置，并选择量程，其量程分为四挡：2 mA，20 mA，200 mA 和 10 A。测量时，将黑表笔插入 COM 插孔，当测量最大值为 200 mA 时，红表笔插入 mA 插孔；当测量最大值为 20 A 时，红表笔插入 A 插孔。注意：测量电流时，应将万用表串入被测电路。

（4）交流电流（ACA）测量

将量程转换开关转到 ACA 位置，选择量程，其量程分为四挡：2 mA，20 mA，200 mA，10 A。测量时，将测试表笔串入被测电路，黑表笔插入 COM 插孔，当测量最大值为 200 mA 时，红表笔插入 mA 插孔；当测量最大值为 20 A 时，红表笔插入 A 插孔。显示值为交流电压的有效值。

（5）电阻测量

电阻挡量程分为七挡：$200\ \Omega, 2\ k\Omega, 20\ k\Omega, 200\ k\Omega, 2\ M\Omega, 20\ M\Omega, 200\ M\Omega$。测量时，将量程转换开关置于 Ω 量程，将黑表笔插入 COM 插孔，红表笔插入 V/Ω 插孔。注意：在电路中测量电阻时，应切断电源。

（6）电容测量

电容挡量程分为五挡：$2\ 000\ pF, 20\ nF, 200\ nF, 2\ \mu F, 20\ \mu F$。测量时，将量程转换开关置于 CAP 处，将被测电容插入电容插座中，注意：不能利用表笔测量。测量容量较大的电容时，稳定读数需要一定的时间。

（7）二极管测试及带蜂鸣器的连续性测试

测试二极管时，只需将量程转换开关转换到二极管的测试端，显示器显示二极管的正向压降近似值。

（8）晶体管 h_{FE} 的测试

将量程转换开关置于 h_{FE} 量程，确定 NPN 或 PNP，将 e、b、c 分别插入相应插孔。

（9）音频频率测量

音频频率测量分为两挡：2 和 20 kHz。测量时，将量程转换开关置于 kHz 量程，黑表笔插入 COM 插孔，红表笔插入 $V/\Omega/f$ 插孔，将测试笔连接到频率源上，直接在显示器上读取频率值。

（10）温度测试

温度测试分为三挡：$-20\sim0^\circ$、$0\sim400^\circ$、$400\sim1\ 000^\circ$。测试时，将热电偶传感器的冷端插入温度测试座中，热电偶的工作端置于待测物上面或内部，可直接从显示器上读取温度值。

2．使用注意事项

（1）测量电流时应将表笔串接在被测电路中，测量电压时应将表笔并接在被测电路中。不能测量高于 1 000 V 的直流电压和高于 700 V 的交流电压。

（2）测量高电压时要注意，避免发生触电事故。

（3）测量电流时，若显示器显示"1"，表示过量程，量程转换开关应及时置于更高量程。

（4）更换电池或保险管时，应检查确保测试表笔已从电路中断开，以避免发生电击事故。

4.2　函数信号发生器

函数信号发生器是一种多波形信号源，它能产生某种特定的周期性时间函数波形，也称为波形发生器。工作频率从几毫赫兹到十兆赫兹，一般能产生正弦波、方波和三角波，有的还可以产生锯齿波、矩形波（宽度和重复周期可调）、正负尖脉冲等波形。

它能进行调频，因而可成为低频扫频信号源。函数信号发生器能在生产、测试、仪器维修和实验时作信号源使用。函数信号发生器如图 4-4 所示。

图 4-4　函数信号发生器

4.2.1　函数信号发生器的分类

1. 通用和专用信号发生器

(1) 通用信号发生器：正弦信号发生器、脉冲信号发生器、函数信号发生器等。

(2) 专用信号发生器：电视信号发生器、编码信号发生器等。

2. 按产生信号的频段分类

(1) 超低频信号发生器(0.0001～1 kHz)。

(2) 低频信号发生器(1 Hz～20 kHz 或 1 MHz 范围内，音频信号发生器为 20 Hz ～20 kHz)。

(3) 视频信号发生器(20 Hz～10 MHz)。

(4) 高频信号发生器(200 kHz～30 MHz)。

(5) 甚高频信号发生器(30～300 MHz，相当于米波波段)。

(6) 超高频信号发生器(300 MHz 以上，相当于分米波、厘米波)。

4.2.2　函数信号发生器 YB1600 系列

YB1600 系列函数信号发生器是一种新型高精度信号源，具有数字频率计、计数器、电压显示及各端口保护功能，有效防止了输出短路和外电路电流的倒灌对仪器的损坏，大大提高了整机的可靠性。广泛适用于教学、电子实验、科研开发、邮电通信、电子仪器测量等领域。

1. 主要特点

(1) 频率计和计数器功能(5 位 LED 显示)。

(2) 输出电压指示(3 位 LED 显示)。

(3) 轻触开关、面板功能指示、直观方便。

(4) 采用金属外壳，具有优良的电磁兼容性。

(5) 内置线性/对数扫频功能。

(6) 数字微调频率功能,使测量更精确。

(7) 50 Hz 正弦波输出,便于教学实验。

(8) 外接调频功能。

(9) V_{CF} 压控输入。

(10) 所有端口有短路和抗输入电压保护功能。

2. 幅度显示

(1) 显示位数:三位。

(2) 显示单位:V_{p-p} 或 mV_{p-p}。

(3) 显示误差:±15%±1 个字。

(4) 负载为 1 MΩ 时,直读。

(5) 负载电阻为 50 Ω 时,直读÷2。

(6) 分辨率:$1\ mV_{p-p}$(40 dB)。

3. 电源

(1) 电压:220±10%V。

(2) 频率:50±5%Hz。

(3) 视载功率:约 10 W。

(4) 电源保险丝:BGXP-1-0.5 A。

4. 物理特性

(1) 质量:约 3 kg。

(2) 外形尺寸:225 W×10^5 H×285(mm)环境条件。

5. 环境条件

(1) 工作温度:0~40 ℃。

(2) 储存温度:−40~60 ℃。

(3) 工作湿度上限:90%(40 ℃)。

(4) 储存湿度上限:90%(50 ℃)。

(5) 其他要求:避免频繁振动和冲击,周围空气无酸、碱、盐等腐蚀性气体。

4.2.3　面板说明

YB1600 系列函数信号发生器前面板和后面板如图 4-5,4-6 所示。

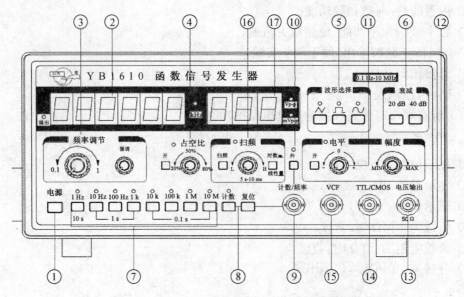

图 4-5　　YB1600 系列函数信号发生器前面板

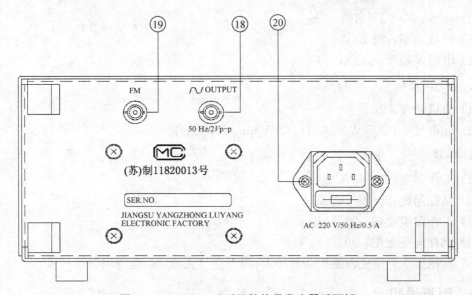

图 4-6　　YB1600 系列函数信号发生器后面板

1. 电源开关（POWER）

将电源开关按键弹出即为"关"位置，将电源线接入，按电源开关，接通电源。

2. LED 显示窗口

此窗口指示输出信号的频率，当"外测"开关按入，显示外测信号的频率。如超出测量范围，溢出指示灯亮。

3. 频率调节旋钮（FREQUENCY）

调节此旋钮改变输出信号频率，顺时针旋转，频率增大，逆时针旋转，频率减小，微调旋钮可以微调频率。

4. 占空比（DUTY）

占空比开关，占空比调节旋钮，将占空比开关按入，占空比指示灯亮，调节占空比旋钮，可改变波形的占空比。

5. 波形选择开关（WAVE　FORM）

按对应波形的某一键，可选择需要的波形。

6. 衰减开关（ATTE）

电压输出衰减开关，二挡开关组合为 20,40 和 60 dB。

7. 频率范围选择开关（并兼频率计闸门开关）

根据所需要的频率，按其中一键。

8. 计数、复位开关

按计数键，LED 显示开始计数，按复位键，LED 显示全为 0。

9. 计数/频率端口

计数、外测频率输入端口。

10. 外测频开关

此开关按入，LED 显示窗显示外测信号频率或计数值。

11. 电平调节

按入电平调节开关，电平指示灯亮，此时调节电平调节旋钮，可改变直流偏置电平。

12. 幅度调节旋钮（AMPLITUDE）

顺时针调节此旋钮，增大电压输出幅度；逆时针调节此旋钮，减小电压输出幅度。

13. 电压输出端口（VOLTAGE OUT）

电压由此端口输出。

14. TTL/CMOS 输出端口

由此端口输出 TTL/CMOS 信号。

15. V_{CF}

由此端口输入电压控制频率变化。

16. 扫频

按入扫频开关，电压输出端口输出信号为扫频信号，调节速率旋钮，可改变扫频速率，改变线性/对数开关可产生线性扫频和对数扫频。

17. 电压输出指示

3 位 LED 显示输出电压值，输出接 50 Ω 负载时应将读数除以 2。

18. 50 Hz 正弦波输出端口

50 Hz 约 $2 V_{p-p}$ 正弦波由此端口输出。

19. 调频（FM）输入端口

外调频波由此端口输入。

20. 交流电源 220 V 输入插座

4.2.4　基本操作方法

打开电源开关之前,首先检查输入的电压,将电源线插入后面板上的电源插孔,如表 4-1所示设定各个控制键。

表 4-1　各个控制键的设定

电源(POWER)	电源开关键弹出
衰减开关(ATTE)	弹出
外测频(COUNTER)	外测频开关弹出
电平	电平开关弹出
扫频	扫频开关弹出
占空比	占空比开关弹出

所有的控制键如表 4-1设定后,打开电源。函数信号发生器默认 10 k 挡正弦波,LED显示窗口显示本机输出信号频率。

1. 电压输出信号

将电压输出信号由幅度(VOLTAGE OUT)端口通过连接线送入示波器 Y 输入端口,如图 4-7所示。

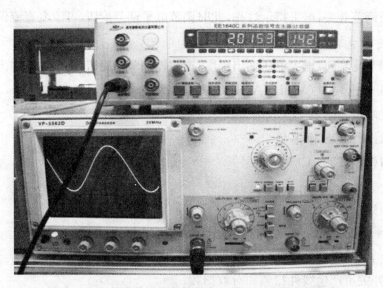

图 4-7　用信号线把函数信号发生器和示波器连接起来

2. 三角波、方波、正弦波产生

(1) 将波形选择开关(WAVE FORM)分别按正弦波、方波、三角波,此时示波器屏幕上将分别显示正弦波、方波、三角波。

(2) 改变频率选择开关,示波器显示的波形以及 LED 窗口显示的频率将发生明显变化。

(3) 幅度旋钮(AMPLITUDE)顺时针旋转至最大,示波器显示的波形幅度将≥20 V_{P-P}。

(4) 将电平开关按入,顺时针旋转电平旋钮至最大,示波器波形向上移动,逆时针旋转,示波器波形向下移动,最大变化量±10 V。注意:信号超过±10 V 或±5 V(50 Ω)时被限幅。

(5) 按下衰减开关,输出波形将被衰减。

3. 计数、复位

(1) 按复位键,LED 显示全为 0。

(2) 按计数键、计数/频率,输入端输入信号时,LED 显示开始计数。

4. 斜波产生

(1) 波形开关置"三角波"。

(2) 占空比开关按入指示灯亮。

(3) 调节占空比旋钮,三角波将变成斜波。

5. 外测频率

(1) 按入外测开关,外测频指示灯亮。

(2) 外测信号由计数/频率输入端输入。

(3) 选择适当的频率范围,由高量程向低量程选择合适的有效数,确保测量精度(注意:当有溢出指示时,请提高一挡量程)。

6. TTL 输出

(1) TTL/CMOS 端口接示波器 Y 轴输入端(DC 输入)。

(2) 示波器将显示方波或脉冲波,该输出端可作 TTL/CMOS 数字电路实验时钟信号源。

7. 扫频(SCAN)

(1) 按入扫频开关,此时幅度输出端口输出的信号为扫频信号。

(2) 线性/对数开关,在扫频状态下弹出时为线性扫频,按入时为对数扫频。

(3) 调节扫频旋钮,可改变扫频速率,顺时针调节,增大扫频速率,逆时针调节,减慢扫频速率。

8. V_{CF}(压控调频)

由 V_{CF} 输入端口输入 0～5 V 的调制信号。此时,幅度输出端口输出为压控信号。

9. 调频(FM)

由 FM 输入端口输入电压为 10 Hz～20 kHz 的调制信号,此时,幅度输出端口输出为调频信号。

10. 50 Hz 正弦波

由交流 OUTPUT 输出端口输出 50 Hz 约 2 V_{p-p} 的正弦波。

4.2.5　使用注意事项

(1) 工作环境和电源应满足指定要求。

(2) 初次使用本机或久储后再用,建议放置通风和干燥处几小时后通电 1～2 小时再用。

(3) 为获高质量小信号(mV 级),可暂将外置开关置于"外",以降低数字信号的波形干扰。

(4) 外测频时,请先选择高量程挡,然后根据量程选择合适的量程,确保测量精度。

　（5）电压幅度输出、TTL/COMS 输出要尽可能避免长时间短路或电流倒灌。

　（6）各输入端口输入电压请不要高于 35 V。

　（7）为了观察准确的函数波形，示波器带宽应高于该仪器上限频率的两倍。

　（8）如仪器不能正常工作，重新开机检查操作步骤。

4.3　示波器

　　示波器是一种用途十分广泛的电子测量仪器，显示被测量的瞬时值轨迹变化情况。它能把肉眼看不见的电信号变换成看得见的图像，便于人们研究各种电现象的变化过程。示波器利用狭窄的、由高速电子组成的电子束，打在涂有荧光物质的屏面上，就可产生细小的光点。在被测信号的作用下，电子束就好像一支笔的笔尖，可以在屏面上描绘出被测信号的瞬时值的变化曲线。利用示波器能观察各种不同信号幅度随时间变化的波形曲线，还可以用它测试各种不同的电量，如电压、电流、频率、相位差、调幅度等等。

　　示波器种类、型号很多，功能也不同。模拟、数字电路实验中使用较多的是 20 MHz 或者 40 MHz 的双踪示波器。这些示波器用法大同小异，本节针对 V - 252 型号示波器介绍其常用功能。

4.3.1　V - 252 型号示波器面板

　　V - 252 型号示波器面板如图 4 - 8 所示。

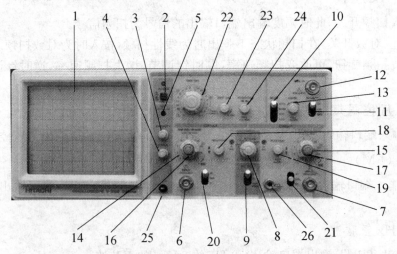

1—荧光屏；2—电源；3—辉度；4—聚焦；5—辉线旋转旋钮；6—通道 1 的垂直放大器信号输入插座；7—通道 2 的垂直放大器信号输入插座；8—垂直轴工作方式选择开关；9—内部触发信号源选择开关；10—扫描方式选择开关；11—触发信号源选择开关；12—外触发信号源输入端子；13—触发电平/触发极性选择开关；14—通道 1 的垂直轴电压灵敏度开关；15—通道 2 的垂直轴电压灵敏度开关；16—通道 1 的可变衰减旋钮/增益×5 开关；17—通道 2 的可变衰减旋钮/增益 ×5 开关；18—通道 1 的垂直位置调整旋钮/直流偏移开关；19—通道 2 的垂直位置调整旋钮/反相开关；20，21—通道 1，2 垂直放大器输入耦合方式切换开关；22—扫描速度切换开关；23—扫描速度可变旋钮；24—水平位置旋钮/扫描扩展开关；25—探头校正信号的输出端子；26—接地端子

图 4 - 8　V - 252 型号示波器面板

4.3.2　电源、示波管部分

1. 荧光屏

荧光屏是示波管的显示部分。屏上水平方向和垂直方向各有多条刻度线,指示出信号波形的电压和时间之间的关系。水平方向指示时间,垂直方向指示电压。水平方向分为 10 格,垂直方向分为 8 格,每格又分为 5 份。垂直方向标有 0%,10%,90%,100% 等标志,水平方向标有 10%,90% 标志,供测直流电平、交流信号幅度、延迟时间等参数使用。根据被测信号在屏幕上占的格数乘以适当的比例常数(V/DIV,TIME/DIV)能得出电压值与时间值。

2. 电源(POWER)

示波器主电源开关位于荧光屏的右上角。当此开关按下时,电源指示灯亮,表示电源接通。

3. 辉度(INTENSITY)

旋转此旋钮能改变光点和扫描线的亮度。顺时针旋转,亮度增大。观察低频信号时可小些,高频信号时大些。以适合自己的亮度为准,一般不应太亮,以保护荧光屏。

4. 聚焦(FOCUS)

聚焦旋钮调节电子束截面大小,将扫描线聚焦成最清晰状态。

5. 辉线旋转旋钮(TRACE ROTATION)

受地磁场的影响,水平辉线可能会与水平刻度线形成夹角,用此旋钮可使辉线旋转,进行校准。

6. 通道 1(CH1)的垂直放大器信号输入插座(CH1 INPUT)

通道 1 垂直放大器信号输入 BNC 插座。当示波器工作于 X-Y 模式时作为 X 信号的输入端。

7. 通道 2(CH2)的垂直放大器信号输入插座(CH2 INPUT)

通道 2 垂直放大器信号输入 BNC 插座。当示波器工作于 X-Y 模式时作为 Y 信号的输入端。

8. 垂直轴工作方式选择开关(MODE)

输入通道有五种选择方式:通道 1(CH1)、通道 2(CH2)、双通道交替显示方式(ALT)、双通道切换显示方式(CHOP)、叠加显示方式(ADD)。

CH1:选择通道 1,示波器仅显示通道 1 的信号。

CH2:选择通道 2,示波器仅显示通道 2 的信号。

ALT:选择双通道交替显示方式,示波器同时显示通道 1 信号和通道 2 信号。两路信号交替地显示。用较高的扫描速度观测 CH1 和 CH2 两路信号时,使用这种显示方式。

CHOP:选择双通道交替显示方式,示波器同时显示通道 1 信号和通道 2 信号。两路信号以约 250 Hz 的频率进行切换,同时显示于屏幕。

ADD:选择两通道叠加方式,示波器显示两通道波形叠加后的波形。

9. 内部触发信号源选择开关(INT TRIG)

当 SOURCE 开关置于 INT 时,用此开关具体选择触发信号源。

CH1:以 CH1 的输入信号作为触发信号源。

CH2:以 CH2 的输入信号作为触发信号源。

VERT MODE:交替地分别以 CH1 和 CH2 两路信号作为触发信号源。观测两个通道的波形时,进行交替扫描的同时,触发信号源也交替地切换到相应的通道上。

10. 扫描方式选择开关(MODE)

扫描有自动(AUTO)、常态(NORM)、视频-行(TV-H)和视频-场(TV-V)四种扫描方式。

自动(AUTO):自动方式,任何情况下都有扫描线。有触发信号时,正常进行同步扫描,波形静止。当无触发信号输入或者触发信号频率低于 50 Hz 时,扫描为自激方式。

常态(NORM):仅在有触发信号时进行扫描。当无触发信号输入时,扫描处于准备状态,没有扫描线。触发信号到来后,触发扫描。观测超低频信号(25 Hz)调整触发电平时,使用这种触发方式。

视频-行(TV-H):用于观测视频-行信号。

视频-场(TV-V):用于观测视频-场信号。

注:视频-行(TV-H)和视频-场(TV-V)两种触发方式仅在视频信号的同步极性为负时才起作用。

11. 触发信号源选择开关(SOURCE)

要使屏幕上显示稳定的波形,则需将被测信号本身或者与被测信号有一定时间关系的触发信号加到触发电路,触发源选择确定触发信号由何处供给。通常有三种触发源:内触发(INT)、电源触发(LINE)、外触发(EXT)。

内触发(INT):内触发使用被测信号作为触发信号,是经常使用的一种触发方式。由于触发信号本身是被测信号的一部分,在屏幕上可以显示出非常稳定的波形。以通道 1(CH1)或通道 2(CH2)的输入信号作为触发信号源。

电源触发(LINE):电源触发使用交流电源频率信号作为触发信号。这种方法在测量与交流电源频率有关的信号时是有效的。特别在测量音频电路、闸流管的低电平交流噪音时更为有效。

外触发(EXT):TRIG INPUT 的输入信号作为触发信号源。外加信号从外触发输入端输入。外触发信号与被测信号间应具有周期性的关系。由于被测信号没有用作触发信号,所以何时开始扫描与被测信号无关。

12. 外触发信号输入端子(TRIG INPUT)

外触发信号的输入端子。

13. 触发电平/触发极性选择开关(LEVEL)

触发电平调节又叫同步调节,它使得扫描与被测信号同步。电平调节旋钮调节触发信号的触发电平,一旦触发信号超过由旋钮设定的触发电平时,扫描即被触发。顺时针旋转旋钮,触发电平上升;逆时针旋转旋钮,触发电平下降。当电平旋钮调到电平锁定位置时,触发电平自动保持在触发信号的幅度之内,不需要电平调节就能产生一个稳定的触发。当信号波形复杂、用电平旋钮不能稳定触发时,用释抑(Hold Off)旋钮调节波形的释抑时间(扫描暂停时间),能使扫描与波形稳定同步。

极性开关用来选择触发信号的极性。拨在"十"位置上时,在信号增加的方向上,当触发信号超过触发电平时就产生触发。拨在"一"位置上时,在信号减少的方向上,当触发信号超过触发电平时就产生触发。触发极性和触发电平共同决定触发信号的触发点。

4.3.3　垂直偏转系统

1. 通道 1(CH1)的垂直轴电压灵敏度开关(VOLTS/DIV)

2. 通道 2(CH2)的垂直轴电压灵敏度开关(VOLTS/DIV)

双踪示波器中每个通道各有一个垂直偏转因数选择波段开关。

在单位输入信号作用下,光点在屏幕上偏移的距离称为偏移灵敏度,这一定义对 X 轴和 Y 轴都适用。灵敏度的倒数称为偏转因数。

垂直灵敏度的单位是为cm/V,cm/mV 或者 DIV/mV,DIV/V,垂直偏转因数的单位是V/cm,mV/cm 或者 V/DIV,mV/DIV。实际上,因习惯用法和测量电压读数的方便,有时也把偏转因数当灵敏度。一般按 1,2,5 方式从 5 mV/DIV 到 5 V/DIV 分为 10 挡。波段开关指示的值代表荧光屏上垂直方向一格(1 cm)的电压值。例如波段开关置于 1 V/DIV 挡时,如果屏幕上信号光点移动一格,则代表输入信号电压变化 1 V。使用 10:1 探头时,请将测量结果进行×10 的换算。

3. 通道 1(CH1)的可变衰减旋钮/增益×5 开关(VAR,PULL×5GAIN)

4. 通道 2(CH2)的可变衰减旋钮/增益×5 开关(VAR,PULL×5GAIN)

每一个电压灵敏度开关上方还有一个小旋钮,微调每挡垂直偏转因数。将它沿顺时针方向旋到底,处于"校准"位置,此时垂直偏转因数值与波段开关所指示的值一致。逆时针旋转此旋钮,能够微调垂直偏转因数。垂直偏转因数微调后,会造成与波段开关的指示值不一致,这点应引起注意。许多示波器具有垂直扩展功能,当微调旋钮被拉出时,垂直灵敏度扩大 5 倍(偏转因数缩小 5 倍),例如,如果波段开关指示的偏转因数是 1 V/DIV,采用×5 扩展状态时,垂直偏转因数是 0.2 V/DIV。

5. 通道 1(CH1)的垂直位置调整旋钮/直流偏移开关(POSITION)

顺时针旋转辉线上升,逆时针旋转辉线下降。

观测大振幅的信号时,拉出此旋钮可对被放大的波形进行观测。通常情况下,应将此旋钮按入。

6. 通道 2(CH2)的垂直位置调整旋钮/反相开关(POSITION)

顺时针旋转辉线上升,逆时针旋转辉线下降。

拉出此旋钮时,CH2 的信号将被反相。便于比较两个极性相反的信号和利用 ADD 叠加功能观测 CH1 与 CH2 的差信号。通常情况下,应将此旋钮按入。

7. 通道 1 和 2(CH1 和 CH2)垂直放大器输入耦合方式切换开关(AC‐GND‐DC)

AC:经电容器耦合,输入信号的直流分量被抑制,只显示其交流分量。

GND：垂直放大器的输入端被接地。

DC：直接耦合，输入信号的直流分量和交流分量同时显示。

4.3.4　水平偏转系统

1. 扫描速度切换开关(TIME/DIV)

扫描速度切换开关通过一个波段开关实现，按 1,2,5 方式把时基分为若干挡。波段开关的指示值代表光点在水平方向移动一个格(1 cm)的时间值，例如在 1 μs/DIV 挡，光点在屏上移动一格代表时间值 1 μs。

2. 扫描速度可变旋钮(SWP VAR)

扫描速度可变旋钮为扫描速度微调，"微调"旋钮用于时基校准和微调。沿顺时针方向旋到底处于校准位置时，屏幕上显示的时基值与波段开关所示的标称值一致。逆时针旋转旋钮，则对时基微调。旋钮拔出后处于扫描扩展状态，通常为×10 扩展，即水平灵敏度扩大10 倍，时基缩小到 1/10，例如在 2 μs/DIV 挡，扫描扩展状态下荧光屏上水平一格(1 cm)代表的时间值等于 2 μs×(1/10)＝0.2 μs。

3. 水平位置旋钮/扫描扩展开关(POSITION)

位移(Position)旋钮调节信号波形在荧光屏上的位置。旋转水平位移旋钮(标有水平双向箭头)左右移动信号波形，旋转垂直位移旋钮(标有垂直双向箭头)上下移动信号波形。

4. 探头校正信号的输出端子(CAL)

示波器内部标准信号，输出 0.5 V/1 Hz 的方波信号。

5. 接地端子(GND)

示波器接地端。

4.3.5　示波器测量步骤

第一步　通电前，将灰度、聚焦电位器和扫描速度及衰减电位器调至最左端。

第二步　打开电源开关，通电预热三至五分钟。

按下电源开关"POWER"，指示灯亮。

第三步　慢慢将灰度旋钮顺时针调至荧光屏上亮点可见，缓慢调节聚焦旋钮，使亮点圆而细。

调节扫描速度旋钮，使亮点变成一条水平亮线。如果出现偏斜，就用小一字螺丝刀轻轻调节扫描水平线校正微调电位器，使之水平。

第四步　示波器方波校正

在示波器的 CH1 或 CH2 端口连上示波器探头，将探头挂在校正信号输出端(CAL)，适当调节扫描速度和衰减旋钮，使屏幕上出现清晰可见的方波。

第五步　测量参数。

1. 电压测量

(1) 直流电压测量步骤

① 将待测信号送至(CH1 或 CH2)输入端；

②　将输入耦合开关(AC - GND - DC)扳至"GND"位置,显示方式置"AUTO";

③　旋转"扫描速度"开关和辉度旋钮,使荧光屏上显示一条亮度适中的时基线;

④　调节示波器的垂直位移旋钮,使得时基线与一水平刻度线重合,此线的位置作为零电平参考基准线;

⑤　把输入耦合开关置于"DC"位置,垂直微调旋钮置"CAL"位置(顺时针到头),此时就可以在荧光屏上按刻度进行读数了:

$$U = 偏转刻度数 \times 偏转灵敏度$$

(2) 交流电压测量步骤

①　将待测信号送至(CH1 或 CH2)输入端;

②　把输入耦合开关置于"AC"位置;

③　调整垂直灵敏度开关(V/DIV)于适当位置,垂直微调旋钮置"CAL"位置(顺时针到头);

④　分别调整水平扫描速度开关和触发同步系统的有关开关,使荧光屏上能显示一个周期以上的稳定波形;

⑤　计算 V_{p-p} 值:

$$U = 峰值偏转刻度数 \times 偏转灵敏度$$

2. 时间测量

时间间隔测量步骤如下:

(1) 将待测信号送至(CH1 或 CH2)输入端。

(2) 调整垂直灵敏度开关(V/DIV)于适当位置,使荧光屏上显示的波形幅度适中。

(3) 选择适当的扫描速度,并将扫描微调至"校准"位置,使被测信号的周期占有较多的格数。

(4) 调整"触发电平"或触发选择开关,显示出清晰、稳定的信号波形。

(5) 记录被测两点间的距离(格数):

$$被测两点时间间隔 = t/DIV \times 格数$$

4.4　直流稳压电源

直流稳压电源是能为负载提供稳定直流电源的电子装置,其供电电源大都是交流电源,当交流供电电源的电压或负载电阻变化时,稳压器的直流输出电压都会保持稳定。

直流稳压电源随着电子设备向高精度、高稳定性和高可靠性的方向发展,对电子设备的供电电源提出了高的要求。集成直流稳压电源如图 4 - 9 所示。

图 4 - 9　集成直流稳压电源

4.4.1 直流稳压电源的组成

对于电网供给的 220 V,50 Hz 交流电,经过变压器降压后,再对其进行处理,使之成为稳定的直流电,通常需要经过三个环节。直流稳压电源结构如图 4-10 所示。

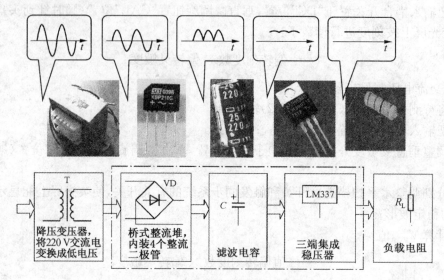

图 4-10 直流稳压电源结构框图

1. 整流

将交流电转换成直流电。

2. 滤波

减小交流分量,使输出电压平滑。

3. 稳压

稳定直流电压。

4.4.2 常用稳压电路及其适用范围

1. 稳压二极管稳压电路

利用稳压二极管可以构成简单的直流稳压电路,但其稳压电路(由于稳压二极管本身的参数确定)是一个固定值,而且一般小功率稳压管的最大稳定电流只有十几毫安至几十毫安,因此不能适应负载较大电流的需要。稳压二极管稳压电路的优点是电路十分简单,安装容易,也可以供要求不高的负载使用。

稳压二极管构成的稳压电路,还常被用来输出基准电压。

2. 三极管稳压电路

三极管在稳压电路中用作功率管,起调整作用。三极管与负载有的是串联连接,有的是并联连接。三极管在起调整作用时,工作在线性区的称为线性电源,工作在开关状态的称为开关电源。线性电源和开关电源是直流稳压电源的两大类别。

串联式线性稳压电源的最主要缺点是变换效率低,一般只有 35%~60%。开关稳压电源主要的优越性就是变换效率高,可高达 70%～95%,缺点是纹波和噪声较大。

3. 晶闸管稳压电路

采用晶闸管作为调整器件所构成的稳压电路,是一种开关式稳压电路,它的控制电路(触发电路与关断电路)和三极管的控制电路不同,采用不同的控制电路,对电源的性能也有一些特殊的影响。

晶闸管的耐压可达几千伏甚至上万伏,电流也可达几百安,因此常被用来制造大容量的稳压电路。

4. 集成稳压电路

集成稳压电路体积小,使用方便,被广泛地用于各种电子设备中,亦可用于高质量稳压电源的前置稳压。

4.4.3　三端固定式集成稳压器

单片集成稳压电源具有体积小、可靠性高、使用灵活、价格低廉等优点。

最简单的集成稳压电源只有输入、输出和公共引出端,故称之为三端集成稳压器。

1. 分类

(1) 输出固定电压

输出正电压(78××),输出负电压(79××),×× 两位数字为输出电压值。

(2) 输出可调电压

1.25～37 V 连续可调。

2. 外形及引脚功能

W7800 和 W7900 系列稳压器外形分别如图 4-11,4-12 所示。

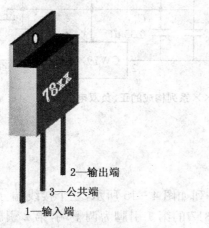

图 4-11　W7800 系列稳压器外形

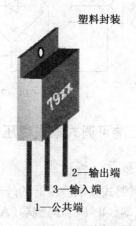

图 4-12　W7900 系列稳压器外形

3. 性能特点(7800 系列)

(1) 输出电流超过 1.5 A(加散热器)。

(2) 不需要外接元件。

(3) 内部有过热保护。

（4）内部有过流保护。

（5）调整管设有安全工作区保护。

（6）输出电压容差为 4%。

4. 输出电压额定值

有 5,6,9,12,15,18 和 24 V 等。

5. 基本电路

三端固定式集成稳压器的基本电路如图 4-13 所示，输出电压和最大电流取决于所选三端稳压器。

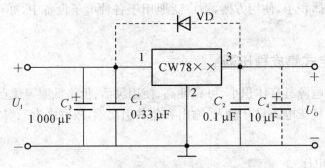

图 4-13 CW78××基本电路

78××和 79××系列构成的正、负双电源如图 4-14 所示。

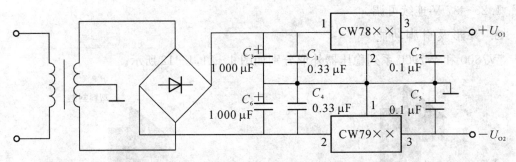

图 4-14 78××和 79××系列构成的正、负双电源

4.4.4 三端可调式集成稳压器

1. 外形及引脚功能

三端可调式集成稳压器的外形与引脚排列如图 4-15 所示，三个接线端分别为输入端（IN）、输出端（OUT）和调整端（ADJ）。CW317 的第 1 引脚为调整端，第 2 引脚为输入端，第 3 引脚为输出端；CW337 的第 1 引脚为调整端，第 2 引脚为输出端，第 3 引脚为输入端。其输出电流可从型号的最后一个字母中看出，其字母含义与 CW78××和 CW79××系列相同。

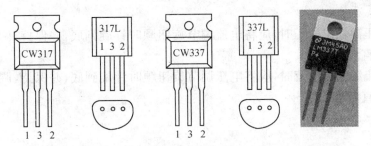

图 4 - 15　三端可调式集成稳压器的外形与引脚排列

2. 基本电路

三端可调式集成稳压器的基本电路如图 4 - 16 所示。

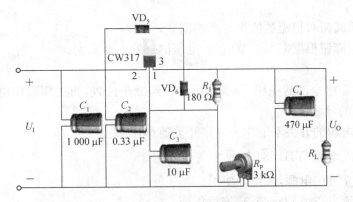

图 4 - 16　三端可调式集成稳压器的基本电路

4.4.5　直流稳压电源 YB1731A

1. YB1731A 的面板

YB1731A 的面板如图 4 - 17 所示。

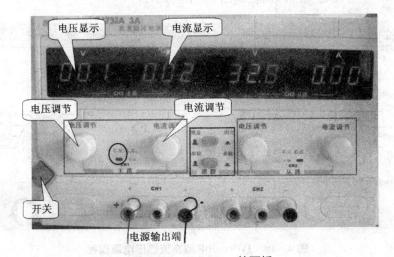

图 4 - 17　YB1731A 的面板

2. 使用方法

（1）作稳压源输出电压时，应将电流调节旋钮顺时针旋到底，并保持，调节电压调节旋钮控制输出的直流电压值。

（2）作稳流源输出电流时，应将电压调节旋钮顺时针旋到底，并保持，调节电流调节旋钮控制输出的直流电流值。

3. 注意事项

（1）开机

① 先将电压调节旋钮旋转到最小位置（一般是逆时针旋转为减小），再将稳流旋钮旋转到最小位置；

② 将直流稳压电源的电源线插头接到交流电插座上，打开直流稳压电源的开关。

（2）调压

① 旋转稳流旋钮对稳流数值作适当的调节；

④ 旋转稳压旋钮根据需要调节电压，电压值一般不要太大。

（3）关机

做完实验后先将全部的稳压、稳流旋钮旋转到最小位置，再关闭稳压电源开关，最后再拆连接电路所用的导线。

注意：稳压电源的开关不能作为电路开关随意开、关。

4. 直流稳压电源 YB1731A 的主要性能指标

（1）两组独立输出电源，可组合使用。

（2）输出直流电压值：0～30 V 连续可调。

（3）输出电流：0～3 A。

4.4.6 JWY‑30F 型直流稳压电源

1. JWY‑30F 的面板

JWY‑30F 型直流稳压电源面板如图 4‑18 所示。

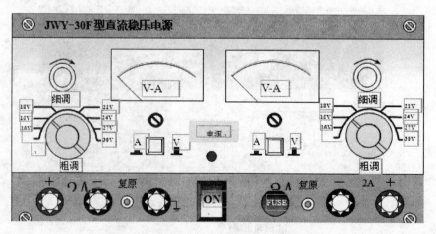

图 4‑18　JWY‑30F 型直流稳压电源面板

2. 常用连接方法

常用连接方法如图 4-19~4-21 所示。

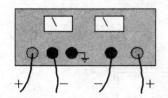

图 4-19　单路或者两路
独立输出的连接方法

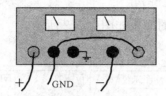

图 4-20　共地的正负电源
连接方法(比如输出是±12 V)

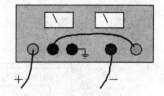

图 4-21　单路高电压输出的
连接方法(比如输出是+40 V)

3. 使用注意事项

(1) 根据所需要的电压,先调整"粗调"旋钮,再逐渐调整"细调"旋钮,要做到正确配合,例如需要输出 12 V 电压时,需将"粗调"旋钮置在 15 V 挡,再调整"细调"旋钮调置 12 V,而"粗调"旋钮不应置在 10 V 挡。否则,最大输出电压达不到 12 V。

(2) 调整到所需要的电压后,再接入负载。

(3) 在使用过程中,如果需要变换"粗调"挡时,应先断开负载,待输出电压调到所需要的值后,再将负载接入。

(4) 在使用过程中,因负载短路或过载引起保护时,应首先断开负载,然后按动"复原"按钮,也可重新开启电源,电压即可恢复正常工作,待排除故障后再接入负载。

(5) 将额定电流不等的各路电源串联使用时,输出电流为其中额定值最小一路的额定值。

(6) 每一路电源有一个表头,在 A/V 不同状态时,分别指示本路的输出电流或者输出电压,通常放在电压指示状态。

(7) 每一路都有红、黑两个输出端子,红端子表示"+",黑端子表示"-",面板中间带有接"大地"符号的黑端子,表示该端子接机壳,与每一路输出没有电气联系,仅作为安全线使用。

(8) 两路电压可以串联使用,绝对不允许并联使用。电源是一种供给量仪器,因此不允许将输出端长期短路。

4. JWY-30F 的主要指标

JWY-30F 型直流稳压电源属于串联式直流稳压电源,具有单路、双路输出,各路输出独立,极性可变,互不影响,每路具有电压、电流指示,每路输出电压 0~30 V 连续可调,输出电流最小 0.5 A,最大 2 A,输出阻抗≤60 mΩ,保护电流 3.5±0.3 A,指示误差≤2.5%。过载或短路时具有自动保护、停止输出等性能特性。

4.5　其他仪器和设备

4.5.1　晶体管特性图示仪

晶体管特性图示仪是一种专用示波器,它能直接观察各种晶体管特性曲线及曲线簇。

例如：晶体管共射、共基和共集三种接法的输入、输出特性及反馈特性；二极管的正向、反向特性；稳压管的稳压或齐纳特性；晶体管的击穿电压、饱和电流等。

1. 仪表面板及面板上各旋钮的作用

XJ4810 型晶体管特性图示仪的面板如图 4-22 所示。

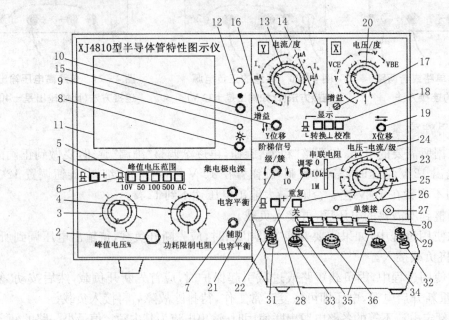

1—集电极电源极性按钮；2—集电极峰值电压熔断器；3—峰值电压旋钮；4—功耗电阻旋钮；5—峰值电压范围开关；6—电容平衡开关；7—辅助电容平衡开关；8—电源及辉度调节开关；9—电源指示灯；10—聚焦旋钮；11—荧光屏幕；12—辅助聚焦旋钮；13—Y 轴选择（电流/度）开关；14—电流/DIV×0.1 倍率指示灯；15—垂直位移及电流/DIV 倍率开关；16—Y 轴增益旋钮；17—X 轴增益旋钮；18—显示开关；19—X 轴位移开关；20—X 轴选择（电压/度）开关；21—级/簇调节旋钮；22—阶梯调零旋钮；23—阶梯信号选择开关；24—串联电阻开关；25—重复关按钮；26—阶梯信号待触发指示灯；27—单簇接按钮；28—极性开关；29—测试台；30—测试选择开关；31,32—左右测试插座插孔；33,34—左右晶体管测试插座；35—二极管反向漏电流专用插座；36—晶体管测试插座

图 4-22 XJ4810 型晶体管特性图示仪的面板

2. 使用方法

（1）接通电源，指示灯亮，预热 15 min。

（2）调整示波管及控制部分。

（3）调节"峰值电压范围""功耗限制电阻""极性""峰值电压"旋钮。

（4）将 X 轴、Y 轴放大器进行 10 度校准。

（5）调节阶梯调零。

（6）调节"级/簇调节"旋钮。

（7）测试台的"测试选择"放在中间"关"的位置，"接地"开关置于所需位置，插上被测晶体管，转动"测试选择"开关，进行测量。

3. 注意事项

(1) 测试前要将待测管的类型及管脚弄清楚。

(2) 弄清楚待测管的极限参数。

(3) 选择合适的阶梯电流或阶梯电压。

(4) 在进行 I_{cm} 的测试时,一般采用单簇为宜。

(5) 测试选择开关应置于"关"的位置。

(6) 逐步加大峰值电压,进行测试。

4. 主要技术指标

(1) Y 轴偏转因数

① 集电极电流范围：$1 \times 10^{-5} \sim 0.5$ A/DIV；

② 极管反向漏电流：$0.2 \sim 5$ μA/DIV；

③ 基极电流或基极源电压：0.05 V/DIV；

④ 外接输入：0.05 V/DIV；

⑤ 偏转倍率：$\times 0.1$。

(2) X 轴偏转因数

① 集电极电压范围：$0.05 \sim 50$ V/DIV；

② 基极电压范围：$0.05 \sim 1$ V/DIV；

③ 基极电流或基极源电压：0.05 V/DIV；

④ 外接输入：0.05 V/DIV。

(3) 阶梯信号

① 阶梯电流范围：$2 \times 10^{-4} \sim 50$ mA/级；

② 阶梯电压范围：$0.05 \sim 1$ V/级；

③ 串联电阻：$0, 10$ kΩ, 1 MΩ；

④ 每簇级数：$1 \sim 10$ 级连续可调；

⑤ 每秒级数：200；

⑥ 极性：正、负,分两挡。

(4) 集电极扫描信号

① 峰值电压；

② 电流容量；

③ 功耗电阻；

④ 最大功率。

4.5.2　功率表

一种测量电功率的仪器。

1. 单相功率表

单相功率表两种接线方法如图 4 - 23 所示。

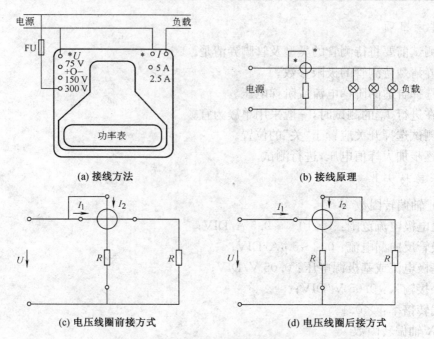

(a) 接线方法　　　　　　　　(b) 接线原理

(c) 电压线圈前接方式　　　　　(d) 电压线圈后接方式

图 4 - 23　单相功率表的两种接线方法

带电流互感器的单相功率表的接线方法如图 4 - 24 所示。

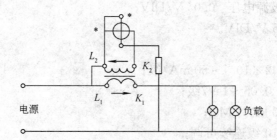

图 4 - 24　带电流互感器的单相功率表的接线方法

2. 三相功率的测量

（1）单相功率表测三相有功功率

图 4 - 25 为"一表法"测三相对称负载的功率，图 4 - 26 为"三表法"测三相四线制不对称负载的功率，图 4 - 27 为"两表法"测三相三线制负载的功率。

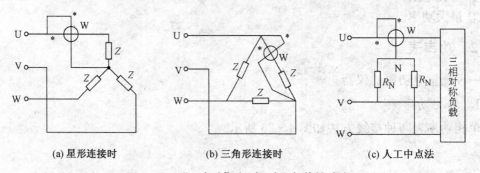

(a) 星形连接时　　　　　　(b) 三角形连接时　　　　　(c) 人工中点法

图 4 - 25　"一表法"测三相对称负载的功率

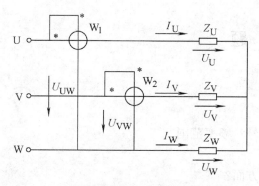

图 4 - 26 "三表法"测三相四线制不对称负载的功率

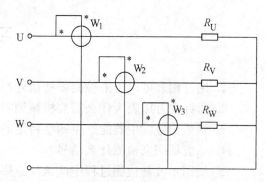

图 4 - 27 "两表法"测三相三线制负载的功率

（2）三相功率表测三相有功功率

图 4 - 28 为"一表法"测三相对称负载的功率。

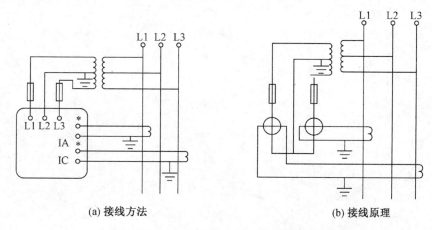

(a) 接线方法   (b) 接线原理

图 4 - 28 "一表法"测三相对称负载的功率

3. 注意事项

（1）功率表在使用过程中应水平放置。

（2）仪表指针如不在零位时，可利用表盖上零位调整器调整。

（3）测量时，如遇仪表指针反向偏转，应改变仪表面板上的"＋""－"换向开关极性，切忌互换电压接线，以免使仪表产生误差。

（4）功率表与其他指示仪表不同，指针偏转大小只表明功率值，并不显示仪表本身是否过载，有时表针虽未达到满度，只要 U 或 I 之一超过该表的量程就会损坏仪表。故在使用功率表时，通常需接入电压表和电流表进行监控。

（5）功率表所测功率值包括了其本身电流线圈的功率损耗，所以在作准确测量时，应从测得的功率中减去电流线圈消耗的功率，才是所求负载消耗的功率。

习　题

1. 用万用表可以用来检测哪些信号？
2. 指针式万用表为什么需要机械调零？
3. 函数信号发生器能产生哪些特定的信号？频率范围？
4. 示波器用来检测什么信号？
5. 使用示波器检测过程中应该注意哪些方面？
6. 使用晶体管特性图示仪时有哪些注意事项？
7. 使用功率表测量时，常有的接线方式有哪些？

项目5　电子产品装配工艺

项目要求

- 能描述电子产品组装内容、级别、特点及其发展
- 能掌握电路板组装方式、整机组装过程
- 能描述整机连接方式与整机质检内容
- 会熟练加工与安装元器件
- 会熟练组装 HX108-2 型收音机电路板
- 会熟练装配 HX108-2 型收音机整机

5.1　组装基础

电子设备的组装是将各种电子元器件、机电元件以及结构件按照设计要求装接在规定的位置上,组成具有一定功能的完整的电子产品的过程。

5.1.1　组装内容与级别

1. 电子设备组装内容

电子设备的组装内容主要有:

(1) 单元电路的划分。

(2) 元器件的布局。

(3) 各种元件、部件、结构件的安装。

(4) 整机联装。

2. 电子设备组装级别

在组装过程中,根据组装单位的大小、尺寸、复杂程度和特点的不同,将电子设备的组装分成不同的等级。电子设备的组装级别如表5-1所示。

表5-1　电子设备的组装级别

组装级别	特点
第1级(元件级)	组装级别最低,结构不可分割。主要为通用电路元件、分立元件、集成电路等
第2级(插件级)	用于组装和互连第1级元器件。比如,装有元器件的电路板及插件
第3级(插箱板级)	用于安装和互连第2级组装的插件或印制电路板部件
第4级(箱柜级)	通过电缆及连接器互连第2、3级组装,构成独立的有一定功能的设备

注意：（1）在不同的等级上进行组装时，构件的含义会改变。例如，组装印制电路板时，电阻器、电容器、晶体管等元器件是组装构件，而组装设备的底板时，印制电路板则为组装构件。（2）对于某个具体的电子设备，不一定各组装级都具备，而要根据具体情况来考虑应用到哪一级。

5.1.2　组装特点与方法

1. 组装特点

电子产品属于技术密集型产品，组装电子产品有如下主要特点：

（1）组装工作是由多种基本技术构成的。如元器件的筛选与引线成形技术、线材加工处理技术、焊接技术、安装技术、质量检验技术等。

（2）装配质量在很多情况下是难以定量分析的。如对于刻度盘、旋钮等的装配质量多以手感来鉴定、目测来判断。因此，掌握正确的安装操作方法是十分必要的。

（3）装配者须进行训练和挑选，否则会由于知识缺乏和技术水平不高，可能生产出次品，而一旦混进次品，就不可能百分之百地被检查出来。

2. 组装方法

电子设备的组装不但要按一定的方案去进行，而且在组装过程中也有不同的方法可供采用，具体表现如下：

（1）功能法：是将电子设备的一部分放在一个完整的结构部件内，去完成某种功能的方法。此方法广泛用在采用电真空器件的设备上，也适用于以分立元件为主的产品或终端功能部件上。

（2）组件法：就是制造出一些在外形尺寸和安装尺寸上都统一的部件的方法。这种方法广泛用于统一电气安装工作中，且可大大提高安装密度。

（3）功能组件法：这是兼顾功能法和组件法的特点，制造出既保证功能完整性又有规范化的结构尺寸的组件。

5.1.3　组装技术的发展

随着新材料、新器件的大量涌现，必然会促进组装工艺技术有新的进展。目前，电子产品组装技术的发展具有如下特点：

1. 连接工艺的多样化

在电子产品中，实现电气连接的工艺主要是手工和机器焊接，但如今除焊接外，压接、绕接、胶接等连接工艺也越来越受到重视。

压接可用于高温和大电流接点的连接、电缆连接。

绕接可用于高密度接线端子的连接、印制电路板接插件的连接。

胶接主要用于非电气接点的连接，如金属或非金属零件的粘接，采用导电胶也可实现电气连接。

2. 工装设备的改进

采用手动、电动、气动成形机，集成电路引线成形模具等小巧、精密、专用的工具和设备，使组装质量有了可靠的保证。

采用专用剥线钳或自动剥线捻线机来对导线端头进行处理,可克服伤线和断线等缺陷。

采用结构小巧、温度可控的小型焊料槽或超声波搪锡机,既提高了搪锡质量,也改变了工作环境。

3. 检测技术的自动化

采用可焊性测试仪来对焊接质量自动检测,它预先测定引线可焊性水平,达到要求的元器件才能安装焊接。

采用计算机控制的在线测试仪对电气连接的检查,它可以根据预先设置的程序,快速正确地判断连接的正确性和装联后元器件参数的变化,避免了人工检查效率低、容易出现错检或漏检的缺点。

采用计算机辅助测试(CAT)来进行整机测试,测试用的仪器仪表已大量使用高精度、数字化、智能化产品,使测试精度和速度大大提高。

4. 新工艺新技术的应用

目前在焊接材料方面,采用活性氢化松香焊锡丝代替传统使用的普通松香焊锡丝;在波峰焊和搪锡方面,使用了抗氧化焊料;在表面防护处理方面,采用喷涂501-3聚氨酯绝缘清漆及其他绝缘清漆的工艺;在连接方面,使用氟塑料绝缘导线、镀膜导线等新型连接导线,这些对提高电子产品的可靠性和质量起了极大的作用。

5.2 电路板组装

电子设备的组装是以印制电路板为中心而展开的,印制电路板的组装是整机组装的关键环节,它直接影响产品的质量。因此,掌握电路板组装的技能技巧是十分重要的。

5.2.1 元器件加工

元器件装配到印制电路板之前,一般都要进行加工处理,然后进行插装。良好的成形及插装工艺,不但能使机器具有性能稳定、防震、减少损坏的优点,而且还能得到机内整齐、美观的效果。

1. 元器件引线的成形

(1) 预加工处理

元器件引线在成形前必须进行预加工处理。主要原因是:长时间放置的元器件,在引线表面会产生氧化膜,若不加以处理,会使引线的可焊性严重下降。

引线的处理主要包括引线的校直、表面清洁及搪锡三个步骤。

要求引线处理后,镀锡层均匀,表面光滑,不允许有伤痕,无毛刺和焊剂残留物。

(2) 引线成形的基本要求

引线成形工艺就是根据焊点之间的距离,做成需要的形状,目的是使它能迅速而准确地插入孔内,元器件引线成形示意图如图5-1所示。

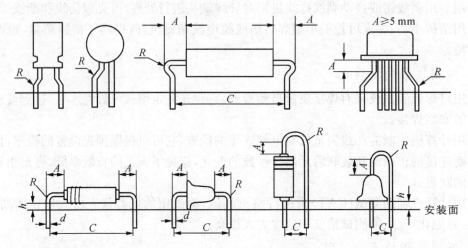

图 5-1 元器件引线成形示意图

引线成形的具体要求如下：

① 元器件引线开始弯曲处，离元器件端面的最小距离 A 应不小于 2 mm；

② 弯曲半径 R 不应小于引线直径的 2 倍；

③ 怕热元件要求引线增长，成形时应绕环；

④ 元器件标称值应处在便于查看的位置；

⑤ 成形后不允许有机械损伤。

（3）成形方法

为保证引线成形的质量和一致性，应使用专用工具和成形模具来完成元器件引线的成形，成形模具如图 5-2 所示。

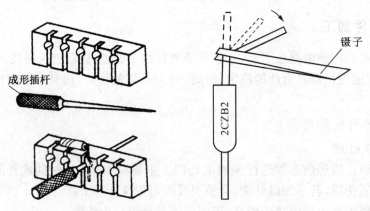

图 5-2 成形模具示意图   图 5-3 手工成形示意图

在没有专用工具或加工少量元器件时，可采用手工成形，使用尖嘴钳或镊子等一般工具便可完成。手工成形示意图如图 5-3 所示。

2. 元器件安装的技术要求

（1）元器件的标志方向应按照图纸规定的要求，安装后能看清元件上的标志。若装配图上没有指明方向，则应使标记向外易于辨认，并按从左到右、从下到上的顺序读出。

（2）元器件的极性不得装错，安装前应套上相应的套管。

（3）安装高度应符合规定要求，同一规格的元器件应尽量安装在同一高度上。

（4）安装顺序一般为先低后高、先轻后重、先易后难、先一般元器件后特殊元器件。

（5）元器件在印制电路板上的分布应尽量均匀、疏密一致，排列整齐美观，不允许斜排、立体交叉和重叠排列。

（6）元器件外壳和引线不得相碰，要保证 1 mm 左右的安全间隙，无法避免时，应套绝缘套管。

（7）元器件的引线直径与印制电路板焊盘孔径应有 0.2～0.4 mm 的合理间隙。

（8）MOS 集成电路的安装应在等电位工作台上进行，以免产生静电损坏器件，发热元件不允许贴板安装，较大的元器件的安装应采取绑扎、粘固等措施。

5.2.2　元器件安装

电子元器件种类繁多，外形不同，引出线也多种多样。所以，印制电路板的安装方法也就有差异，必须根据产品结构的特点、装配密度、产品的使用方法和要求来决定。

1. 元器件的安装方法

安装方法有手工安装和机械安装两种，前者简单易行，但效率低、误装率高；而后者安装速度快、误装率低，但设备成本高，引线成形要求严格，一般有以下几种安装形式：

（1）贴板安装

元器件贴紧印制基板面且安装间隙小于 1 mm 的安装方法。

当元器件为金属外壳、安装面又有印制导线时，应加垫绝缘衬垫或套绝缘套管，适用于防振要求高的产品。贴板安装形式如图 5－4 所示。

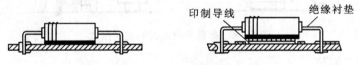

图 5－4　贴板安装形式

（2）悬空安装

元器件距印制基板面有一定高度且安装距离一般在 3～8 mm 范围内的安装方法，适用于发热元件的安装。悬空安装形式如图 5－5 所示。

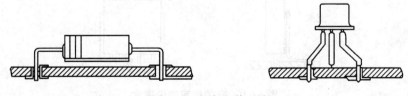

图 5－5　悬空安装形式

（3）垂直安装

元器件垂直于印制基板面的安装方法，适用于安装密度较高的场合，但对重量大且引线细的元器件不宜采用这种形式。垂直安装形式如图 5－6 所示。

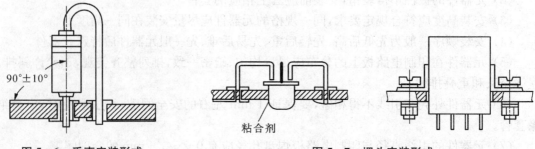

图 5－6　垂直安装形式　　　　　　　图 5－7　埋头安装形式

（4）埋头安装

元器件的壳体埋于印制基板的嵌入孔内，因此又称为嵌入式安装，这种方式可提高元器件防振能力，降低安装高度。埋头安装形式如图 5－7 所示。

（5）有高度限制时的安装

通常采用垂直插入后，再朝水平方向弯曲的安装方法。元器件安装高度的限制一般在图纸上是标明的，对大型元器件要特殊处理，以保证有足够的机械强度，经得起振动和冲击。有高度限制时的安装形式如图 5－8 所示。

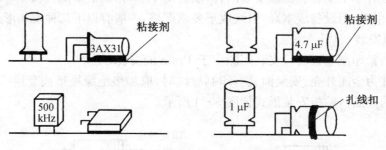

图 5－8　有高度限制时的安装形式

（6）支架固定安装

支架固定安装是用金属支架在印制基板上将元件固定的安装方法，这种方式适用于重量较大的元器件，如小型继电器、变压器、扼流圈等。支架固定安装形式如图 5－9 所示。

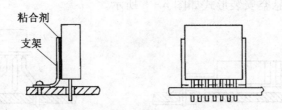

图 5－9　支架固定安装形式

（7）功率器件的安装

由于功率器件的发热量高，在安装时需加散热器。如果器件自身能支持散热器重量，可采用立式安装，如果不能则采用卧式安装。功率器件的安装形式之一如图 5－10 所示。

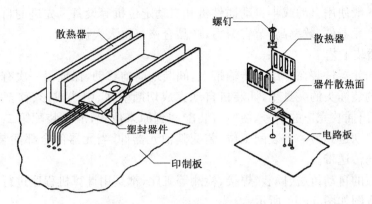

图 5－10　功率器件的安装形式

2. 元器件安装注意事项

(1) 插装好元器件,其引脚的弯折方向都应与铜箔走线方向相同。

(2) 安装二极管时,除注意极性外,还要注意外壳封装,特别是玻璃壳体易碎,引线弯曲时易爆裂,在安装时可将引线先绕 1~2 圈再装。对于大电流二极管,有的则将引线体当作散热器,故必须根据二极管规格中的要求决定引线的长度,也不宜把引线套上绝缘套管。

(3) 为了区别晶体管的电极和电解电容的正负端,一般在安装时,加上带有颜色的套管以示区别。

(4) 大功率三极管由于发热量大,一般不宜装在印制电路板上。

5.2.3　电路板组装方式

1. 手工装配方式

(1) 小批量试生产的手工装配

在产品的样机试制阶段或小批量试生产时,印制电路板装配主要靠手工操作,即操作者把散装的元器件逐个装接到印制电路板上。

操作顺序是:待装元件→引线整形→插件→调整位置→剪切引线→固定位置→焊接→检验。

每个操作者要从开始装到结束,可以不受各种限制而广泛应用于各道工序或各种场合,但速度慢,易出差错,效率低,不适应现代化大批量生产的需要。

(2) 大批量生产的流水线装配

对于设计稳定且大批量生产的产品,印制电路板装配工作量大,宜采用流水线装配,这种方式可大大提高生产效率,减小差错,提高产品合格率。

一般工艺流程是:每排元件(约 6 个)插入→全部元器件插入→一次性切割引线→一次性锡焊→检查。其中引线切割一般用专用设备(割头机)一次切割完成,锡焊通常用波峰焊机完成。

目前大多数电子产品(如电视机、收录机等)的生产大都采用印制电路板插件流水线的方式。插件形式有自由节拍形式和强制节拍形式两种。

2. 自动装配方式

对于设计稳定、产量大和装配工作量大而元器件又无需选配的产品,宜采用自动装配方式。自动装配一般使用自动或半自动插件机和自动定位机等设备。先进的自动装配机每小时可装一万多个元器件,效率高,节省劳力,产品合格率也大大提高。

(1) 自动插装工艺

经过处理的元器件装在专用的传输带上,间断地向前移动,保证每一次有一个元器件进到自动装配机的装插头的夹具里,插装机自动完成切断引线、引线成形、移至基板、插入、弯角等动作,并发出插装完毕的信号,使所有装配回到原来位置,准备装配第二个元件。印制基板靠传送带自动送到另一个装配工位,装配其他元器件,当元器件全部插装完毕,即自动进入波峰焊接的传送带。

印制电路板的自动传送、插装、焊接、检测等工序,都是用计算机程序进行控制的。自动插装工艺过程框图如图 5-11 所示。

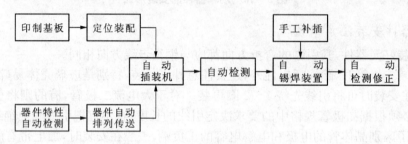

图 5-11　自动插装工艺过程框图

(2) 自动装配对元器件的工艺要求

自动装配与手工装配不一样,自动装配是由装配机自动完成器件的插装,故自动装配对元器件的工艺有如下要求:

① 被装配的元器件的形状和尺寸尽量简单、一致;

② 被装配的元器件的方向易于识别、有互换性;

③ 被装配的元器件的最佳取向应能确定;

④ 被装配的元器件引线的孔距和相邻元器件引线孔之间的距离也都应标准化。

5.2.4　技能实训 6——HX108-2 型收音机电路组装

1. 实训目的

(1) 能应用 PCB 焊接技能与技巧。

(2) 会熟练加工和安装元器件。

(3) 会熟练组装 HX108-2 型收音机 PCB 板。

2. 实训设备与器材准备

(1) 电烙铁 1 把

(2) 剪刀 1 把

(3) 焊锡若干

(4) 镊子 1 只

(5) HX108-2 型收音机套件及 PCB 板 1 套

3. 实训步骤与报告

(1) 元器件分类

HX108－2 型收音机共有六类元器件,分别为电阻器类、电容器类、电感器类、二极管类、三极管类和电声器件(扬声器)。

(2) 元器件检测

通过 500 A 型指针万用表、DT－890 型数字万用表、YY2810 型 LCR 数字电桥等设备完成对元器件的检测,具体方法请参阅第 1 章。

(3) 熟悉电路板元器件位置

根据电路原理图和 PCB 元器件分布图,熟悉各元器件在印制板上的安装位置。HX108－2 型收音机主要元器件在 PCB 板上的分布如图 5－12 所示。

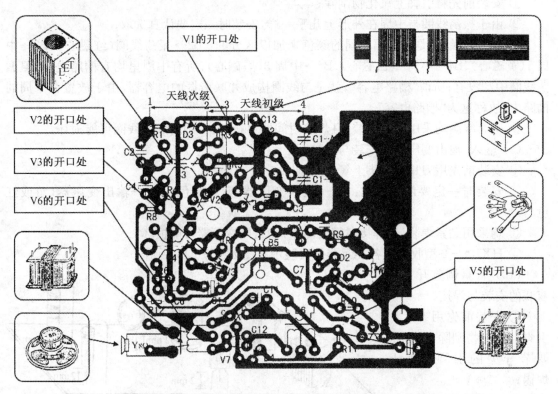

图 5－12　HX108－2 型收音机主要元器件在 PCB 板上的分布

(4) 瓷介电容器的整形、安装与焊接

① 所有瓷介电容器均采用立式安装,高度距离印制板为 2 mm;

② 由于无极性,故标称值应处于便于识读的位置;

③ 在插装时,由于外形都一样,故参数值应选取正确;

④ 在焊接方面以平常焊接要求为准。

(5) 三极管的整形、安装与焊接

① 所有三极管采用立式安装,高度距离印制板为 2 mm;

② 在型号选取方面要注意的是 VT_5 为 9014、VT_6 和 VT_7 为 9013、其余为 9018;

③ 三极管是有极性的,故在插装时,要与印制板上所标极性进行一一对应;

④ 由于引脚彼此较近,在焊接方面要防止桥连现象。

(6) 电阻器、二极管的整形、安装与焊接

① 所有电阻器和二极管均采用立式安装,高度距离印制板为 2 mm;

② 在安装方面,应弄清各电阻器的参数值;

③ 插装且识读方向应从上往下,二极管要注意正、负极性;

④ 在焊接方面,由于二极管属于玻璃封装,故要求焊接要迅速,以免损坏。

(7) 电解电容器的整形、安装与焊接

① 电解电容器采用立式贴紧安装,在安装时要注意其极性;

② 在焊接方面以平常焊接要求为准。

(8) 振荡线圈与中周的安装与焊接

① 安装前先将引脚上氧化物刮除;

② 由于振荡线圈与中周在外形上几乎一样,安装时一定要认真选取;

注意:不同线圈是以磁帽不同的颜色来加以区分的:B2→振荡线圈(红磁心)、B3→中周 1(黄磁心)、B4→中周 2(白磁心)、B5→中周 3(黑磁心);所有中周里均有槽路电容,但振荡线圈中却没有;所谓"槽路电容",就是与线圈构成并联谐振的电容器,由于放置在中周的槽路中,故称这为"槽路电容"。

③ 所有线圈均采用贴紧焊装,且焊接时间要尽量短,否则所焊的线圈可能损坏。

(9) 输入/输出变压器的安装与焊接

① 安装前先用刀片将引脚上氧化物刮除;

② 安装时一定要认真选取:B6→输入变压器(蓝或绿色)、B7→输出变压器(黄或红色);

③ 均采用贴紧焊装,且焊接时间要尽量短,否则变压器可能损坏;

④ HX108 - 2 型收音机各类元器件安装示意图如图 5 - 13 所示。

(10) 音量调节开关与双联的安装与焊接

① 安装前先用刀片将引脚上氧化物刮除,且音量调节开关的引脚上镀上焊锡;

② 两者均贴紧电路板安装,且双联电容的引脚弯折与焊盘紧贴;

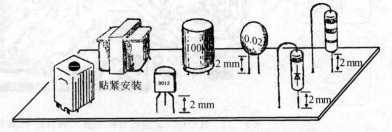

图 5 - 13　HX108 - 2 型收音机各类元器件安装示意图

③ 焊装双联电容时焊接时间要尽量短,否则该器件可能损坏。

(11) HX108 - 2 型收音机电路成品板整体检查

① 首先检查电路成品板上焊接点是否有漏焊、假焊、虚焊、桥连等现象;

② 接着检查电路成品板上元器件是否有漏装,有极性的元器件是否装错引脚,尤其是二极管、三极管、电解电容器等元器件要仔细检查;

③ 最后检查 PCB 板上印制条、焊盘是否有断线、脱落等现象。

(12) HX108 - 2 型收音机电路组装评价报告表

评价项目	评价要求	评分
电阻器	成形、高度的一致性、立式、参数的读取方向、参数的正确性	7分
二极管	成形、高度的一致性、立式、极性的正确性	4分
三极管	成形、高度的一致性、极性的正确性	10分
PCB焊接点	光亮、圆滑、焊锡量适中	10分
PCB印制条	焊盘、印制条完好,无断裂现象	10分
瓷介电容器	成形、参数的可读性、高度的一致性、参数的正确性	7分
电解电容器	高度的一致性、立式、极性的正确性、参数的正确性	4分
中频变压器	安装的牢固性、选取的正确性	8分
输入/输出变压器	安装的牢固性、选取的正确性	4分
音量调节开关与双联	安装的牢固性	6分
HX108-2型收音机电路成品板整体评价	总分:	

5.3　整机组装

电子整机组装是生产过程中极为重要的环节,如果组装工艺、工序不正确,就可能达不到产品的功能要求或预定的技术指标。因此,为了保证整机的组装质量,本节针对整机组装的工艺过程、整机组装中的连接和整机总装的基本要求三个方面的内容作介绍。

5.3.1　整机组装过程

整机装配的过程因设备的种类、规模不同,其构成也有所不同。但基本过程并没有什么变化,具体如下:

1. 准备

装配前对所有装配件、紧固件等从数量的配套和质量的合格两个方面进行检查和准备,同时做好整机装配及调试的准备工作。

在该过程中,元件分类是极其重要的。处理好这一工作,是避免出错、迅速装配高质量产品的首要条件。在大批量生产时,一般多用流水作业法进行装配,元件的分类也应落实到各装配工序。

2. 装联

包括各部件的安装、焊接等内容,也包括即将介绍的各种连接工艺,都应在装联环节中加以实施应用。

3. 调试

整机调试包括调整和测试两部分工作,各类电子整机在总装完成后,一般在最后都要经过调试,才能达到规定的技术指标要求。

4. 检验

整机检验应遵照产品标准(或技术条件)规定的内容进行。通常有生产过程中生产车间的交收试验、新产品的定型试验及定型产品的定期试验(又称例行试验)三类试验。

其中例行试验的目的主要是考核产品质量和性能是否稳定正常。

5. 包装

包装是电子产品总装过程中保护和美化产品及促进销售的环节。电子产品的包装,通常着重于方便运输和储存两个方面。

6. 入库或出厂

合格的电子产品经过合格的包装,就可以入库储存或直接出厂运往需求部门,从而完成整个总装过程。

整机组装的工艺过程会因产品的复杂程度、产量大小等方面的不同而有所区别。整机装配一般工艺过程如图 5-14 所示。

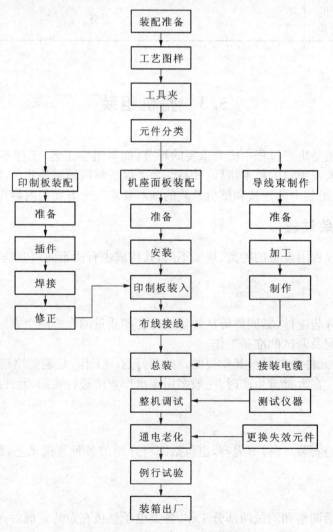

图 5-14　整机组装一般工艺过程

5.3.2　整机连接

电子整机装配过程中,连接方式是多样的。除了焊接之外,还有压接、绕接、胶接、螺纹连接等。在这些连接中,有的是可拆的,有的是不可拆的。

连接的基本要求:牢固可靠,不损伤元器件、零部件或材料,避免碰坏元器件或零部件涂覆层,不破坏元器件的绝缘性能,连接的位置要正确。

1. 压接

压接是借助较高的挤压力和金属位移,使连接器触脚或端子与导线实现连接的方法。

压接的操作方法:使用压接钳,将导线端头放入压接触脚或端头焊片中用力压紧即获得可靠的连接。压接触脚和焊片是专门用来连接导线的器件,有多种规格可供选择,相应的也有多种专用的压接钳。

压接分冷压接与热压接两种,目前以冷压接使用较多。导线端头冷压接示例如图 5 - 15 所示。

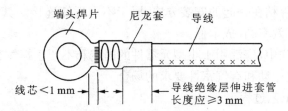

图 5 - 15　导线端头冷压接示例

压接技术的特点:操作简便,适应各种环境场合,成本低,无任何公害和污染。存在的不足之处:压接点的接触电阻较大;因操作者施力不同,质量不够稳定;很多接点不能用压接方法。

2. 绕接

绕接是将单股芯线用绕接枪高速绕到带棱角(棱形、方形或矩形)的接线柱上的电气连接方法。

由于绕接枪的转速很高(约 3 000 转/min),因此对导线的拉力强,使导线在接线柱的棱角上产生强压力和摩擦,并能破坏其几何形状,出现表面高温而使两金属表面原子相互扩散产生化合物结晶,绕接示意图如图 5 - 16 所示。

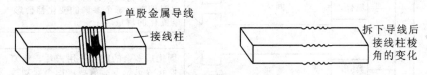

图 5 - 16　绕接示意图

绕接用的导线一般采用单股硬质金属线,芯线直径为 0. 25～1. 3 mm。为保证连接性能良好,接线柱最好镀金或镀银,绕接的匝数应不少于 5 圈(一般在 5～8 圈)。绕接方式有两种:绕接和捆接,其示意图如图 5 - 17 所示。

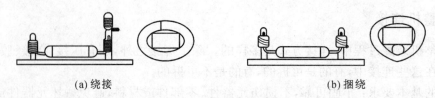

(a) 绕接　　　　　　　　　　　　　　　　　　　(b) 捆绕

图 5 - 17　绕接方式示意图

绕接的特点：可靠性高，失效率极小，无虚、假焊；接触电阻小，只有 1 mΩ，仅为锡焊的 1/10；抗震能力比锡焊大 40 倍；无污染，无腐蚀，无热损伤；成本低；操作简单，易于熟练掌握。其不足之处：导线必须是单芯线，接线柱必须是特殊形状，导线剥头长，需要专用设备等。

目前，绕接主要应用在大型高可靠性电子产品的机内互连中。为了确保可靠性，可将有绝缘层的导线再绕 1～2 圈，并在绕接导线头、尾各锡焊一点。

3. 胶接

用胶粘剂将零部件粘在一起的安装方法，属于不可拆卸连接。其优点是工艺简单不需专用的工艺设备，生产效率高、成本低。

在电子设备的装联中，广泛用于小型元器件的固定和不便于螺纹装配、铆接装配的零件的装配，以及防止螺纹松动和有气密性要求的场合。

（1）胶接的一般工艺过程

胶接的一般工艺过程如图 5 - 18 所示。

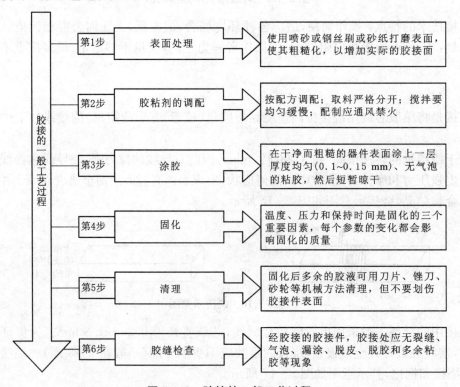

	第1步	表面处理	使用喷砂或钢丝刷或砂纸打磨表面，使其粗糙化，以增加实际的胶接面
胶接的一般工艺过程	第2步	胶粘剂的调配	按配方调配；取料严格分开；搅拌要均匀缓慢；配制应通风禁火
	第3步	涂胶	在干净而粗糙的器件表面涂上一层厚度均匀(0.1～0.15 mm)、无气泡的粘胶，然后短暂晾干
	第4步	固化	温度、压力和保持时间是固化的三个重要因素，每个参数的变化都会影响固化的质量
	第5步	清理	固化后多余的胶液可用刀片、锉刀、砂轮等机械方法清理，但不要划伤胶接件表面
	第6步	胶缝检查	经胶接的胶接件，胶接处应无裂缝、气泡、漏涂、脱皮、脱胶和多余粘胶等现象

图 5 - 18　胶接的一般工艺过程

在第 1 步"表面处理"中,粘接表面粗糙化之后还应用汽油或酒精擦拭,以除去油脂、水分、杂物,确保胶粘剂能润湿胶接件表面,增强胶接效果。

在第 4 步"固化"中,应注意以下几点:

① 涂胶后的胶接件,必须用夹具夹住,以保证胶层紧密贴合;

② 为了保证整个胶接面上的胶层厚度均匀,外加压力要分布均匀;

③ 凡需加温固化的胶接件,升温不可过快,否则胶粘剂内多余的溶剂来不及逸出,会使胶层内含有大量的气泡,降低胶接强度;

④ 在固化过程中不允许移动胶接件;

⑤ 加热固化后的胶接件要缓慢降温,不允许在高温下直接取出,急剧降温会引起胶接件变形而使胶接面被破坏。

（2）几种常用的胶粘剂

胶接质量的好坏,主要取决于胶粘剂的性能。几种常用的胶粘剂性能特点及用途如表 5-2 所示。

表 5-2　几种常用的胶粘剂性能特点及用途

名称	性能特点及用途
聚丙烯酸酯胶（501、502 胶）	其特点是渗透性好,粘接快（几秒钟至几分钟即可固化）,可以粘接除了某些合成橡胶以外的几乎所有材料。但接头具有韧性差、不耐热等缺点
聚氯乙烯胶	用四氢呋喃作溶剂和聚氯乙烯材料配制而成有毒、易燃的胶粘剂。用于塑料与金属、塑料与木材、塑料与塑料的胶接。其胶接工艺特点是固化快,不需加压加热
222 厌氧性密封胶	是以甲基丙烯酯为主的胶粘剂,是低强度胶,用于需拆卸零部件的锁紧和密封。它具有定位固连速度快、渗透性好、有一定的胶接力和密封性、拆除后不影响胶接件原有性能等特点
环氧树脂胶（911、913 等）	是以环氧树脂为主,加入填充剂配制而成的胶粘剂。粘接范围广,具有耐热、耐碱、耐潮、耐冲击等优良性能。但不同产品各有特点,需根据条件合理选择

除了以上介绍的几种胶粘剂外,还有其他许多各种性能的胶粘剂,比如导电胶、导磁胶、导热胶、热熔胶、压敏胶等,其特点与应用可查相关资料。

4. 螺纹连接

在电子设备的组装中,广泛采用可拆卸式螺纹连接。这种连接一般是用螺钉、螺栓、螺母等紧固件,把各种零、部件或元器件连接起来。

其优点是连接可靠,装拆方便,可方便地调整零部件的相对位置。其缺点是用力集中,安装薄板或易损件时容易产生形变或压裂。在振动或冲击严重的情况下,螺纹容易松动,装配时要采取防松动和止动措施。

（1）螺纹的种类和用途

螺纹的种类较多,常用的有以下几种:

① 牙型角为 60°的公制螺纹。公制螺纹又分为粗牙螺纹和细牙螺纹。粗牙螺纹是螺纹连接的主要形式,细牙螺纹比同一公称直径的粗牙螺纹强度高,自锁可靠,常用于电位器、旋钮开关等薄形螺母的螺纹连接。

② 右旋/左旋螺纹。电子设备装配一般使用右旋螺纹。

（2）螺纹连接的形式

螺纹连接的形式有螺栓、螺钉、双头螺栓、紧定螺钉四种连接，其特点与应用如表 5-3 所示。

表 5-3　螺纹连接的形式及特点应用

连接形式	特点与应用
螺栓连接	连接时用螺栓贯穿两个或多个被连接件，在螺纹端拧上螺母。连接的被连接件不需有内螺纹，结构简单，拆装方便，应用较广
螺钉连接	连接时螺钉从没有螺纹孔的一端插入，直接拧入被连接的螺纹孔中。由于需在被连接零件之一上制出螺纹孔，所以这种连接结构较复杂，一般用于无法放置螺母的场合
双头螺栓连接	将螺栓插入被连接体，两端用螺母固定。主要用于厚板零件或需经常拆卸、螺纹孔易损坏的连接场合
紧定螺钉连接	用于各种旋钮和轴柄的固定。紧定螺钉的尾端制成锥形或平端等形状，螺钉通过第一个零件的螺纹孔后，顶紧已调整好部位的另一个零件，以固定两个零件的相对位置

（3）常用紧固件简介

在电子整机装配中，有些部件需要固定和锁紧，用来锁紧和固定部件的零件称为紧固件。常用的紧固件大多是螺钉、螺母、螺栓、螺柱、垫圈等与螺纹连接有关的零件。此外，还有用于安装在机器转动轴上作固定零件的铆钉和销钉等。常用紧固件连接示意图如图 5-19 所示。

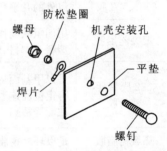

图 5-19　常用紧固件连接示意图

（4）螺纹连接工具的选用

① 螺钉旋具。用于紧固和拆卸螺钉的工具，有"一字槽"和"十字槽"两大类。在装配线上还大量应用电动"一字槽"和"十字槽"气动螺钉旋具。不同的规格与尺寸主要表现在旋柄长度与刃口宽度上，应根据自身要求进行选取。

② 扳手。主要有活动扳手、固定扳手、套筒扳手、什锦扳手等。使用省力，不易损伤零件，适用于装配六角和四方螺母。可按条件需要进行选择。

5.3.3　整机总装

电子设备整机的总装，就是将组成整机的各部分装配件，经检验合格后，连接合成完整的电子设备的过程。

总装之前应对所有装配件、紧固件等按技术要求进行配套和检查，然后对装配件进行清洁处理，保证表面无灰尘、油污、金属屑等现象，因为整机装配的质量与各组成部分的装配件的装配质量是相关联的。

1. 总装的一般顺序

电子产品总装一般顺序大致应为先轻后重、先铆后装、先里后外，上道工序不得影响下道工序。

2. 整机总装的基本要求

（1）未经检验合格的装配件不得安装，已检验合格的装配件必须保持清洁。

（2）要认真阅读安装工艺文件和设计文件，严格遵守工艺规程，总装完成后的整机应符合图纸和工艺文件的要求。

（3）严格遵守总装的一般顺序，防止前后顺序颠倒，注意前后工序的衔接。

（4）总装过程中不要损伤元器件和机箱及元器件上的涂覆层。

（5）应熟练掌握操作技能，保证质量，严格执行三检（自检、互检、专职检验）制度。

3. 整机总装的流水线作业法

在工厂中，不管是印制电路板的组装还是整机总装，只要大批量地对电子产品进行生产，都广泛地使用流水线作业法（流水线生产方式）。

（1）流水线作业法的过程

把一台电子整机的装联和调试等工作划分成若干简单操作项目，每个操作者完成各自负责的操作项目，并按规定顺序把机件传送给下一道工序的操作者继续操作，形似流水般不停地自首至尾逐步完成整机的总装。

（2）流水线作业法的特点

由于工作内容简单，动作单纯，记忆方便，故能减少差错，提高工效，保证产品质量。先进的全自动流水线使生产效率和产品质量更为提高，例如，先进的印制电路板插焊流水线，不仅有先进的波峰焊接机，还配置了自动插件机，使印制电路板的插焊工作基本上实现了自动化。

4. 工作台的使用

流水线上都配置标准工作台。工作台的使用，对提高工作效率、减轻劳动强度、保证安全、提高质量有着重要的意义。对工作台的要求是：能有效地使用双手；手的动作距离最短；取物无需换手，取置方便；操作安全。

5.3.4　技能实训 7——HX108 - 2 型收音机整机组装

1. 实训目的

（1）能应用 PCB 焊接技能与技巧。

（2）会熟练加工和安装元器件。

（3）会熟练组装 HX108 - 2 型收音机整机。

2. 实训设备与器材准备

（1）电烙铁和剪刀各 1 把

（2）镊子和扳手各 1 把

（3）焊锡和松香若干

（4）HX108 - 2 型收音机套件及 PCB 板 1 套

（5）螺钉旋具和压接钳各 1 个

3. 实训主要工具简介

在电子设备的整机组装连接中，常用工具如图 5 - 20 所示。

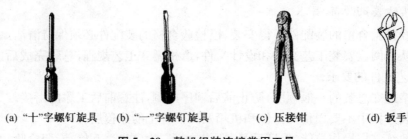

(a) "十"字螺钉旋具　　(b) "一"字螺钉旋具　　(c) 压接钳　　(d) 扳手

图 5－20　整机组装连接常用工具

4. 实训步骤与报告

(1) 天线组件的安装

① 首先将磁棒天线 B1 插入磁棒支架中构成天线组合件;

② 接着把天线组合件上的支架固定在电路板反面的双联电容器上,用 2 颗 M2.5×5 的螺钉连接;

③ 最后将天线线圈的各端按印制电路板上标注的顺序进行焊接,天线组件的安装如图 5－21 所示。

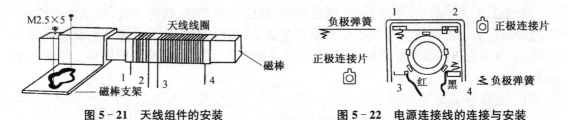

图 5－21　天线组件的安装　　　　**图 5－22　电源连接线的连接与安装**

(2) 电源连接线的连接与安装

① 首先将长弹簧插入到后盖的"1"端,正极连接片插入到后盖的"2"端,在长弹簧与正极连接片的交接处进行焊接;

② 接着将连接好导线的正极连接片插入到后盖的"3"端,将连接好导线的短弹簧插入到后盖的"4"端,具体连接与安装如图 5－22 所示。

(3) 调谐盘与音量调节盘的安装

① 将调谐盘与音量调节盘分别放入双联电容和音量电位器的转动轴上;

② 分别用沉头螺钉 M2.5×4 和 M1.7×4 进行固定。

(4) 前盖标牌与喇叭防尘罩的安装

① 将喇叭防尘罩装入前盖喇叭位置处,且在机壳内进行弯折以固定;

② 将周率板反面的双面胶保护纸去掉,贴于前框,到位后撕去周率板正面的保护膜。

(5) 喇叭与成品电路板的安装

① 将喇叭放于前框中,用"一"字小螺钉旋具前端紧靠带钩固定脚左侧;

② 利用突出的喇叭定位圆弧的内侧为支点,将其导入带钩内固定,再用电烙铁热铆三只固定脚;

③ 将组装完毕的电路机芯板有调谐盘的一端先放入机壳中,然后整个压下,喇叭与成品电路板的安装如图 5－23 所示。

图 5-23 喇叭与成品电路板的安装

（6）成品电路板与附件的连接

① 将电源连接线、喇叭连接线与主机成品板进行连接；

② 然后装上拎带绳；

③ 最后用机芯自攻螺钉 M2.5×5 将电路板固定于机壳内，成品电路板与附件的连接如图 5-24 所示。

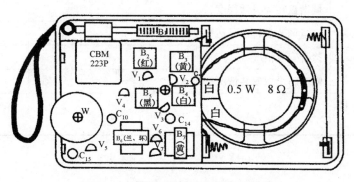

图 5-24 成品电路板与附件的连接

（7）整机检查

① 盖上收音机的后盖，检查喇叭防尘罩是否固定，周率板是否贴紧；

② 检查调谐盘、音量调节盘转动是否灵活，拎带是否装牢，前后盖是否有烫伤或破损等，HX108-2 型收音机整机外形如图 5-25 所示。

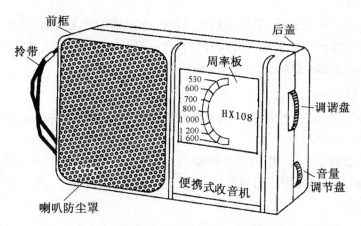

图 5-25 HX108-2 型收音机整机外形

（8）HX108－2型收音机整机组装评价报告表

评价项目	评价要点	评分
电路检查	导线连接的合理性	2分
	导线布线情况	2分
	元器件引脚与外壳金属部分是否有短路的情况	4分
	喇叭安装情况	2分
	机芯板安装情况	2分
外观检查	外壳完好程度	2分
	周率板贴装情况	2分
	调谐盘转动灵活程度	4分
	音量调节盘转动灵活程度	4分
	拎带安装情况	2分
	喇叭防尘罩安装情况	3分
HX108－2型收音机整机组装评价	总分：	

5.4　整机质检

整机总装完成后，按质量检查的内容进行检验，检验工作要始终坚持自检、互检和专职检验的制度。通常，整机质量的检查有以下几个方面。

1. 外观检查

装配好的整机表面无损伤，涂层无划痕、脱落，金属结构件无开焊、开裂，元器件安装牢固，导线无损伤，元器件和端子套管的代号符合产品设计文件的规定。整机的活动部分活动自如，机内无多余物（如：焊料渣、零件、金属屑等）。

2. 电路检查

装联正确性检查，又称电路检查，其目的是检查电气连接是否符合电路原理图和接线图的要求，导电性能是否良好。

通常用万用表的 $R \times 100 \, \Omega$ 挡对各检查点进行检查。批量生产时，可根据预先编制的电路检查程序表，对照电路图进行检查。

3. 出厂试验

出厂试验是产品在完成装配、调试后，在出厂前按国家标准逐台试验。一般都是检验一些最重要的性能指标，并且这种试验都是既对产品无破坏性，而又能比较迅速完成的项目。不同的产品有不同的国家标准，除上述外观检查外还有电气性能指标测试、绝缘电阻测试、绝缘强度测试、抗干扰测试等。

4. 型式试验

型式试验对产品的考核是全面的,包括产品的性能指标、对环境条件的适应度、工作的稳定性等。国家对各种不同的产品都有严格的标准。试验项目有高低温、高湿度循环使用和存放试验、振动试验、跌落试验、运输试验等,由于型式试验对产品有一定的破坏性,一般都是在新产品试制定型,或在设计、工艺、关键材料更改时,或客户认为有必要时进行抽样试验。

习　题

1. 电子产品的组装内容与级别分别是什么?
2. 对元器件的引线成形有何要求?
3. 元器件的安装常用方法有哪些?
4. 对 HX108-2 型收音机的 PCB 板组装有何要求?
5. 请叙述整机组装的基本过程。
6. 在整机的组装过程中,常用的连接有哪些? 它们有何特点?
7. 请画出胶接的工艺流程图。
8. 怎样对 HX108-2 型收音机整机进行组装?
9. 整机质检有哪些内容?

项目6 电子产品调试工艺

项目要求
- 能描述电子产品生产阶段中的调试过程
- 能描述电子产品调试方案设计的因素
- 能描述电子产品静态调试和动态调试内容
- 能说明在线测试、自动测试使用的环境
- 能分析电路不能进行调试的故障原因
- 会熟练编制电子产品调试工艺卡
- 会熟练操作 HH4310 A/COS5020ch 型示波器
- 会熟练进行 HX108－2 型收音机的静态调试和动态调试

6.1 调试过程与方案

电子产品装配完毕后都需要不同程度的调试,这是电路设计的近似性、元器件的离散性和装配工艺的局限性造成的。电子产品调试过程包括研制阶段调试和生产阶段调试两个阶段的内容。

研制阶段调试是设计方案的验证性试验,是 PCB 设计的前提条件。其特点是参考数据少,电路不成熟,故调试难度大。

生产阶段调试是安排在电路板装配以后进行的。这里仅对一般电子产品在生产阶段中的调试进行介绍。

6.1.1 生产阶段调试

1. 调试者技能要求

在相同的设计水平与装配工艺下,调试质量取决于调试工艺过程是否制订得合理和操作人员对调试工艺的掌握程度,故调试者应具备如下技能:

(1)懂得被调试产品整机电路的工作原理,了解其性能指标的要求和测试的条件。

(2)熟悉各种仪表的性能指标及其使用环境,并能熟练地操作使用。

(3)调试人员必须修读过有关仪表、仪器的原理及其使用的课程。

(4)懂得电路多个项目的测量和调试方法,并能进行数据处理。

(5)懂得总结调试过程中常见的故障,并能设法排除。

(6)严格遵守安全操作规程。

2. 生产调试过程

电子产品生产调试过程大致如图 6-1 所示。

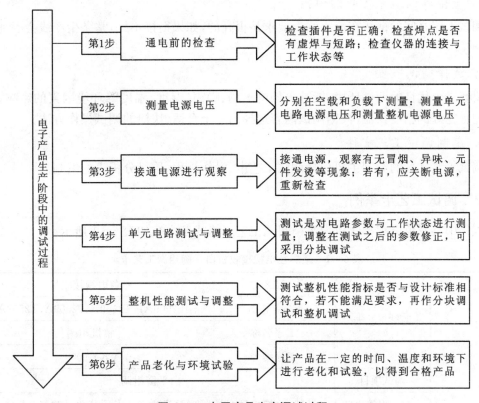

图 6-1　电子产品生产调试过程

在第 4 步"分块调试"中比较合理的调试顺序是按信号的流向进行,这样可以把前面调试过的输出信号作为后一级的输入信号,为最后联机调试创造条件。

对于由多块板组成的整机的具体操作,可先调试各功能板后再组装一起调试;对于单块电路板的整机的具体操作是:先不要接各功能电路的连接线,待各功能电路调试完后再接上。

6.1.2　调试方案设计

电子产品的调试工艺方案是一整套的具体内容与项目、步骤与方法、测试条件与测试仪表、有关注意事项与安全操作规程。

调试工艺方案的优劣直接影响生产阶段调试的效率和产品质量,故调试方案的设计是非常重要的,一般应从五个方面加以考虑。

1. 确定调试项目与调试步骤、要求

在电子产品的调试过程中,调试项目并不单一,首先应把各调试的项目独立出来,根据它们的相互影响考虑其先后顺序,然后再确定每个调试项目的步骤和要求。

2. 安排调试工艺流程

调试工艺流程是有先后顺序的且按循序渐进的过程来进行,比如,先调试结构部分,后调试电气部分;先调试独立项目,后调试存在有相互影响的项目;先调试基本指标,后调试对质量影响较大的指标。

3. 安排调试工序之间的衔接

调试工序之间的衔接在流水线上要求是很高的,如果衔接不好,整条生产线会混乱甚至瘫痪。

4. 选择调试手段

要有一个优良的调试环境,能减少如电磁场、噪声、湿度、温度等环境因素的影响;要有一套配置完好的精度仪器;根据调试内容选择出一个合适、快捷的调试操作方法。

5. 编制调试工艺文件

调试工艺文件的编制主要包括调试工艺卡、操作规程、质量分析表的编制。

6.1.3　调试工艺卡举例

工厂中某彩色电视接收机白平衡粗调工艺卡格式及内容如表 6-1 所示。

表 6-1　某彩色电视接收机白平衡粗调工艺卡

调试工艺卡			产品名称		彩色电视接收机			
			产品型号		F2909A1,T2569A,F2909A,T2563A			
			工序名称		整机粗调			
			工序编号		CKTY009			
			调试项目		白平衡粗调			
使用性			(1) 将整机转入 AV 状态,按工厂遥控器"AFC"键打开工厂菜单,按"静音"键,再按数字"3"键,进入工厂调试菜单 AFC3,确定项目值: R. BIAS—127;G. BIAS—127;B. BIAS—127; R. DRIVE—64;G. DRIVE—14;B. DRIVE—64; SUB BIAS—65。 (2) 按数字"0"键,调节加速电位器,使屏幕上刚好出现 RGB 中的一种色线,再按"0"键,使屏幕恢复正常。 (3) 按工厂遥控器"AFC"键退出工厂设置菜单。 (4) 在随机卡上作记录,合格产品流入下道工序,坏机器进入维修位修理,再按(1)(2)(3)项要求对其进行调试。						
旧底图总号								
			仪器工具		工厂调试遥控器(KK-Y204)			
底图总号	更改标记	数量	文件号	签名	日期	签名	日期	第　页
						拟制		
						审核		共　页
日期	签名							
							第册	第页

6.2 静态测试

静态测试一般指没有外加信号的条件下测试电路各点的电位,测出的数据与设计数据相比较,若超出规定的范围,则应分析其原因,并作适当调整。

6.2.1 静态测试内容

1. 供电电源电压测试

电源电路输出的电压是用来供给各单元电路使用,如果输出的电压不准,则各单元电路的静态工作点也不准。供电电源电压的测试示意图如图 6-2 所示。

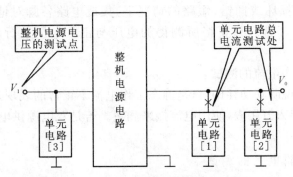

图 6-2　供电电源电压的测试示意图

(1) 空载时的测量

断开所有外接单元电路的供电时对输出电压的测量。

(2) 负载时的测量

在输出端接入负载时对输出电压的测量;标准输出电压应以接入负载时的测量为准,因为空载时的电压一般要高些。

2. 单元电路总电流测试

测量各单元电路的静态工作电流,就可知道单元电路工作状态。若电流偏大,则说明电路有短路或漏电;若电流偏小,则电路有可能没有工作。各单元电路总电流测试示意图同样如图 6-2[1]所示。

3. 三极管电压电流测试

(1) 测量三极管各极对地电压可判断三极管工作的状态(放大、饱和、截止),如果满足不了要求,可对偏置进行适当的调整。

(2) 测量三极管集电极静态电流可判别其工作状态,测量集电极静态电流有两种方法:

① 直接测量法:把集电极的铜膜断开,然后串入万用表,用电流挡测量其电流。

② 间接测量法:通过测量三极管集电极电阻或发射极电阻的电压,然后根据欧姆定律 $I=U/R$,计算出集电极静态电流。三极管电压电流测试示意图如图 6-3 所示。

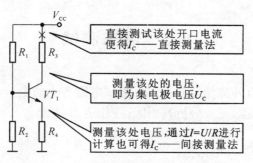

图 6-3   三极管电压电流测试示意图

4. 集成电路(IC)静态工作点的测试

(1) IC 各引脚静态电压的测试

在排除外围元件损坏或插错、短路的情况下,集成电路各脚对地电压基本上反映了其内部工作状态是否正常。只要将所测得的电压与正常电压进行比较,即可作出正确判断。

(2) IC 供电脚静态电流的测试

若 IC 发热严重,说明其功耗偏大,是静态工作电流不正常的表现。测量时可断开集成电路供电引脚铜皮,串入万用表,使用电流挡来测量。若是双电源供电(即正负电源),则必须分别测量。

5. 数字电路逻辑电平的测试

数字电路一般只有两种电平。比如 TTL 与非门电路,0.8 V 以下为低电平,1.8 V 以上为高电平。电压在 0.8~1.8 V 之间的电路状态是不稳定的,不允许出现。

不同数字电路高低电平界限都有所不同,但相差不远。

测量时,先在输入端加入高电平或低电平,然后再测量各输出端的电压,并做好记录。

6.2.2   电路调整方法

电路调整方法常用选择法和调节可调元件法,两种方法都适用于静态调整和动态调整。

1. 选择法

选择法是通过替换元件来选择合适的电路参数(性能或技术指标)。电路原理图中,在这种元件的参数旁边通常标注有"＊"号。

由于反复替换元件很不方便,一般总是先接入可调元件,待调整确定了合适的元件参数后,再换上与选定参数值相同的固定元件。

2. 调节可调元件法

在电路中已经装有调整元件,如电位器、微调电容或微调电感等。其优点是调节方便,而且电路工作一段时间以后,如果状态发生变化,也可以随时调整,但可调元件的可靠性差,体积也比固定元件大。

6.3　动态测试

动态调试一般指在加入信号(或自身产生信号)后,测量三极管、集成电路等的动态工作电压,以及有关的波形、频率、相位、电路放大倍数,并通过调整相应的可调元件,使其多项指标符合设计要求。若经过动、静态调试后仍不能达到原设计要求,应深入分析其测量数据,并作出修正。

6.3.1　动态电压测试

1. 三极管各极的动态电压

三极管各引脚对地的动态工作电压同样是判断电路是否正常工作的重要依据。

2. 振荡电路的起振判定

利用万用表测量三极管的U_{be}直流电压,如果万用表测量指针会出现反偏现象,利用这一点可以判断振荡电路是否起振。当然,用示波器来判定更为直观。

6.3.2　波形测试

利用示波器对电路中的波形进行测试是调试或排除故障的过程中广泛使用的方法,对电路测试点进行波形测试时可能会出现以下几种不正常的情况:

1. 测量点没有波形

这种情况应重点检查电源、静态工作点、测试电路的连线等。

2. 测量点波形失真

测量点波形失真或波形不符合设计要求,通过对其分析和采取相应的处理方法便可解决。解决的办法一般是:首先保证电路静态工作点正常,然后再检查交流通路方面。现以功率放大器为例,对其输出波形进行测试如图6-4所示,可能出现的失真波形如图6-5所示。

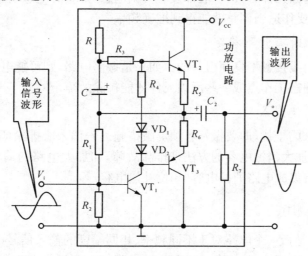

图 6 - 4　功率放大器输出波形测试

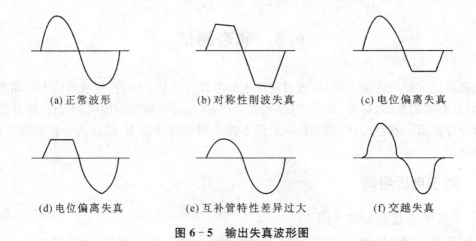

图 6-5 输出失真波形图

(1) 图 6-5(a)的波形属于正常波形。

(2) 图 6-5(b)的波形属于对称性削波失真。适当减少输入信号,即可测出其最大不失真输出电压,这就是该放大器的动态范围。

(3) 图 6-5(c,d)的波形是由于互补输出级中点电位偏离所引起,所以检查并调整该放大器的中点电位使输出波形对称。

如果中点电位正常,仍然出现上述波形,则可能是由于前几级电路中某一级工作点不正常引起的。对此只能逐级测量,直到找到出现故障的那一级放大器为止,再调整其静态工作点,使其恢复正常工作。

(4) 图 6-5(e)的波形主要是输出级互补管(VT_2 和 VT_3)特性差异过大所致。

(5) 图 6-5(f)的波形是由于输出互补管静态工作电流太小所致,称为交越失真。

3. 测量点波形幅度过大或过小

主要与电路增益控制元件有关,只要细心测量有关增益控制元件即可排除故障。

4. 测量点电压波形频率不准确

与振荡电路的选频元件有关,一般都设有可调电感(如空心电感线圈、中周等)或可调电容来改变其频率,只要作适当调整就能得到准确频率。

5. 测量点波形时有时不稳定

可能是元件或引线接触不良而引起的。如果是振荡电路,则可能电路处于临界状态,对此必须通过调整其静态工作点或一些反馈元件才能排除故障。

6. 测量点有杂波混入

首先要排除外来的干扰,即要做好各项屏蔽措施。若仍未能排除,则可能是电路自激引起的,因此只能通过加大消振电容的方法来排除故障,如加大电路的输入输出端对地电容、三极管 b-c 间电容、集成电路消振电容(相位补偿电容)等。

6.3.3 幅频特性测试

所谓幅频特性,是指一个电路对于不同频率、相同幅度的输入信号(通常是电压)在输出端产生的响应。它是电子电路中的一项重要技术指标。测试电路幅频特性的方法一般有两种：

1. 用信号源与电压表测量法

在电路输入端加入一定频率间隔的等幅正弦波，每加入一个正弦波就测量一次输出电压，然后根据频率-电压的关系而得幅频特性曲线。

2. 用扫频仪测量幅频特性

把扫频仪输入端和输出端分别与被测电路的输出端和输入端连接，在扫频仪的显示屏上就可以看出电路对各点频率的响应幅度曲线。

采用扫频仪测试幅频特性，具有测试简便、迅速、直观、易于调整等特点，常用于各种中频特性调试、带通调试等。

动态调试内容还有很多，如电路放大倍数、瞬态响应、相位特性等，而且不同电路要求动态调试项目也不相同，所以在这里不再详述。

6.4 在线测试

在表面贴装技术(SMT)生产过程中，除了焊点缺陷导致质量不合格外，元器件的错焊、漏焊、虚焊、桥连等均会造成产品不合格。因此，生产中可以通过在线电路测试进行性能测试，以便及时发现问题，采取相应措施进行处理。

目前常用的在线测试方法分三种，即生产故障分析(MDA)、在线电路测试(ICT)、功能测试(FT)。

6.4.1 生产故障分析(MDA)

生产故障分析(Malfunction Defect Analyzer，MDA)是针对焊点和模拟元器件的检测方法，它通常采用电压表、电流表和欧姆表等仪表来完成测量，通过软件和程序来控制整个测量过程，运用"学习法"作为判断测试结果的依据。

这种方法技术简单、容易实现，但故障覆盖率和准确性有限，一般用于技术较简单、可靠性要求一般的产品。

6.4.2 在线电路测试(ICT)

在线电路测试(In Circuit Test，ICT)的功能比 MDA 强大得多，它是以电路板的设计指标为判断测试结果的依据，除了覆盖 MDA 功能外，还能对数字电路包括 VLSI 和 ASIC 等进行功能分析。

ICT 几乎能检测所有与制造过程有关的缺陷，故障覆盖率和准确率都很高，适用于技术复杂、功能先进和可靠性要求高的产品。

6.4.3 功能测试(FT)

功能测试(Functional Test，FT)是一种高级的组合测试系统，除能完成 MDA 和 ICT 所有功能外，还可对整个电路或电路群进行功能测试。

FT 系统有自动编程故障逆向追踪功能,甚至可以自动设计夹具。这种系统适用于技术更先进、要求更高的产品。

6.5　自动测试

6.5.1　自动测试流程

自动测试是自动生产线上的一个测试流程,被测电路从上道工序传到自动测试工位,经定位装置定位后,压力机将印制电路板压到针床上,进入测试状态。全自动测试台对电路测试后将其送到缓冲带上,合格品进入下一道工序,不合格品脱离生产线送到不合格品收纳机。自动测试过程如图 6-6 所示。

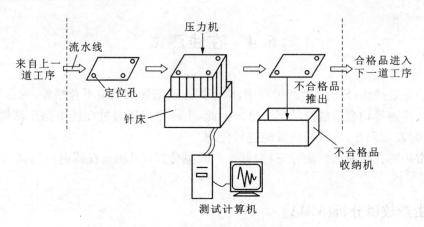

图 6-6　自动测试过程示意图

6.5.2　自动测试硬件设备

自动测试硬件设备是以测试技术和计算机硬件技术、传感器技术、网络技术等为基础的,通常以测试针数和测试步数作为基本规格。针数越多,可测的电路越复杂;步数越多,测试功能越复杂。例如,用于彩电、录像机、CD 机的测试设备通常为 2 048 针、8 196 步。

还有一种测试设备是用活动针对电路板进行"飞针式"测试,先进的飞针式设备可达 0.04 秒/测试步,最大测试步数达 15 000 步,最小定位分辨力可达 20 μm,探针间的测试间距达 0.2 mm。

6.5.3　自动测试软件系统

自动测试软件系统主要有两大类:

一类是结合 EDA 系统根据设计原理图及 IC 数据库以及 PCB 设计、制造、装配等数据自动生成测试程序。

另一类是通过"实时学习比较技术",无需编程即可对电路进行全面功能测试。这种技术以"智能化曲线扫描技术"为基础,它通过可变的参考点和参考值,对通电的被测板上的每一节点进行分析,从而判断电路功能及参数。

6.6　收音机电路调试

6.6.1　直流调试

HX108 - 2 型调幅收音机中共有五个单元电路能够作直流测试,它们分别为:由 VT_1 构成的混频电路,由 VT_2 构成的第 1 中放电路,由 VT_3 构成的第 2 中放电路,由 VT_5 构成的低放电路,由 VT_6 和 VT_7 构成的功放电路。

1. 直流电流测量与调试

(1) 首先将被测支路断开。

(2) 将万用表置于所需的直流电流挡,且串联在断开的支路中。

(3) 测量时要注意万用表表笔的极性,否则,万用表的指针可能反偏。

(4) 将所测电流值与参考值进行比较,相差较大时,可对相应的偏置作一定的调整。

注意:对电路直流电流的测量时比较麻烦些,因为得断开支路才能进行。当然,HX108 - 2 型调幅收音机中五个单元电路的直流电流的测量处在制作 PCB 时已经断开。具体测量与调试参见实训部分。

2. 直流电压测量与调试

(1) 将万用表置于所需的直流电压挡。

(2) 将万用表的表笔并联在被测电路的两端。

(3) 测量时要注意万用表表笔的极性,否则,万用表的指针可能反偏。

(4) 将所测电压值与参考值进行比较,相差较大时,可对相应的偏置作一定的调整。

注意:直流电压测量在直流调试中是常用的方法,HX108 - 2 型调幅收音机中共五个单元电路可作直流电压的测量。具体测量与调试参见实训部分。

6.6.2　交流调试

交流调试是针对交流小信号而言的,若用万用表来测试就显得十分困难。为了使 HX108 - 2 型调幅收音机的各项指标达到要求,要用到专用设备对如下内容进行调试:

1. 中频频率调整

(1) 中频频率准确与否是决定 HX108 - 2 型调幅收音机灵敏度的关键。

(2) 当收音电路安装完毕并能正常收到信号后,便可调整中频变压器。

(3) 维修中更换过中频变压器,需要进行调整,是因为和它并联的电容器的电容量总存在误差、机内布线也有分布电容等,这些会引起中频变压器的失谐。

(4) 但应注意,此时中频变压器磁心的调整范围不应太大。

2. 频率覆盖调整

(1) 频率覆盖范围是否达到要求是决定 HX108 - 2 型调幅收音机选择性的关键。

(2) 收音部分中波段频率范围一般规定在 525~1 605 kHz,调整时一般把中波频率调整在 515~1 640 kHz 范围以保持一定的余量。

3. 收音机统调

(1) 同步(或跟踪)

超外差收音机的使用中,只要调节双联电容器,就可以使振荡与天线调谐两个回路的频率同时发生连续的变化,从而使这两个回路的频率差值保持在 465 kHz 上,这就是所谓的同步(或跟踪)。

(2) 三点统调(或三点同步)

实际中要使整个波段内每一点都达到同步是不易的,为了使整个波段内都能取得基本同步,在设计振荡回路和天线调谐回路时,要求它在中间频率(中波 1 kHz 处)达到同步,并且在低频端(中波 600 Hz)通过调节天线线圈在磁棒上的位置,在高频端通过调整天线调谐回路的微调补偿电容的容量,使低端和高端都达到同步,这样一来,其他各点的频率也就差不多了,所以在外差式收音机的整个波段范围内有三点是跟踪的,故称三点同步(或三点统调)。

6.6.3   电路故障原因

即使在组装前对元器件进行过认真的筛选与检测,也难保在组装过程中不会出现故障。为此,电子产品的检修也就成调试的一部分。为了提高检修速度,加快调试步伐,特将组装过程中常出现的问题列举如下:

(1) 焊接工艺不善,焊点有虚焊存在。

(2) 有极性的元器件在插装时弄错了方向。

(3) 由于空气潮湿,导致元器件受潮、发霉,或绝缘能力降低甚至损坏。

(4) 元器件筛选检查不严格或由于使用不当、超负荷而失效。

(5) 开关或接插件接触不良。

(6) 可调元件的调整端接触不良,造成开路或噪声增加。

(7) 连接导线接错、漏焊或由于机械损伤、化学腐蚀而断路。

(8) 元器件引脚相碰,焊接连接导线时剥皮过多或因热后缩,与其他元器件或机壳相碰。

(9) 因为某些原因造成产品原先调谐好的电路严重失调。

6.6.4   技能实训 8——HX108‑2 型收音机静态调试实训

1. 实训目的

(1) 能描述收音机电路的基本原理。

(2) 会熟练测量电路的直流电流和电压等参数。

(3) 会熟练使用万用表、直流稳压电源、示波器、低频信号发生器等设备。

2. 实训设备与器材准备

(1) 500 A 万用表 1 块

(2) 直流稳压电源 1 台

(3) HH4310 A/COS5020CH 示波器 1 台

(4) 低频信号发生器 1 台

(5) HX108‑2 型调幅收音机套件 1 套

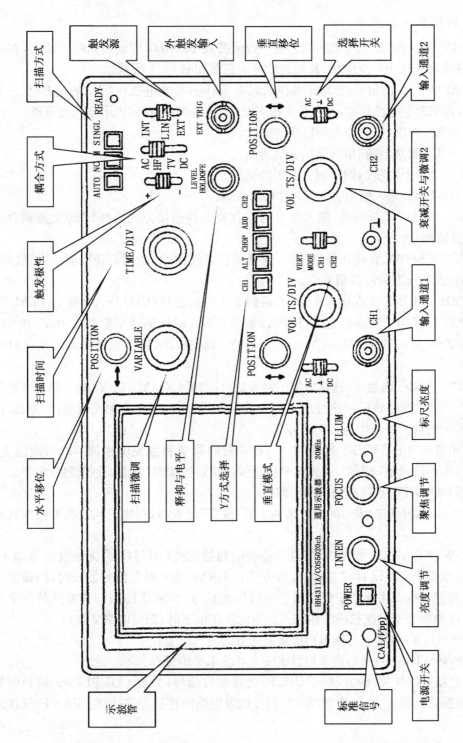

图6-7　HH4310 A/COSS5020ch 型示波器面板结构示意图

3. 实训主要设备简介

HH4310 A/COS5020CH 型示波器是一台便携式 20 MHz 的通用双踪示波器,在电子产品设计开发和调试中广泛应用,其面板结构示意图如图 6-7 所示。

(1) CAL(V_{pp})标准信号:该输出端供给频率 1 kHz,校准电压 0.5 V_{pp} 的正方波。

(2) POWER 主电源开关:当此开关按下时,上方的指示灯亮,表示电源已接通。

(3) INTEN 辉度:控制光点和扫线的亮度。

(4) FOCUS 聚焦:将扫描线聚焦成最清晰。

(5) ILLUM 标尺亮度:调节刻度照明的亮度。

(6) CH1(CH2)输入通道:Y_1(Y_2)垂直输入端。

(7) AC-⊥-DC 选择开关:输入信号与垂直放大器连接方式选择(AC/交流耦合;⊥/接地;DC/直流耦合)。

(8) VOL TS/DIV 衰减开关与微调:选择垂直偏转因数、微调偏转因数。当置"校准"位置时,偏转因数校准为面板指示值。

(9) VERT MODE 垂直模式化:Y 方式的工作方式选择(CH1/Y_1 单独工作;ALT/Y_1 和 Y_2 交替工作,适用于较高扫速;CHOP/以频率为 250 kHz 的速率轮流显示 Y_1 和 Y_2,适用低扫速;ADD/用来测量代数和(Y_1+Y_2),若 Y_2 旋钮拉出,则测量两通道之差;CH2/Y_2 单独工作)。

(10) INT TRIG 内触发:选择内部的触发信号源(Y_1[X-Y]/以 Y_1 输入信号作触发源信号,在 X-Y 工作时,该信号连接到 X 轴上;Y_2/Y_2 输入信号作为触发信号;Y 方式/把显示在荧光屏上的输入信号作为触发信号)。

(11) HOLDOFE/LEVEL 释抑/电平:释抑时间调节和触发电平调节。当旋钮置"锁定"位置时,不论信号幅度大小,触发电平自动保持在最佳状态,不需要调节触发电平。

(12) TIME/DIV:选择扫描时间因数。

(13) VARIABLE:扫描时间因数微调。置"校准"位置时,扫描时间因数被校准到面板指示值。

(14) SWEEP MODE 扫描方式:选择需要的扫描方式(AUTO/当无触发信号加入,或触发信号频率低于 50 Hz 时,扫描为自激方式;NORM/当无触发信号加入时,扫描处于准备状态,没有扫描线。主要用于观察低于 50 Hz 的信号;SINGLE/当扫描方式的三个键均未按下时,电路即处于单次扫描工作方式。当此按钮按下时,扫描电路复位)。

(15) POSITION(↑↓):调节扫描线或光点的垂直位置。

(16) POSITION(←→):调节扫描线或光点的水平位置。

(17) 触发选择开关:触发源 SOURCE/选择触发信号;耦合 COUPLING/选择触发信号和触发电路之间耦合方式,也选择 TV 同步触发电路的连接方式;极性 SLOPE/选择触发极性。

4. 实训步骤与报告

(1) 直流电流测量

① 将 500 A 型万用表置于直流电流挡(1 mA 或 10 mA);

② 对收音机各级电路的直流电流进行测量;

③ 具体测试点(以测量第 2 中放级的电流为例)如图 6-8 所示;

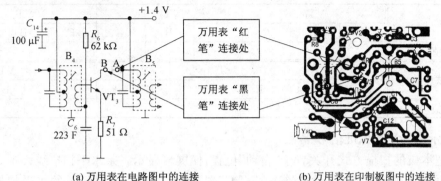

(a) 万用表在电路图中的连接   (b) 万用表在印制板图中的连接

图 6-8   第 2 中放级的电流测量方法

④ 如果测试的电流在规定的范围内,则应该将印制电路板与原理图 A、B 处相对应的开口连接起来;

⑤ 各单元电路都有一定的电流值,如果电流值不在规定的范围内,可改变相应的偏置电阻,具体电流值与参数调整如表 6-2 所示。

表 6-2   HX108-2 型调幅收音机单元电路的电流值

测试电路	混频级 (VT_1)	第 1 中放级 (VT_2)	第 2 中放级 (VT_3)	低放级 (VT_5)	功放级 (VT_6,VT_7)
电流值/mA	0.18~0.22	0.4~0.8	1~2	2~4	4~10
参数调整	$*R_1$	$*R_4$	$*R_6$	$*R_{10}$	$*R_{11}$

(2) 直流电压测量

① 将 500 A 型万用表置于直流电压(1 V 或 10 V)挡;

② 对收音机各级电路的直流电压进行测量;

③ 具体测量点(以测量第 2 中放级的电压为例)如图 6-9 所示;

④ 将各单元电路的电压值填入表 6-3 中。

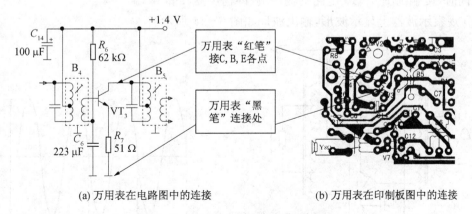

(a) 万用表在电路图中的连接   (b) 万用表在印制板图中的连接

图 6-9   第 2 中放级的电压测量方法

表 6-3　HX108-2 型调幅收音机单元电路的电压值

测试点	VT₁			VT₂			VT₃		
	E	B	C	E	B	C	E	B	C
电压值/V									
测试点	VT₄			VT₅			VT₆			VT₇		
	E	B	C	E	B	C	E	B	C	E	B	C
电压值/V												

（3）示波器测量标准信号

① 把本机的扫描方式开关置于"自动"位置,使屏幕显示一条水平扫描线;

② 再把 Y 轴输入耦合开关"AC-⊥-DC"置于"⊥"位置,此时显示的水平扫描线为零电平的基准线,其高低位置可用 Y 轴"位移"旋钮调节;

③ 将 Y 轴输入耦合开关置于"DC"位置,被测信号由相应的 Y 输入端输入,此时扫描线在 Y 轴方向上产生位移;

④ 将"VOL TS/DIV"衰减开关所指的数值("微调"旋钮位于"校准"位置)与扫描线在 Y 轴方向上产生的位移格数相乘,即为测得的直流电压值;

⑤ 用测试探头接触示波器上标准信号输出口,观察显示波形;

⑥ 记录显示波形,标出幅度和周期（或频率）等参数。

（4）示波器测量收音机功放输出

① 将 HX108-2 型收音机电路板接通＋3 V 电源。

② 让低频信号发生器输出一个幅度为 100 mV、频率为 10 kHz 的正弦信号,加到图 6-10 所示电路的输入端。

③ 将 HH4310 A/COS5020CH 型示波器面板上的 Y 轴输入耦合开关置于"AC"位置,但是当输入信号的频率低时,应将 Y 输入耦合开关置于"DC"位置;将"VOL TS/DIV"衰减开关置于合适位置,且"微调"旋钮处于"校准"位置;将"TIME/DIV"扫描速度开关置于合适位置,且把"VARIABLE"微调置于"校准"位置。

④ 将测试探头插入示波器的 CH1（或 CH2）通道,测试探头上的衰减开关置于"×1"的位置,同时,接触到图 6-10 电路的输出端（即扬声器 Y 的两端）。

⑤ 观察示波器上显示波形,输出波形如图 6-11 所示。

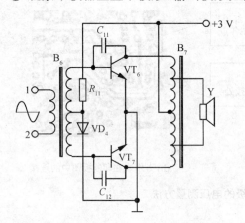

图 6-10　HX108-2 收音机功放电路

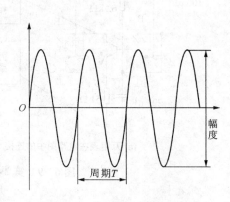

图 6-11　功放电路输出波形

⑥ 记录显示波形,标出幅度和周期(或频率)等参数。

(5) HX108‑2 型收音机静态调试报告

实训项目	实训器材	实训步骤		
1.		(1)	(2)	(3)
2.		(1)	(2)	(3)
心得体会				
教师评语				

6.6.5 技能实训 9——HX108‑2 型收音机动态调试

1. 实训目的

(1) 能描述 HX108‑2 型收音机电路的基本原理。

(2) 能描述 HX108‑2 型收音机电路组装与整机装配过程。

(3) 会熟练使用 F40 型数字合成函数信号发生器/计数器。

(4) 会熟练调试 HX108‑2 型收音机整机。

2. 实训设备与器材准备

(1) 500 A 万用表 1 块

(2) 晶体管毫伏表 1 台

(3) 无感起子 1 副

(4) 直流稳压电源 1 台

(5) HH4310 A/COS5020CH 示波器 1 台

(6) HX108‑2 型调幅收音机套件 1 套

(7) F40 型数字合成函数信号发生器/计数器 1 台

3. 实训主要设备简介

(1) F40 型数字合成函数信号发生器/计数器简介

"F40 型数字合成函数信号发生器/计数器"是一台具有函数信号、调频、调幅、FSK、PSK、猝发、频率扫描等信号功能,具有测频和计数功能,采用 DDS(直接数字合成技术)的精密测试仪器。其面板如图 6‑12,6‑13 所示。

(2) F40 型数字合成函数信号发生器/计数器的"调幅功能模式"使用

按"调幅"键进入调幅功能模式,显示区显示载波频率。此时状态显示区显示调幅功能模式标志"AM"。

连续按"菜单"键,显示区依次闪烁显示下列选项:调制深度[AM LEVEL]→调制频率[AM FREQ]→调制波形[AM WAVE]→调制信号源[AM SOURCE]。

当显示想要修改参数的选项后停止按"菜单"键,显示区闪烁显示当前选项 1 秒后自动显示当前选项的参数值。对调幅的调制深度[AM LEVEL]、调制频率[AM FREQ]、调制波形[AM WAVE]、调制信号源[AM SOURCE]选项的参数,可用"数据"键或调节旋钮输入。

用"数据"键输入时,数据后面必须输入单位,否则输入数据不起作用。

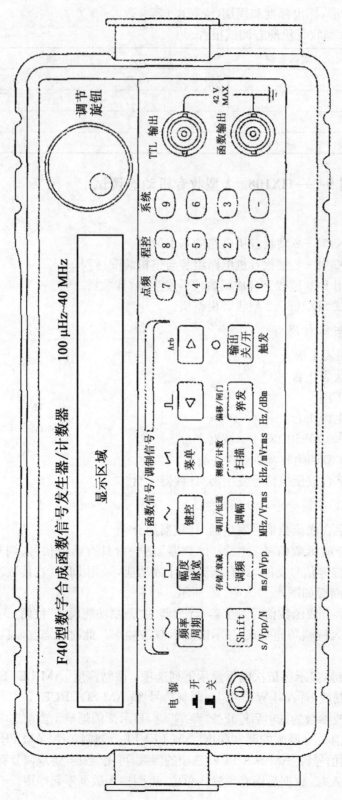

图6-12　F40型数字合成函数信号发生器/计数器的前面板图

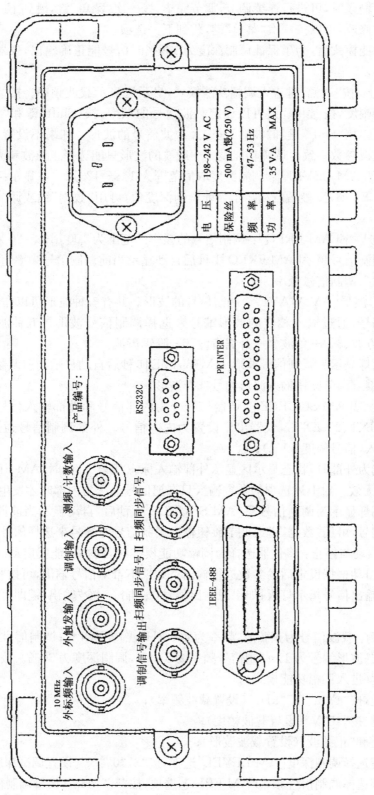

图 6-13 F40 型数字合成函数信号发生器/计数器的后面板图

电 压	198~242 V AC
保险丝	500 mA慢(250 V)
频 率	47~53 Hz
功 率	35 V·A MAX

产品编号：

RS232C

PRINTER

测频/计数输入

调制输入

外触发输入

10 MHz
外标频输入

调制信号输出 扫频同步信号 II 扫频同步信号 I

IEEE-488

用调节旋钮输入时，可进行连续调节，调节完毕，按一次"菜单"键，跳到下一选项。如果对当前选项不作修改，可以按一次"菜单"键，跳到下一选项。

进入调幅功能模式后，为了保证调制深度为100％时信号能正确输出，仪器自动把载波的峰值幅度减半。

① 载波信号：按"调幅"键进入调幅功能模式，显示区显示载波频率。按"幅度"键可以设定载波信号的幅度，按"频率"键可以设定载波信号的频率，按"Shift"键和"偏移"键可以设定直流偏移值。用"Shift"键和"波形"键选择载波信号的波形。如果不设置，则上述参数与前一功能的载波参数一致。调幅功能模式中载波的波形只能选择正弦波和方波两种。

② 调制深度[AM LEVEL]：调制深度取值范围为1％～120％。在显示区闪烁显示为调制深度[AM LEVEL]1秒后自动显示当前调制深度值，可用"数据"键或调节旋钮输入调制深度值。

③ 调制信号频率[AM FREQ]：调制信号的频率的范围为100 μHz～20 kHz。在显示区闪烁显示为调制信号频率[AM FREQ]1秒后自动显示当前调制信号频率值，可用"数据"键或调节旋钮输入调制信号频率。

④ 调制信号波形[AM WAVE]：调制信号的波形。共有五种波形可以作为调制信号。每种波形一个编号，通过输入相应的波形编号来选择调制信号波形。五种波形及编号为1—正弦波、2—方波、3—三角波、4—升锯齿波、5—降锯齿波。

在显示区闪烁显示为调制信号波形[AM WAVE]1秒后自动显示当前调制信号波形编号，可用"数据"键或调节旋钮输入波形编号选择波形。

⑤ 调制信号源[AM SOURCE]：调制信号分为内部信号和外部输入信号。编号和提示符分别为1—INT、2—EXT。仪器出厂设置为内部信号。外部调制信号通过后面板"调制输入"端口输入（信号幅度3 V_{pp}）。

当信号源选为外部时，状态显示区显示外部输入标志"Ext"。此时[AM FREQ]和[AM WAVE]的输入无效。对上述选项的参数输入只有把信号源选为内部时才发生作用。

在显示区闪烁显示为调制信号源[AM SOURCE]1秒后，自动显示当前调制信号源相应的提示符和编号，可用"数据"键或调节旋钮输入调制信号源编号来选择信号来源。

⑥ 调幅的启动与停止：将仪器选择为调幅功能模式时，调幅功能就启动。在设定各选项参数时，仪器自动根据设定后的参数进行输出。如果不希望信号输出，可按"输出"键禁止信号输出，此时输出信号指示灯灭；如果想输出信号，则再按一次"输出"键即可，此时输出信号指示灯亮。

⑦ 调幅举例：载波信号为正弦波，频率为465 kHz，幅度为1 V；调制信号来自内部，调制波形为正弦波（波形编号为1）调制信号频率为5 kHz，调制深度为30％。按键顺序如下：

按"调幅"键（进入调幅功能模式）；

按"频率"键，按"4""6""5""kHz"（设置载波频率）；

按"幅度"键，按"1""V"（设置载波幅度）；

按"Shift"键和"正弦波"（设置载波波形）；

按"菜单"键选择调制深度[AM LEVEL]选项，按"3""0""N"（设置调试深度）；

按"菜单"键选择调制信号频率[AM FREQ]选项，按"5""kHz"（设置调制信号频率）；

按"菜单"键选择调制信号波形[AM WAVE]选项，按"1""N"（设置调制信号波形为正弦波);按"菜单"键选择调制信号源[AM SOURCE]选项,按"1""N"(设置调制信号源为内部)。

4. 实训步骤与报告

(1) 中频频率调整

① 将 HH4310 A/COS5020CH 示波器、晶体管毫伏表、F40 型数字合成函数信号发生器/计数器等设备按图 6-14 所示进行连接;

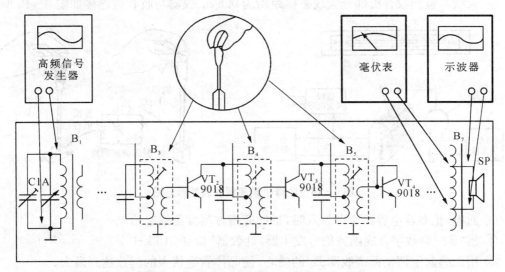

图 6-14　中频频率调整与设备连接示意图

② 将所连接的设备调节到相应的量程;

③ 把收音部分本振电路短路,使电路停振,避去干扰,也可把双联可变电容器置于既无电台广播又无其他干扰的位置上;

④ 使"F40 型数字合成函数信号发生器/计数器"输出频率为 465 kHz、调制度为 30% 的调幅信号;

⑤ 由小到大缓慢地改变"F40 型数字合成函数信号发生器/计数器"的输出幅度,使扬声器里能刚好听到信号的声音即可;

⑥ 用无感起子首先调节中频变压器 B_5,使听到信号的声音最大,"晶体管毫伏表"中的信号指示最大;

⑦ 再分别调节中频变压器 B_4 和 B_3,同样需使扬声器中发出的声音最大,"晶体管毫伏表"中的信号指示最大;

⑧ 中频频率调试完毕。

注意:(1)若中频变压器谐振频率偏离较大,在 465 kHz 的调幅信号输入后,扬声器里仍没有低频输出时可采取如下方法:左右调偏信号发生器的频率,使扬声器出现低频输出;找出谐振点后,再把"F40 型数字合成函数信号发生器/计数器"的频率逐步地向 465 kHz 位置靠近;同时调整中频变压器的磁心,直到其频率调准在 465 kHz 位置上,这样调整后还要减小输入信号,再细调一遍。(2)对于中频变压器已调乱的中频频率的调整方法如下:将 465 kHz 的调幅信号由第 2 中放管的基极输入,调节中频变压器 B_5,使扬声器中发出的声音最大,晶体管毫伏表中的信号指示最大;将 465 kHz 的调幅信号由第 1 中放管的基极输入,调节中频变压器 B_4,使声音和信号指示都最大;将 465 kHz 的调幅信号由变频管的基极输入,调节中频变压器 B_3,同样使声音和信号指示都最大。

（2）频率覆盖调整

① 把"F40 型数字合成函数信号发生器/计数器"输出的调幅信号接入具有开缝屏蔽管的环形天线;

② 天线与被测收音机部分天线磁棒距离为 0.6 m,仪器与收音机连接如图 6-15 所示。

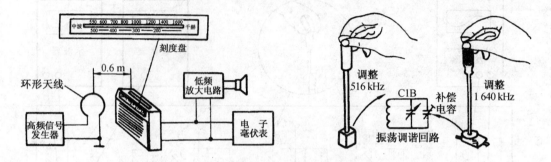

图 6-15　收音机频率覆盖调整示意图

③ 通电,把双联电容器全部旋入时,指针应指在刻度盘的起始点;

④ 将"F40 型数字合成函数信号发生器/计数器"调到 515 kHz;

⑤ 用无感起子调整振荡线圈 B_2 的磁心,使晶体管毫伏表的读数达到最大;

⑥ 将"F40 型数字合成函数信号发生器/计数器"调到 1 640 kHz,把双联电容器全部旋出;

⑦ 用无感起子调整并联在振荡线圈 B_2 上的补偿电容,使"晶体管毫伏表"的读数达到最大,如果收音部分高频频率高于 1 640 kHz,可增大补偿电容容量,反之则降低;

⑧ 用上述方法由低端到高端反复调整几次,直到频率调准为止。

（3）收音机统调

① 调节"F40 型数字合成函数信号发生器/计数器"的频率,使环形天线送出 600 kHz 的高频信号;

② 将收音部分的双联调到使指针指在刻度盘 600 kHz 的位置上;

③ 改变磁棒上输入线圈的位置,使"晶体管毫伏表"读数最大;

④ 再将"F40 型数字合成函数信号发生器/计数器"频率调到 1 500 kHz;

⑤ 将双联调到使指针指在刻度盘 1 500 kHz 的位置上;

⑥ 调节天线回路中的补偿电容,使"晶体管毫伏表"读数最大;

⑦ 如此反复多次,直到两个统调点 600 kHz、1 500 kHz 调准为止;

⑧ 统调方法示意图如图 6-16 所示。

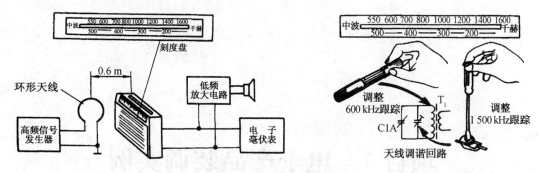

图 6 - 16　统调方法示意图

(4) HX108 - 2 型收音机整机调试报告

实训项目	实训器材	实训步骤		
1.		(1)	(2)	(3)
2.		(1)	(2)	(3)
心得体会				
教师评语				

习　题

1. 设计电子产品调试方案应考虑哪些方面？
2. 什么是静态测试？可测试哪些参数？
3. 什么是动态测试？可测试哪些参数？
4. 在线测试方法有哪些？
5. 收音机直流测试时可测哪些参数？
6. 收音机交流测试时可测哪些参数？
7. 电路不能进行调试的故障原因可能有哪些？
8. 示波器面板上与波形参数有关的旋钮是哪些？

项目7 电子产品装调实例

7.1 函数发生器电路的装调

7.1.1 电路原理

函数发生器一般是指能自动产生正弦波、三角波、方波及踞齿波、阶梯波等电压波形的电路或仪器。根据用途不同,有产生三种或多种波形的函数发生器,使用的器件可以是分立器件,也可以采用集成电路。接下来要装调的函数发生器电路采用由集成运算放大器与晶体管差分放大器共同组成方波—三角波—正弦波函数发生器的设计方法,电路主要由振荡器、波形变换器和输出电路三个部分组成。比较器输出的方波经积分器得到三角波,并把三角波信号传输给差分放大器,差分放大器把输入的三角波转换为正弦波。函数发生器的原理框图如图7-1所示,函数发生器的总电路图如图7-2所示。

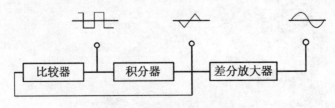

图7-1 函数发生器原理框图

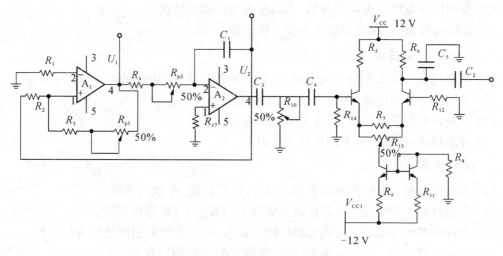

图 7 - 2 函数发生器电路图

1. 方波—三角波电路的工作原理

方波—三角波产生电路由集成运算放大器及外围器件构成,一般包括比较器和 RC 积分器两大部分。图 7 - 3 所示电路为由迟滞比较器和集成运放组成的积分电路所构成的方波和三角波发生器。

其工作原理如下:

A_1 构成迟滞比较器,同相端电位 V_p 由 V_{O1} 和 V_{O2} 决定。当 $V_p > 0$ 时,A_1 输出为正,即 $V_{O1} = +V_z$;当 $V_p < 0$ 时,A_1 输出为负,即 $V_{O1} = -V_z$。

A_2 构成反相积分器,当 V_{O1} 为负时,V_{O2} 向正向变化;当 V_{O1} 为正时,V_{O2} 向负向变化。

假设电源接通时 $V_{O1} = -V_z$,线性增加。当 V_{O2} 上升到使 V_p 略高于 0 V 时,A_1 的输出翻转到 $V_{O1} = +V_z$。

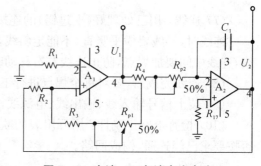

图 7 - 3 方波—三角波产生电路

2. 三角波—正弦波转换电路的工作原理

三角波—正弦波的变换电路主要由差分放大电路来完成。差分放大器具有工作点稳定、输入阻抗高、抗干扰能力较强等优点,特别是作为直流放大器,可以有效地抑制零点漂移,因此可将频率很低的三角波变换成正弦波。波形变换的原理是利用差分放大器传输特性曲线的非线性。

7.1.2 电路组装

函数发生器电路的组装包括方波—三角波产生电路的组装和三角波—正弦波变换电路的组装。

1. 方波—三角波产生电路的组装

(1) 把两块 741 集成块插入面包板,注意布局。

（2）分别把各电阻放入适当位置，尤其注意电位器的接法。

（3）按图接线，注意直流源的正负极及接地端。

2. 三角波—正弦波变换电路的组装

（1）在面包板上接入差分放大电路，注意三极管的各管脚的接线。

（2）搭生成直流源电路，注意 R^* 的阻值选取。

（3）接入各电容及电位器，注意 C_1 的选取。

（4）按图接线，注意直流源的正负及接地端。

3. 组装内容

（1）元器件测量：根据图纸要求的元器件，进行性能、参数的测量。

（2）元器件的引脚处理：用刀片刮去引脚上的氧化层，并进行上锡。

（3）元器件的成形处理：按照元器件成形要求，对元器件的引脚进行成形处理。

（4）元器件的安装：根据原理图（或已先画好的接线图），在面包板上进行元器件布局，元器件从安装面或焊盘的反面插入。元器件布局时，要注意元器件的正确放置方向。

（5）元器件的安装检查：检查元器件是否安装正确，安装位置、方向、成形是否符合要求，若已符合，可进入下一步工作，否则需重新安装。

（6）元器件焊接：用焊接五步法或三步法，将元器件与铆钉焊牢，焊接时时间不要过长，否则会损坏元器件。反之，焊接时时间也不能太短，以免影响焊接质量，焊点要符合要求。

（7）连线：用已处理好（上过锡）的连接导线，将元器件的引脚连接起来，构成回路。

连线时，导线要横平竖直，不能走斜线，同时导线不能从两焊孔间穿过。对于较长的连线，连线中间要加焊点，防止连线左右移动时造成短路。

（8）连线完成后，要对每个焊点进行工艺处理，使之光泽、饱满，符合要求。

（9）装上信号输入线、输出线、电源线，这些连线最好用不同颜色，以示区分。

（10）检查电路正确性：用万用表的欧姆挡（$R \times 1\ \Omega$ 挡）检查连线是否正确，元器件是否按要求已经连通，构成回路。

4. 材料清单（表 7-1）

表 7-1 函数发生器电路元器件清单

名称	标号	参数
运放	A_1，A_2	$\mu A741$
电容	C_1	$0.01\ \mu F$
	C_2，C_6^*	$0.1\ \mu F$
	C_3，C_4，C_5	$470\ \mu F$
三极管	T_1，T_2，T_3，T_4	8050
电阻	R_1	$16\ k\Omega$
	R_2，R_3，R_5	$20\ k\Omega$
	R_4	$10\ k\Omega$

电阻	RB_1,RB_2	6.8 kΩ
	Re_2	100 Ω
	RC_1,RC_2	10 kΩ
	Re_3,Re_4	2 kΩ
	R^*	1 kΩ
电位器	RP_1	60 kΩ
	RP_2,RP_3,RP_4	100 kΩ

7.1.3　技能实训 10——函数发生器电路的装调

1. 电路的调试

(1) 方波—三角波产生电路的调试

① 接入电源后,用示波器进行双踪观察;

② 调节 RP_1,使三角波的幅值满足指标要求;

③ 调节 RP_2,微调波形的频率;

④ 观察示波器,各指标达到要求后进行下一步安装。

(2) 三角波—正弦波变换电路的调试

① 接入直流电源后,把 C_4 接地,利用万用表测试差分放大电路的静态工作点;

② 测试 V_1 和 V_2 的电容值,当不相等时调节 RP_4 使其相等;

③ 测试 V_3 和 V_4 的电容值,使其满足实验要求;

④ 在 C_4 端接入信号源,利用示波器观察,逐渐增大输入电压,当输出波形刚好不失真时记下其最大不失真电压。

(3) 总电路的调试

① 把两部分的电路接好,进行整体测试、观察;

② 针对各阶段出现的问题,逐个排查校验,使其满足实验要求,即使正弦波的峰峰值大于 1 V。

2. 电路的装调

方波—三角波—正弦波函数发生器电路是由三级单元电路组成的,在装调多级电路时通常按照单元电路的先后顺序分级装调与级联。

(1) 方波—三角波发生器的装调

由于比较器 A_1 与积分器 A_2 组成正反馈闭环电路,同时输出方波与三角波,这两个单元电路可以同时安装。需要注意的是,安装电位器 RP_1 与 RP_2 之前,要先将其调整到设计值,如设计举例题中,应先使 $RP_1=10$ kΩ,RP_2 取 $(2.5\sim70)$ kΩ 内的任一值,否则电路可能会不起振。只要电路接线正确,上电后,U_{O1} 的输出为方波,U_{O2} 的输出为三角波,微调 RP_1,使三角波的输出幅度满足设计指标要求,调节 RP_2,则输出频率在对应波段内连续可变。

(2) 三角波—正弦波变换电路的装调

按照图 7-4 所示电路,装调三角波—正弦波变换电路,其中差分放大电路的调试步骤如下:

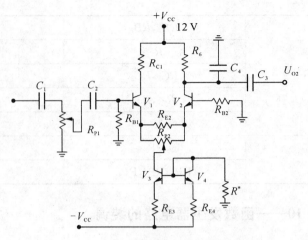

图 7 - 4　三角波—正弦波产生电路

① 经电容 C_4 输入差模信号电压 $U_{id}=50$ V，$F_i=100$ Hz 正弦波。调节 RP$_4$ 及电阻 R^*，使传输特性曲线对称。再逐渐增大 U_{id}，直到传输特性曲线形状刚好能满足需求，记下此时对应的 U_{id} 即 U_{idm} 值。移去信号源，再将 C_4 左端接地，测量差分放大器的静态工作点 I_0，U_{c1}，U_{c2}，U_{c3}，U_{c4}。

② RP$_3$ 与 C_4 连接，调节 RP$_3$ 使三角波输出幅度经 RP$_3$ 等于 U_{idm} 值，这时 U_{O3} 的输出波形应接近正弦波，调节 C_6 大小可改善输出波形。

（3）波形失真（表 7 - 2）

表 7 - 2　波形失真

波形失真类型	失真图像	原因及采取措施
钟形失真		传输特性曲线的线性区太宽，应减小 R_{e2}
半波圆定或平顶失真		传输特性曲线对称性差，工作点 Q 偏上或偏下，应调整电阻 R^*
非线性失真		三角波传输特性区线性度差引起的失真，主要是受到运放的影响，可在输出端加滤波网络改善输出波形

（4）性能指标测量与误差分析

① 方波输出电压 $U_{p-p} \leqslant 2V_{CC}$ 是因为运放输出级有 PNP 型两种晶体组成复合互补对称电路，输出方波时，两管轮流截止与饱和导通，由于导通时输出电阻的影响，使方波输出度小于电源电压值。

② 方波的上升时间 T 主要受运算放大器的限制。如果输出的频率受限制，可接个加速电容 C_1，一般取 C_1 为几十皮法。用示波器或脉冲示波器测量 T。

3. 电路装调数据记录(表7-3,7-4)

表 7-3　方波—三角波发生电路的调试结果

$C/\mu\mathrm{F}$	$f_{\min}/\mathrm{Hz}$	$f_{\max}/\mathrm{Hz}$
0.01		
0.1		
1		

表 7-4　三角波—正弦波转换电路的调试结果

测试内容	测试结果
R	
$V_{c1}=V_{c2}$	
V_{c3}	
V_{c4}	
$I_{c1}=I_{c2}$	

4. 电路装调过程注意事项

调试结果是否正确,很大程度受测量正确与否和测量精度的影响。为了保证效果,必须减小测量误差,提高测量精度。为此,需注意以下几点:

(1) 正确使用测量仪器的接地端。

(2) 测量电压所用仪器的输入端阻抗必须远大于被测处的等效阻抗。因为若测量仪器输入阻抗小,则在测量时会引起分流,给测量结果带来很大的误差。

(3) 仪器的带宽必须大于被测电路的带宽。

(4) 要正确选择测量点,用同一台测量仪进行测量时,测量点不同,仪器内阻引起的误差大小将不同。

(5) 调试过程中,要认真观察、测量和记录。需记录的内容包括实验条件、观察的现象、测量的数据、波形和相位关系等。

(6) 调试时出现故障,要认真分析故障原因,并及时排除故障。

7.2　F30-5 对讲机的装调

在现代通信中,对讲机是一种近距离的、简单的无线传输通信工具。本项目为单工无线调频对讲机,以集成芯片 MC3361 和 LM386 为核心,主要由发射电路和接收电路组成。其发射频率为 30.275 MHz,中频信号 455 kHz。本项目通过测试接收机和发射机之间的频率匹配情况来完成对讲机的装配、调试与检测。

7.2.1　电路原理

F30-5 对讲机的结构主要由接收部分和调频发射部分构成,系统框图如图 7-6 所示。

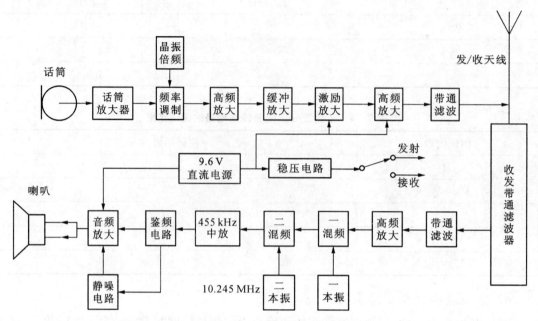

图 7-6　对讲机系统框图

1. 接收部分工作原理

接收部分为二次变频超外差方式,从天线输入的信号经过收发转换电路和带通滤波器后进行射频放大,在经过带通滤波器,进入第一混频,将来自射频的放大信号与来自锁相环频率合成器电路的第一本振信号在第一混频器处混频并生成第一中频信号。第一中频信号通过晶体滤波器进一步消除邻道的杂波信号。滤波后的第一中频信号进入中频处理芯片,与第二本振信号再次混频生成第二中频信号,第二中频信号通过一个陶瓷滤波器滤除无用杂散信号后,被放大和鉴频,产生音频信号。音频信号通过放大、带通滤波器、去加重等电路,进入音量控制电路和功率放大器放大,驱动扬声器,得到所需的信息。

2. 调频发射部分工作原理

锁相环和压控振荡器(VCO)产生发射的射频载波信号,经过缓冲放大、激励放大、功放,产生额定的射频功率,经过天线低通滤波器,抑制谐波成分,然后通过天线发射出去。

3. 电路总电路图

电路总电路图如图 7-7 所示。

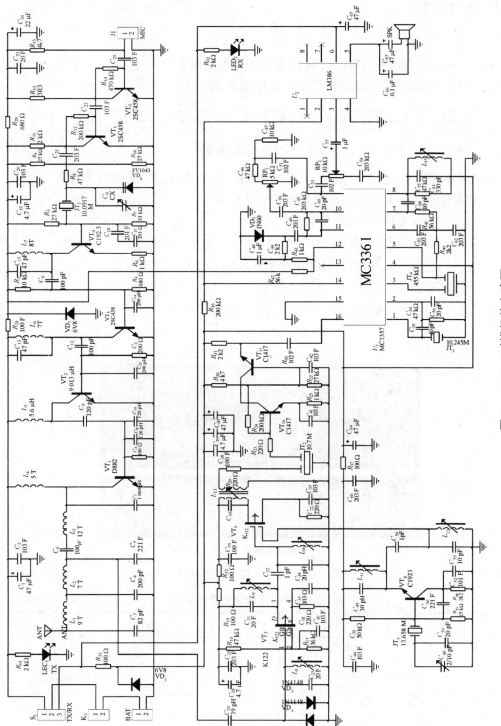

图7-7　F30-5对讲机总电路图

7.2.2 电路组装

1. 组装内容

F30-5对讲机电路的组装包括调频发射部分电路的组装和接收部分的组装。将处理好的元器件加工成形后,进行组装,其流程图如图7-8所示。

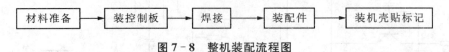

材料准备 → 装控制板 → 焊接 → 装配件 → 装机壳贴标记

图7-8 整机装配流程图

(1) 材料准备。装配前准备好下列部件:电路板、机壳、配件、元器件等材料。

(2) 装控制板。将元器件装配到相应的安装位置。

(3) 焊接。将元器件焊接在PCB板上。

(4) 装配件。安装天线、电池等配件。

(5) 装机壳贴标记。装对讲机机壳,贴标记。

2. PCB板图及元件清单

F30-5对讲机PCB板如图7-9所示,其元件清单如表7-4所示。

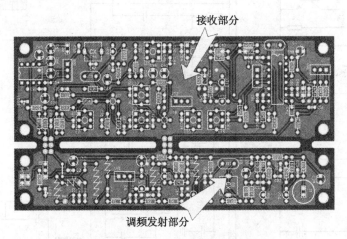

接收部分

调频发射部分

图7-9 F30-5对讲机PCB板

表7-4 F30-5对讲机元件清单

序号	名称	封装	数量	编号	描述
1	51 Ω	AXIAL-0.3	1	R_2	
2	100 Ω	AXIAL-0.3	4	R_3,R_{23},R_{27},R_{29}	
3	220 Ω	AXIAL-0.3	2	R_{25},R_{33}	
4	330 Ω	AXIAL-0.3	1	R_{20}	
5	470 Ω	AXIAL-0.3	1	R_{40}	
6	510 Ω	AXIAL-0.3	2	R_4,R_{15}	
7	1 kΩ	AXIAL-0.3	7	$R_6,R_8,R_{28},R_{31},R_{36},R_{37},R_{38}$	
8	2 kΩ	AXIAL-0.3	2	R_{14},R_{43}	

序号	名称	封装	数量	编号	描述
9	2.2 kΩ	AXIAL - 0.3	2	R_F, R_J	
10	3.3 kΩ	AXIAL - 0.3	1	R_{32}	
11	5.6 kΩ	AXIAL - 0.3	3	R_{17}, R_{19}	
12	8.2 kΩ	AXIAL - 0.3	1	R_5	
13	10 kΩ	AXIAL - 0.3	3	R_{24}, R_{29}, R_{41}	
14	27 kΩ	AXIAL - 0.3	2	R_7, R_9	电阻
15	33 kΩ	AXIAL - 0.3	2	R_{11}, R_{22}	
16	47 kΩ	AXIAL - 0.3	5	$R_{10}, R_{12}, R_{21}, R_{34}, R_{35}$	
17	120 kΩ	AXIAL - 0.3	1	R_{26}	
18	220 kΩ	AXIAL - 0.3	1	$R_{13}, R_{16}, R_{18}, R_{42}$	
19	330 kΩ	AXIAL - 0.3	1	R_{30}	
20	10 kΩ 音量	R0.1 - 3	1	W_1	
21	10 kΩ 静噪	R0.1 - 3	1	W_2	
22	30 pF	RAD - 0.1	1	C_{45}	
23	39 pF	RAD - 0.1	2	C_{33}, C_{34}	
24	51 pF	RAD - 0.1	4	$C_{27}, C_{28}, C_{32}, C_{39}$	
25	82 pF	RAD - 0.1	3	C_1, C_{14}, C_{17}	
26	101 pF	RAD - 0.1	8	$C_4, C_6, C_9, C_{10}, C_{13}, C_{16}, C_{36}, C_{41}$	
27	151 pF	RAD - 0.1	1	C_8	
28	201 pF	RAD - 0.1	8	$C_2, C_3, C_{12}, C_{15}, C_{18}, C_{19}, C_{40}, C_{51}$	瓷片电容
29	471 pF	RAD - 0.1	1	C_{60}	
30	102 pF	RAD - 0.1	3	C_{43}, C_{57}, C_{59}	
31	302 pF	RAD - 0.1	1	C_{58}	
32	103 pF	RAD - 0.1	12	$C_5, C_{24}, C_{25}, C_{29}, C_{31}, C_{34},$ $C_{35}, C_{38}, C_{42}, C_{49}, C_{56}, C_{64}$	
33	203 pF	RAD - 0.1	3	C_{11}, C_{20}	
34	683 pF	RAD - 0.1	1	C_{30}	
35	104 pF	RAD - 0.1	3	C_{47}, C_{48}, C_{62}	
36	5/20 pF(红)	CX - 0.3	1	C^*	可调电容
37	1/5 pF(蓝)	CX - 0.3	1	C	

序号	名称	封装	数量	编号	描述
38	$1\,\mu F$	RB-1.2	4	C_{22},C_{52},C_{54},C_{55}	电解电容
39	$2.2\,\mu F$	RB-1.2	1	C_{63}	
40	$4.7\,\mu F$	RB-1.2	1	C_7	
41	$10\,\mu F$	RB-1.2	3	C_{23},C_{26},C_{46}	
42	$47\,\mu F$	RB-1.2	1	C_{53}	
43	$100\,\mu F$	RB-1.2	1	C_{50}	
44	IN60	D-0.3	2	D_6,D_7	二极管
45	IN4148	D-0.3	1	D_1,D_2	
46	6.2 V	D-0.3	1	D_5	稳压二极管
47	7.5 V	D-0.3	1	D_3	
48	10.245 MHz	XT-0.2	1	JT_3	晶体
49	收	XT-0.2	1	JT_2	
50	发	XT-0.2	1	JT_1	
51	10.7 MHz	XT0.1-3	1	JT_4,JT_5	三端陶瓷滤波器
52	B561	TO-92	2	BG_{13},D_4	三极管
53	C458	TO-92	6	BG_3,BG_4,BG_6,BG_7,BG_{12},BG_{14}	
54	C1417	TO-92	1	BG_{11}	
55	C1923	TO-92	2	BG_5,BG_{10}	
56	C2078	TO-126	1	BG_1	
57	D467	TO-92	1	BG_2	
58	K132	K122	2	BG_8,BG_9	场效应管
59	MC3357	DIP16	1	IC_1	集成电路
60	LM386	DIP8	1	IC_2	
61	驻极话筒	$\Phi 4\times 1.0$	1	MC	
62	红发光二极管	LED0.1	1	DF	
63	绿发二极光管	LED0.1	1	DJ	

7.2.3　技能实训 11——F30-5 对讲机的整机装调

1. 制定调试流程图

调试流程图如图 7-10 所示。

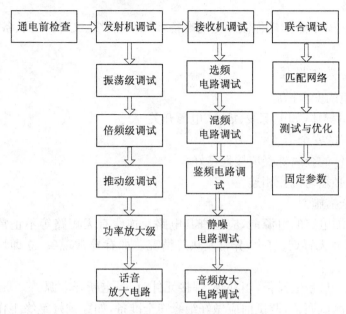

图 7 - 10　F30 - 5 对讲机调试流程图

2. 调试前准备

（1）调试人员的培训

技术部门组织调试，测试人员熟悉整机工作原理、技术条件及有关指标，仔细阅读调试工艺卡，使其明确调试内容、方法、步骤、设备使用及注意事项。

（2）技术文件的准备

产品调试之前，调试人员应准备好产品技术条件、技术说明书、电原理图、检修图和调试工艺卡等技术文件。

（3）仪器、仪表的准备

按照技术条件的规定，准备好测试所需要的各类仪器设备。要求所用仪器、仪表应是符合计量标准和调试要求，并在有效期之内，符合技术文件的规定，满足测试精度范围的需要，并按要求放置好。

调试仪器和工具包括高频信号发生器（如 XFG - 6 型）、示波器（如 VP5204 型 40 MHz）、数字频率计（如 CFC - 8450 型，0～1 000 MHz）、功率计（如 Gz - 3 型）、直流稳压电源（如 WYJ - 30 V/5 A 型）、万用表（如 MF - 47 型，如有数字表 Fluke - 87 等高档仪表配合最佳）、场强计（可自制）、放大镜、螺丝刀、镊子、电烙铁等。

（4）被调物件的准备

准备好需要调试与检测的电路板。检查焊装好的电路板主板应清洁、无锡渣，无明显的错焊、漏焊、虚焊和短路。比如电解电容、二极管是否焊反，参数是否按清单提供的标号位置焊接、芯片方向是否正确、保险管是否装入等。

（5）场地的准备

调试场地应整齐、清洁、按要求布置，要避免高频、高压、强电磁场的干扰。如调试高频电路应在屏蔽间进行。

（6）个人准备

调试人员应按安全操作规程做好上岗准备，调试用图纸、文件、工具、备件等都应放在适当的位置上。

3．调试安全操作规程

（1）测试环境的安全措施

无裸露的带电导体（如电源线、插头、电源开关等）。

（2）测试仪器的安全措施

① 仪器及附件的金属外壳应接地良好；

② 仪器地线必须与机壳相连。

（3）操作安全措施

① 在接通被测电路的电源前，应检查其电路及连线有无短路等不正常现象；接通电源后，应观察电路板有无冒烟、打火、异常发热等情况。如有异常现象，立即切断电源，查找故障原因。

② 禁止调试人员带电操作，当补焊、焊接元件时，一定断开电源。

③ 如有高压测试调整，调试前应做好绝缘安全准备，如穿戴好绝缘工作鞋、绝缘工作手套等。

④ 使用和调试 MOS 电路时必须佩戴防静电腕套。

⑤ 强电调试时至少应有两人在场，以防不测。其他无关人员不得进入工作场，任何人不得随意拨动总闸、仪器设备的电源开关及各种旋钮，以免造成事故。

⑥ 调试工作结束或离开工作场所前，应关掉调试用仪器设备等电器的电源。

4．调试

（1）接收机电路调试

① 输入回路高频放大级的调试

接收电路中的高放级是决定整机接收灵敏度与选择性的关键电路，所以调试的主要任务是尽可能地提高这一级电路的高频电压增益，提高灵敏度。准确地调整 LC 选频回路，使 f_0 以外的干扰频率尽可能地被衰减，以保证接收电路有较高的信号选择性。

调整各点时，只需用示波器或扫描仪在高放级输出端观察到的中心频率波形幅值最大、带宽适中、带外衰减量最大，即可认为电路已经调整至最佳点，本级高放电路应具有 14～20 dB 的电压增益。

② 本振与一混频电路的调整

混频电路主要由两部分组成，即本机振荡电路和三极管混频电路。其中本振电路的调整和三点式振荡器的调整相同，在这里就不再重复了。由于振荡器采用的是晶振稳频，所以频率不能变动，但是通过微调 C_{37} 的容量，还是可以微量地改变振荡频率，变化量约为±2～3 kHz。

混频管 BG_8 是双栅场效应高频管，所以输入的高频信号 f_0 和本振信号 f_L 干扰，如果两路输入信号均在要求的参数范围内，那么在中周变压器 B_4 级回路中，就应该感应到 10.7 MHz 的一中频电压波形。调整中周变压器 B_4 芯，可以使输出的一中频波形幅值达到最大值。这时就可以认为，一混频电路的谐调点已完成了基本调谐。要想使调谐更进一步准确,应将示波器接至二中频输出端(MC3361 的第 5 脚)。重复调整,直至波形幅度最大时为止。

③ 二混频、中放、鉴频电路的调整

二混频、中放、鉴频电路的大部分功能均由集成电路 MC3361 来完成。外围可调整的器件很少,其中 B_3 鉴频线圈磁心是需要调谐的调整点之一。二混频电路能否正常工作,主要看二本振是否起振和有无一中频信号输入。一般情况下,只要焊接无误,元件正常,无需调整,电路就能正常工作。二中频的中心频率点是 455 kHz,它是由一中频的 10.7 MHz 信号和二本振主频 10.245 MHz 两个信号所产生的差频信号,也称为二中频信号。该信号经过三端陶瓷滤波器进行滤波处理后,送至 MC3361 内部的中放电路进行限幅电压放大,该中放电路的电压增益为 65~70 dB,放大后的信号经鉴频器解调后,还原出音频信号,从 MC3361 第 9 脚输出。这一部分电路的主要调整点是鉴频器的正交鉴频线圈 B_3 的谐振点。当用高频信号源将调制频率为 1 kHz 频偏量 5% 的 FM 高频信号(1~5 MV)输入到接收机的天线输入端时,用示波器可以在 MC3361 的第 9 脚检测到解调后的 1 kHz 音频信号波形。可以反复调整 B_3 磁心,使 9 脚音频波形幅度最大,且没有明显的失真现象。如出现正弦波失真现象,应适量减小输入高频载波信号的幅度。调整中,应不断地根据 9 脚输出音频信号的强度,减小输入高频信号的电压幅度,直至输出的音频信号中出现明显的噪声电压为止。此时的高频信号源输出电压值,就是接收机的限噪接收灵敏度值。

④ 静噪电路、音频功效电路的调整

当接收机电路工作时,它会将空间中处在主频内的微弱的白噪声干扰信号进行放大处理,最后在接收机的鉴频输出端 9 脚输出。当有信号呼叫时,由于呼叫发射机的载波信号较强,抑制了噪声信号,经过放大鉴频后在输出端 9 脚输出的是解调后的纯音频信号。由于静噪电路是在无信号状态下才开始工作的,所以调整噪声控制阈值时,应在输入载波信号为 0 V 时进行调整。

当调整静噪控制电位器 W_2 时,观察低放电源开关管 BG_{13} 管的通断,当 BG_{13} 出现关断时,这时 W_2 的位置就是静噪临界点,这样既可以保证接收灵敏度,又能保证静噪电路正常工作。静噪电路一般情况下,只要元件焊接无误,都能正常工作。如果出现调整 W_2 电位器全程仍无法关断低放电源的情况,就应该检查元件是否有错焊或者损坏。

当对讲机正常使用时,应根据不同的环境噪声调整 W_2 静噪电位器,使静噪电路保持在临界状态,以保证接收机的接收灵敏度。当静噪电路工作在过触发状态时,会导致接收灵敏度明显降低。

音频功放电路主要由集成电路 LM386 组成,音量电位器 W_1 负责控制喇叭音量。由于音频低放电路 LM386 外接元件极少,基本上没有可调整的地方。所以正常情况下,只要元件焊接无误,通电后即可正常工作。由于音频低放级的电源受开关管 BG_{13} 控制,所以在静噪电路触发工作时,低放电路由于电源关断而不会发声。

要验证低放电路是否正常工作,必须在静噪电路不工作时进行。简单的方法是调整静噪控制电位器 W_2,使静噪电路失效,如果能听到喇叭里有明显的噪声,即可认为低放电路基本上工作正常,然后再用音频信号源进行功能测试,直至达到要求为止。本放大电路输出的音频功率应不小于 50 mW。

（2）发射机电路的调试

发射机电路的调整主要应完成以下三个任务。

① 话筒放大电路的调试

话筒放大电路由电容驻极体话筒和两级负反馈放大器共同组成。调试时分为两步，首先检查各级放大器的直流工作点是否正常，然后再检查交流工作状态是否正常。交流工作状态检查的方法是，用示波器在电解电容 C_{22} 的正极观察，当对着话筒讲话时，示波器能观察到明显的话音波形信号，其幅度不小于 $1.5\,V_{p-p}$ 值。如果示波器的信号没有明显变化，一般可能性较大的是话筒焊接时极性接错，导致电容话筒不能正常工作。如果放大器工作不正常，则需要检查交、直流工作点是否有设置错误。有关检查的方法可参考关于"模拟电路"教材书中有关晶体管交流放大器部分。

② 晶体调频振荡电路与高放电路的调试

晶体调频振荡器使发射机的主频信号产生电路，调频振荡级的调整主要可以分两步进行。先在无调制状态下校准发射中心频率，此项可以通过频率计来测量，频率准确后，再加入调制信号调整频偏量。首先断开音频耦合电容 C_{22}，使振荡器处于无调制振荡状态，将数字频率计接至激励管 BG_2 基极（为了减小对主振级的影响），观察频率是否准确地等于三倍晶体频率值。如果不符，应该通过调整微调电容 C_{21} 来校准。频率准确后，就可以用示波器和频率计同时测量，进行幅度调试。用无感旋具调整电感 L_8 和 L_9 的匝间间距，使示波器观察到的波形幅度为最大，同时频率计读数正确无误，即可认为中心频率和谐振点已经调整准确了。

当中心频率校准完成后，就可以进行 FM 调制校准了。调制信号采用音频信号发生器提供信号。用一容量在 $103\sim473\,pF$ 之间的电容，一端接至 BG_7 基极，另一端接音频信号源输出端，信号源的地和电路板地相连。调整信号源，使输出频率为 $1\,kHz/1\sim10\,mV$，用另一接收机（f_0 要对应）在几米范围内试验接受，应该在接收机 MC3361 的 9 脚用示波器观察到经过解调后的音频波形，且不存在明显的波形失真现象。测量发射机的最大频偏量时，可以采用静态测试法进行测量。首先测量分压电阻 R_{12} 的对地直流电压值 U_0，然后用电位器替代 R_{11} 和 R_{12} 进行分压，调整电位器，测量 U_0 在 $\pm1\,V$ 时中心频偏的频偏量，此值即可认为是发射机的最大调制频偏。

③ 激励放大级与末级功放电路的调试

在调整前，要求发射机的主振级 BG_5、高放级 BG_3 均已调整完毕，并保证工作在最佳状态。只有这样，才能为激励级提供足够强的高频载波电压，使后两级放大器工作正常。由于激励级和功放级管子工作在开关状态，工作时集电极电流 I_C 很大，所以调整时需要格外小心，在调整时可以先将直流供电电压降低 $2\sim3\,V$ 供电，待整机电路工作正常后再恢复到额定电压供电。调整中要时刻观察末级电流的变化，一旦电流超过 $800\,mA$，应马上切断电源，停止调试，检查是否存在电路故障。如果经过检查，电路和元件都没有发生故障，就可能是放大器的 LC 谐振回路严重失谐造成的电流过大，这时要仔细用无感旋具调整谐振线圈，使电流降下来。LC 谐振回路失谐严重时，单靠改变电感量不能解决时，应考虑改变谐振电容的容量来使回路谐振。调试中，各关键测试点的最低高频电压要求幅值，均标注在图上，可作为电路调试时的参考。

特别应该指出的是，发射机正常工作时，由于天线输出端带有几十伏的高频电压值，所以天线输出插座不可以直接接入数字频率计,以免烧坏仪器。一般测量频率时,频率计可通过导线感应方式测量频率。在发射机调试和使用中,特别注意不得在断开天线时开机发射,以免造成末级功放管过功耗而烧坏。

（3）接收与发射电路的统调及要求

当对讲机的接收/发射电路全部调整完以后还不能算完成了全部调试工作,还有一个重要的调整环节需要完成,这就是对讲机的统调任务。统调环节是对讲机调试中一个比较关键的环节。统调质量的好坏,直接关系到对讲机的有效通信距离的远近。

在前面对接收、发射电路进行调试时,均是以高频信号发生器输出的频率值作为调试基准信号进行调整。但在对讲机的实际工作中,接收机所接收的是对方发射机的 FM 高频信号。由于高频信号源和发射机的频率之间必然存在一定范围的频差,所以必须对对讲机进行频率统一化标准。

5. 测试

（1）接收电路测试

首先用万用表测 BG_{11} 的发射极电压,正常应为 5.6 V;其次,判断本振级是否起振,用频率计测 BG_3 的集电极,频率应为 30.730 MHz,看是否有误差,频率误差不得超过 1～5 kHz,可用示波器观察 T_3 次级的波形,调 L_5,T_3 使波形最好,幅度最大,达到 80 mV～100 mV$_{p-p}$。

关闭静噪电位器,使喇叭出现噪声,调 T_2 的磁帽,使喇叭中的噪声最大,还可以用示波器观察喇叭两端的波形,调 T_2,使噪声波形（此时波形应是杂乱无章的）幅度最大,波形对称。

将信号发生器设置为:频率 30.275 MHz,频偏 5 kHz,调制频率 1 kHz,在天线端输入此信号,逐步增大信号电平,一般在十多微伏就可在喇叭中听到音频声,调 T_2,T_1,L_4,L_3,使声音最大,逐步减小信号电平,再调上述可调元件,必要时可调 L_5,T_3 使音频声最大,音质最好,一般可将收信灵敏度调至 1.0 μV,当然此时并非一点噪声都没有,它是指在 12 dB 的信噪比时的收信灵敏度。

移开信号源,缓慢调整静噪电位器,使噪声刚好消失,将信号源的电平再降至 0.5 μV,重新把信号接上天线端,此时应能打开静噪门,收信机应能收到信号。

如果能调出上述灵敏度,接收机就算基本调好了。

表 7 - 5　接收电路参数指标

序号	名称	测试点 1	指标	测试点 2	备注
1	电压	BG_{11} 的发射极	5.6 V	GND：BAK 的 2 脚	
2	频率	BG_3 的集电极	30.730 MHz	GND：BAK 的 2 脚	误差小于 1～5 kHz
3	波形	T_3 的 1 脚	80 mV～100 mV$_{p-p}$	T_3 的 1 脚 2 脚	

（2）发射电路测试

在总电源回路串一电流表（3 A 量程）,开机,按下发射开关,若此时电流值大于 1.5 A,说明整机还有短路存在,应排除故障后方可再开机。虽然本机可以在 13.6 V 电源下安全地工作,开始时也不要使用太高的电源电压,以防电路失谐时烧毁末级功率管,一般使用 8.6 V 的电源电压就可以完成调试。注意末级功率管需加上足够大的散热器。

首先判断主振级是否起振，方法是用万用表测量 N_{15} 的发射极电压，正常为 2 V 左右，若起振，该电压应和基极电压一样高，甚至比基极电压还要高，这是振荡电路起振的一个明显的特征，业余制作没有示波器，必须掌握这个原理，它对调试非常有用。有示波器可用示波器观察 N_{15} 的集电极，若波形幅度过小，可调 T_5，一般可以调出该波形来；若观察不到波形，说明电路还有故障（一般为 T_5 绕制不良），应找出原因，排除故障，电路不起振时将会工作在线性放大状态，发射极电压将比基极电压低 0.65 V 左右。

确定电路起振后，可用频率计探头接至 N_{15} 的集电极，测出振荡频率，正常应为 30.275 MHz（或 10.917 MHz，视调整 T_5 的情况和频率计的连接有关，测出频率为 10.917 MHz 是因为测量的是晶体的基频，而测得的值为 30.275 MHz，则为三次谐波），若有误差，应调整 C_{69} 的容量，直至达到要求，也可改变 R_{32}，R_{33} 的阻值予以调整，但不能改变太多它们的阻值，只能作小范围调整。要求载频频率误差不得大于 1.5 kHz，此时可用示波器观察 T_5 次级的波形，调整 T_5 的磁心，使三次谐波的波形清晰，无毛刺，且幅度最大，但必须以波形稳定为原则，开关电源数次都能正常起振为好。然后观察 N_7 的集电极，调整 T_4 的磁心，使波形最好，幅度最大，接近正弦波。在天线端接一个 50 Ω 假负载，可串一个低电压小功率小灯泡并在略大于 50 Ω 的假负载上，观察灯泡的亮度来判断输出功率。分别调整 L_8，L_6，L_1，L_2，使输出功率最大，正弦波波幅最大，波形良好，对着话筒讲话时，波形不变化，此时电流值约为 0.75 A。若没有示波器，可用自制的场强仪放在天线旁监视，调整 L_8，L_6，L_1，L_2，使放在天线旁的场强计指示最大为好。

（3）整机调试与检测

设一套对讲机中的两部对讲机，各自分为 A 机和 B 机。

① 首先用数字式频率计检查 A 机和 B 机的发射频率是否正确。如果频率出现偏差，应调整晶体调频振荡器电路中的微调电容 C_{21} 校准频率。由于功放管散热的因素，发射机不能长期通电工作，每次校准频率时对讲机发射时间应小于 2 分钟。测量发射频率时，数字频率计应采用接收感应方式进行测量。

② 将 A 机置于发射状态，B 机置于接收状态，两机之间距离应大于 10 m。用示波器检查接收机的二中频波形（MC3361 的第 5 脚），应该观察到幅度较大的 455 kHz 波形。如果没有波形或者波形幅度较小，则应该调整微调一本振频（C_{37}、B_5）和调谐一混频级的输入和输出选频回路（B_1，B_2，B_4），调整高放级 BG_8 的输入和输出谐振回路 B_1，B_2，使 MC3361 的第 5 脚输出 455 kHz 中频的波形幅值最大。

③ 将 A 机置于发射状态，试用 A 机通话，B 机置于接收状态。将音量电位器调整在适当位置，静噪电位器在失效（不静噪）位置。用示波器在 MC3361 的第 9 脚观察话音波形，应没有明显的失真现象。如果出现话音信号明显的失真或者音量较小，应调整鉴频线圈 B_3 的磁心，使话音信号达到不失真的最大值。

④ 将 A 机处在关闭状态，B 机的喇叭里应听到明显的干扰噪声，再将 A 机置于发射状态，B 机的干扰噪声马上被抑制。关闭 A 机发射，B 机的接收机又会恢复干扰噪声，这时可以调整静噪电位器 W_2，当 W_2 处在 1/3～2/3 位置时，B 机的干扰噪声能够被静电路切断，使接收机的待机状态保持安静。如果静噪电路不能正常工作，则需检查静噪电路的元件是否错焊或损坏。

⑤ 将 A 机和 B 机相互调换位置,使 B 机为发射状态,而使 A 机为接收状态,重复①～④项进行统调。完成后应该进一步扩大 A 机和 B 机之间的距离,反复统调几次,以确保弱信号的接收灵敏度。按照本机的指标参数,调整正确后,在开阔地的有效通信距离应大于 3 km。

习　题

1. 电子整机组装完成后,为什么还要进行必要的调试?
2. 简述函数发生器电路调试的一般过程。
3. 调试工作中应特别注意的安全措施有哪些?
4. 制定调试方案时应综合考虑哪些方面的要求?
5. 测试频率特性的常用方法有哪几种? 各需使用什么仪器?
6. 简述整机调试的一般流程。
7. 对讲机一般要进行哪几项调试?
8. 简述整机调试过程中的故障处理步骤。
9. 在函数发生器和对讲机电路中用静态观察法和动态观察法所观察到的内容有哪些?

项目 8　表面贴装技术(SMT)

项目要求
- 掌握 SMT 概念、SMT 工艺流程和 SMC/SMD 的手工焊接技术
- 熟悉表面安装器件、SMT 设备和 SMT 设备原理
- 了解 SMT 技术的特点、分类、SMC/SMD 等

8.1　SMT 概述

SMT 是 Surface Mount Technology 的简写,意为表面贴装技术。SMT 就是使用一定的设备或工具将表面贴装元器件准确地放置到经过印刷焊膏的 PCB 焊盘上,然后经过回流焊机高温焊接,使元器件与电路板建立良好的机械和电气连接,亦即是无需对 PCB 钻插装孔而直接将元器件贴焊到 PCB 表面规定位置上的装联技术(图 8 - 1)。

图 8 - 1　SMT 和 THT 混合组装的产品

8.1.1　电子装联技术的发展概况

电子装联技术是电子或电气产品在形成中所采用的电连接和装配的工艺过程,是电子产品的支撑技术,也是衡量一个国家综合实力和科技发展水平的重要标志之一,还是电子产

品实现小型化、轻量化、多功能化、智能化和高可靠性的关键技术。

谈及电子装联技术的发展历程,首先必须知道电子装联技术的分类:

(1) 插装(THT)

通孔插装技术(Through Hole Technology)。

(2) 表面贴装(SMT)

表面贴装技术(Surface Mount Technology)。

(3) 微组装(MPT)

微组装技术(Microelectronic Packaging Technology)。

SMT 是从 20 世纪 70 年代发展起来的,到 90 年代广泛应用的电子装联技术。由于涉及多学科领域,使 SMT 在发展初期较为缓慢,但随着各学科领域的协调发展,SMT 在 20 世纪 90 年代得到迅速发展和普及,预计在 21 世纪 SMT 将成为电子装联技术的主流。SMT 的发展情况大致如下:

(1) 20 世纪 60 年代,在电子行业以及军用通信中,为了实现电子产品、通信产品的微型化,人们开发出了无引线的电子元器件,直接焊接到电路板的表面,就形成了“表面贴装技术”的雏形。

(2) 20 世纪 70 年代,因消费类电子产品发展迅速,日本电子行业敏锐地发现了 SMT 的先进性,所以 SMT 技术迅速在电子行业推广过来,并带动了 SMT 专用设备,如印刷机、贴片机、回流焊机以及各种贴片元件的发展,为 SMT 的发展奠定了坚实的基础。

(3) 20 世纪八九十年代,SMT 生产技术日渐成熟,用于表面贴装技术的元器件大量生产,价格也大幅度下降。用于 SMT 组装的电子产品具有体积小、性能好、功能全、价位低的综合优势,故 SMT 作为新一代电子组装技术已广泛应用于各个电子领域,如航天航空、通信、计算机、医疗电子、汽车、数码产品、办公自动化、家用电器行业,真可谓哪里有电子产品哪里就有 SMT。

(4) 目前在国内,SMT 产业相当火爆,保守估计,全国目前有上千家成规模企业在从事 SMT 加工业务。中国电子信息产业、航空、航天及军事电子等领域的高速发展,必将大力推动我国 SMT 技术的发展。可想而知,SMT 产业将是一个非常有前景的产业。

8.1.2 SMT 技术的特点

电子产品由于追求小型化,以前使用的通孔插件元件已无法缩小,小巧、微小的电子产品功能更完整,所采用的集成电路(IC)已无通孔元件,特别是大规模、高集成度 IC,不得不采用表面贴片元件。而从 SMT 的定义上,我们知道 SMT 是从传统的通孔插装技术(THT)发展起来的,但又区别于传统的 THT。那么,SMT 与 THT 比较,它有什么特点呢?下面就是其最为突出的特点:

(1) 组装密度高、电子产品体积小、重量轻,贴片元件的体积和重量只有传统插装元件的 1/10 左右,一般采用 SMT 之后,电子产品体积缩小 40%～60%,重量减轻 60%～80%。

(2) 可靠性高、抗振能力强,焊点缺陷率低。

(3) 高频特性好,减少了电磁和射频干扰,优于 THT。

(4) 易于实现自动化,提高生产效率。

(5) 降低成本达 30%～50%,节省材料、能源、设备、人力、时间等。

（6）元器件漏差、误差、缺件发生率低(小于 0.01%)。

电子科技革命势在必行,SMT 技术正向高精度、高速度、多功能、高效、灵活、智能、环保等方向发展。

8.1.3　SMT 生产线分类

根据 SMT 的工艺过程,可把 SMT 生产线分为以下三种类型：

第一类：全表面贴装元件的装配

IA 只有表面贴装的单面装配工序：丝印焊膏→贴装元件→回流焊接→清洗；

IB 只有表面贴装的双面装配工序：丝印焊膏→贴装元件→回流焊接→反面→丝印焊膏→贴装元件→回流焊接(底面加打孔铜箔)→清洗。

第二类：单面插贴混合的装配

工序：丝印焊膏(顶面)→贴装元件→回流焊接→反面→点胶(底面)→贴装元件→固化红胶→反面→插元件→波峰焊接→清洗。

第三类：双面插贴混合的装配

工序：点胶→贴装元件→固化红胶→反面→插元件→波峰焊接→清洗。

8.1.4　SMT 设备组成

SMT 生产线的设计和设备选型要结合主要产品的生产实际需要、实际条件、工作效率、一定的适应性和先进性等几方面进行综合考虑。

一般来说,一条完整的 SMT 生产线设备主要包括焊膏印刷机(又称丝网印刷机)、点胶机、贴片机、回流焊机、固化炉、波峰焊机、清洗机、送板机、接驳台、焊膏检测仪(SPI)、自动光学测试仪(AOI)、在线测试仪(ICT)、功能测试仪(FCT)、X 射线检测系统(X-ray)、返修系统(BGA)、冰箱等。

焊膏印刷机：其作用是将焊膏或贴片通过模板(钢网)胶漏印到 PCB 的焊盘上,为元器件的贴装作准备,又称为丝印机(丝网印刷机),位于 SMT 生产线的最前端,见图 8-2～8-4。

图 8-2　半自动焊膏印刷机　　　　　图 8-3　全自动焊膏印刷机

图 8-4　手动印刷台

点胶机：它是将红胶滴到 PCB 的指定位置上(非焊盘位置)，其主要作用是将元器件固定到 PCB 板上进行机械连接，为下道固化红胶或焊接工序做好准备工作。有些点胶工艺可以由焊膏印刷机来完成。点胶机一般位于 SMT 生产线的最前端或检测设备的后面，见图8-5~8-7。

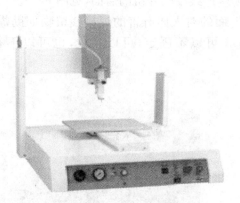

图 8-5　简易式全自动点胶机

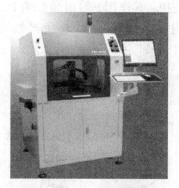

图 8-6　台式全自动点胶机

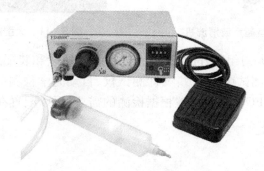

图 8-7　手动点胶机

贴片机：其作用是将表面组装元器件准确安装到 PCB 的固定位置上，位于 SMT 生产线中焊膏印刷机的后面，见图8-8。

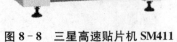
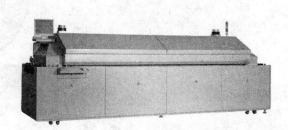

图 8－8　三星高速贴片机 SM411　　　　　图 8－9　全自动无铅回流焊锡机

固化炉：其作用是将贴片胶固化，从而使表面组装元器件与 PCB 板牢固粘接在一起。所用设备为固化炉，位于 SMT 生产线中点胶机或贴片机的后面。（注：可以用回流焊机代替）

回流焊机：又称再流焊机。其作用是将焊膏融化，使表面组装元器件与 PCB 板牢固焊接在一起。所用设备为回流焊炉，位于 SMT 生产线中贴片机的后面，见图 8－9。

清洗机：其作用是将组装好的 PCB 板上面的对人体有害的焊接残留物如助焊剂等除去。所用设备为清洗机，在生产线中的位置可以不固定，可以在线，也可以不在线，见图 8－10，8－11。

图 8－10　小型超声波清洗机　　　　　图 8－11　大型超声波清洗机

检测设备：其作用是对组装好的 PCB 板进行焊接质量和装配质量的检测。所用设备有放大镜、显微镜、在线测试仪（ICT）、飞针测试仪、自动光学检测（AOI）、X 射线检测系统（X-ray）、功能测试仪（FCT）等。位置根据检测的需要，可以配置在生产线合适的地方，见图 8－12～8－16。

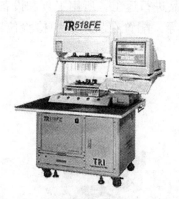

图 8－12　ICT

图 8－13　飞针测试仪

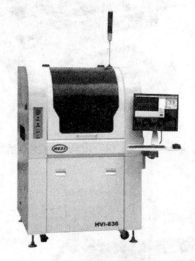

图 8－14　AOI

图 8－15　FCT

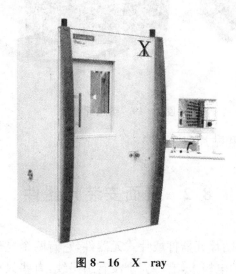

图 8－16　X－ray

返修设备：其作用是对检测出现故障的组装后产品进行返工。所用工具和设备为调温焊台、焊料、热风拆焊台、尖头镊子、BGA 返修工作站等。配置在生产线中检验位置，见图 8－17～8－19。

图 8－17　调温焊台

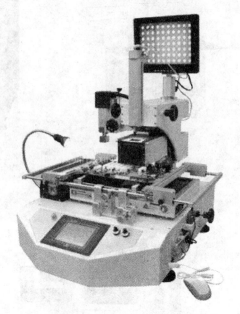

图 8－18　BGA 返修工作站

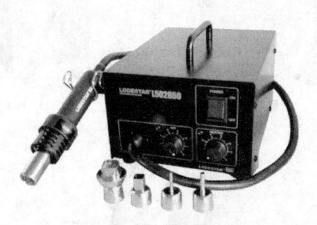

图 8－19　热风拆焊台

冰箱：用于存储焊膏和贴片胶（红胶）。

8.2　表面安装元器件

表面安装元器件也称贴片元器件或片式元器件，它有两个显著特点：

（1）在 SMT 元器件的电极上，有些完全没有引出线，有些只有非常短小的引线，相邻电极之间的距离比传统的双列直插式的引线距离（2.54 mm）小很多，目前间距最小的达到

0.3 mm。与同样体积的传统芯片相比,SMT 元器件的集成度提高了很多倍。

（2）SMT 元器件直接贴装在印制电路板的表面,将电极焊接在与元器件同一面的焊盘上,紧贴在印制电路板表面,形状简单、结构牢固,提高了可靠性和抗震性,使印制电路板的布线密度大大提高。

表面安装元器件同传统元器件一样,也可以从功能上分为无源元件[主要指 SMC (Surface Mounted Component),如片式电阻、电容、电感等]、有源器件[主要指 SMD (Surface Mounted Devices),如晶体管、集成电路(IC)等]和机电器件(如开关、继电器、连接器、微电机等)。

标志识别方法:不同国家、不同生产厂家在 SMC/SMD 的元件上的标注和料盘上的标注都有差异,具体识别 SMC/SMD 时,可在网上根据生产厂家查询。

8.2.1　无源器件(SMC)

从电子元器件的功能特性来说,SMC 特性参数的数值系列与传统元件的差别不大,标准的标称数值有 E6,E12,E24 等。长方体 SMC 是根据其外形尺寸的大小划分成几个系列型号的,现有两种表示方法,即欧美产品大多采用英制系列,日本产品采用公制系列,我国两种系列都在使用。并且,系列型号的发展变化也反映了 SMC 元件的小型化过程:5750 (2220)→4532(1812)→3225(1210)→3216(1206)→2520(1008)→2012(0805)→1608(0603) →1005(0402)→0603(0201)。

1. 电阻器

电阻器在日常生活中一般直接称为电阻,是一个限流元件,将电阻接在电路中后,电阻的阻值是固定的,它可限制通过它所连支路的电流大小。阻值不能改变的称为固定电阻器;阻值可变的称为电位器或可变电阻器,在电路分析中起分压、分流和限流作用。表面贴装电阻通常比穿孔安装电阻体积小,有矩形、圆柱形和电阻网络 3 种封装形式。与通孔电阻元件相比,具有微型化、无引脚、尺寸标准化,特别适合在 PCB 板上安装等特点。

电阻器按功能和形状可分为如下 4 类:

（1）矩形电阻器,又称为片状电阻器,如图 8-20 所示。

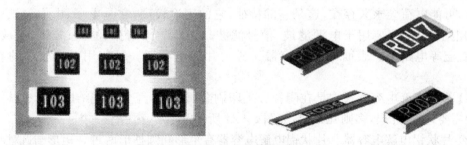

图 8-20　片状电阻器

（2）圆柱形电阻器。圆柱形电阻器的形状与有引线电阻器相比,只是去掉了轴向引线。它是由传统的插装电阻器改型而来,如图 8-21 所示。

图 8-21 圆柱形电阻器

图 8-22 电阻网络

（3）电阻网络。表面安装电阻网络是将多个片状矩形电阻按设计要求连接成的经合元件，其封装结构与含有集成电路的封装相似，采用"SO"封装。其焊盘图形设计标准可根据电路需要加以选用，如图 8-22 所示。

（4）电位器。表面组装电位器又称片式电位器，包括片状、圆柱状、扁平矩形结构等各类电位器，如图 8-23 所示。

图 8-23 贴装电位器

2. 电容器

电容器在日常生活中一般直接称为电容。从物理学上讲，电容器是一种静态电荷存储介质，可能电荷会永久存在，这是它的特征，它的用途较广，它是电子、电力领域中不可缺少的电子元件，主要用于电源滤波、信号滤波、信号耦合、谐振、滤波、补偿、充放电、储能、隔直流等电路中。表面贴装电容器又称为片状电容器。目前用得比较多的有如下几种：

（1）多层瓷介电容器。它是在陶瓷胺上印刷金属浆料，经叠片烧结成一个整体。根据容量的需要，少则几层，多则几十层，如图 8-24 所示。

（2）片状铝电解电容器。片状铝电解电容器有矩形和圆柱形两种。矩形与圆柱形的不同是：前者采用在铝壳外再用树脂装的双层结构，后者由绝缘介质隔开的两个同轴的金属圆筒构成，底部装有耐热树脂的底座结构，如图 8-25 所示。

（3）片状钽电容。片状钽电容有 3 种类型：裸片型、模塑型、端帽型，如图 8-26 所示。

图 8-24　贴装陶瓷电容　　　　图 8-25　贴装铝电解电容　　　　图 8-26　贴装钽电容

（4）片状薄膜电容器。它是以有机介质薄膜为介质材料，双侧喷涂铝金属作为内电极。在内电极上覆盖树脂薄膜后通过卷绕方式形成多层电极，两端头电报内层是钢锌合金。外层涂敷锡铝合金，以保证可焊性，如图 8-27 所示。

图 8-27　片状薄膜电容器

图 8-28　片状云母电容器

（5）片状云母电容器。它以天然云母作为介质，将银浆印刷在云母片上作为电极，经叠片、热压后形成电容体，如图 8-28 所示。

3. 电感器

电感器在日常生活中一般直接称为电感，是能够把电能转化为磁能而存储起来的元件。电感器的结构类似于变压器，但只有一个绕组。电感器具有一定的电感，它只阻止电流的变化。如果电感器中没有电流通过，则它阻止电流流过它；如果有电流流过它，则电路断开时它将试图维持电流不变。电感器又称扼流器、电抗器、动态电抗器。

片状电感的种类很多，按形状可分为矩形和圆柱形，从制造工艺来分，片式电感器主要有 4 种类型，即绕线型、叠层型、编织型和薄膜片式电感器。常用的是绕线型和叠层型两种类型：

（1）绕线型片式电感器。它是将导线绕在心形材料上，小电感用陶瓷作心料，大电感用铁氧体作心料，如图 8-29 所示。

（2）叠层型电感器。它是由铁氧体和导电液体交替印刷多层，经高温烧结而形成具有闭合电路的整体，导电液烧结后形成的螺旋形导电带相当于磁心，如图 8-30 所示。

图 8-29 绕线型片式电感器图

图 8-30 叠层型电感器

8.2.2 有源器件(SMD)

1. 小外型封装晶体管

三极管又称晶体三极管,它是电流放大元器件;二极管又称晶体二极管,它是一种具有单向传导电流的电子元器件。小型外封装晶体管又称为微型片状晶体管。片状三极管常用的封装形式如图 8-31 所示,片状二极管的封装形式如图 8-32 所示。

图 8-31 片状三极管

图 8-32 片状二极管

2. 集成电路

集成电路(Integrated Circuit)是一种微型电子器件或部件。采用一定的工艺,把一个电路中所需的晶体管、二极管、电阻、电容和电感等元件及布线互连一起,制作在一小块或几小块半导体晶片或介质基片上,然后封装在一个管壳内,成为具有所需电路功能的微型结构。其中所有元件在结构上已组成一个整体,使电子元件向着微小型化、低功耗和高可靠性方面迈进了一大步。它在电路中用字母"IC"表示。随着工艺和加工制作水平的提高,微小型集成电路越来越精巧,规格和形式也趋于多样化。贴装 IC 常用的引脚外形有 3 种:翼形、J 形、对接形。芯片载体有塑料和陶瓷封装两类,如图 8-33 所示。

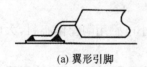
(a) 翼形引脚

(b) J形引脚

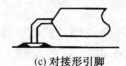
(c) 对接形引脚

图 8-33 贴装 IC 常用的引脚外形

常见贴装集成电路的封装如图 8-34 所示。

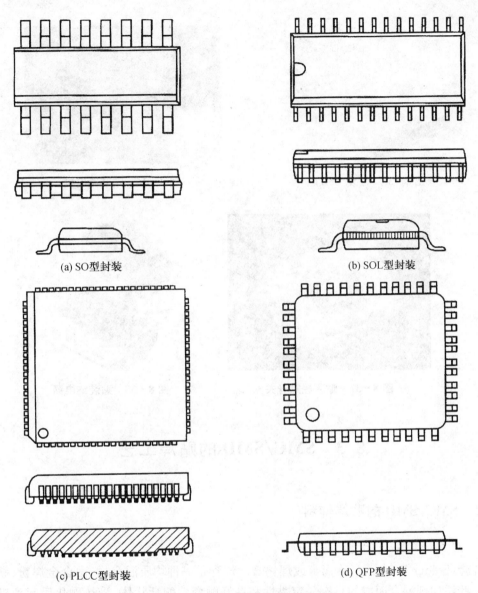

(a) SO型封装　　　　　　　　(b) SOL型封装

(c) PLCC型封装　　　　　　　(d) QFP型封装

图 8 - 34　常见贴装集成电路的封装

8.2.3　机电器件

相对于 SMC/SMD 而言,机电器件的表面化发展缓慢。与无源元件和有源元件的标准化相比,这类元件的发展已落在后面。技术与市场两种因素的结合是造成这种情况的根本原因。技术上的不可靠性以及有限的产品适用性,使这些产品的市场需求量不高。同时由于没有产品市场的刺激,许多生产厂家对于表面组装产品发展规划中的巨额投资仍持观望态度。例如,表面组装焊接不适应接插件和开关所产生的机械应力,由传统热塑材料模压的机电元件外壳在再流焊过程中有发生变形的倾向,如图 8 - 35~8 - 38 所示。

图 8－35　贴装 USB 座

图 8－36　贴装微电机

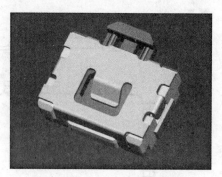

图 8－37　贴装轻触开关

图 8－38　贴装继电器

8.3　SMC/SMD 的贴焊工艺

8.3.1　SMC/SMD 的贴焊辅料

1. 焊膏

焊膏(Solder Paste),又称锡膏或焊锡膏。焊膏是一种均质混合物,由合金焊粉、糊状焊剂和一些添加剂混合而成的具有一定黏性和良好触变性的膏状体,受热融化后起到机械连接和电气连接的作用。有铅焊膏中合金焊粉的成分为 $Sn_{63}Pb_{37}$,和常用的焊锡丝成分一样,熔点一样。目前应用最多的用于回流焊的无铅焊膏是三元共晶或近共晶形式的 Sn - Ag - Cu 焊料,成分 Sn(3～4)wt％Ag(0.5～0.7)wt％Cu(wt％重量百分比)是可接受的范围,其熔点为 217 ℃左右。在常温下,焊膏可将电子元器件初粘在既定位置,当被加热到一定温度时,随着溶剂和部分添加剂的挥发,合金粉的熔化,使被焊元器件和焊盘互连在一起,冷却形成永久连接的焊点。合金焊粉是易熔金属,它在母材表面能形成合金,并与母材连为一体,不仅实现机械连接也用于电气连接。焊接学中,习惯上将焊接温度低于 450 ℃的焊接称为软钎焊,用的焊料又称为软焊料,焊膏属于其中之一。焊膏使用的最佳环境温度为 23±3 ℃,储存温度为 0～10 ℃,如图 8-39 所示。

2. 贴片胶

贴片胶,俗称红胶。红胶是一种环氧树脂或聚丙烯化合物,它是红色的膏体中均匀地分布着基本树脂、固化剂和固化剂促进剂、增韧剂、填料等的黏接剂,主要用来将元器件固定在印制板上,一般用点胶或钢网印刷的方法来分配,贴上元器件后放入烘箱或回流焊机加热硬化。它的用处和特性与焊膏是不相同的,只起到机械连接的作用,具有非导电性、耐湿性和耐腐蚀性,其凝固点温度为 150 ℃,一经加热硬化后,红胶由膏状体直接变成固体,再加热也不会融化,也就是说,贴片胶的热硬化过程是不可逆的。SMT 贴片胶的使用效果会因热固化条件、被连接物、所使用的设备、操作环境的不同而有差异。使用时要根据生产工艺来选择贴片胶。红胶属于 SMT 材料。红胶具有黏度流动性、温度特性、润湿特性、常温固化等特点。根据红胶的这个特性,生产时,在混合组装中把表面组装元器件暂时固定在 PCB 的焊盘图形上,以便随后的波峰焊接等工艺操作得以顺利进行;在双面表面组装情况下,辅助固定表面组装元器件,以防翻板和工艺操作中出现振动时导致表面组装元器件掉落。红胶于焊膏印刷机或点胶机上使用。红胶储存温度为 5～10 ℃,如图 8 - 40 所示。

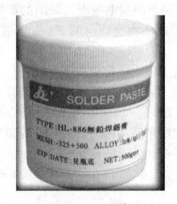

图 8 - 39　焊膏

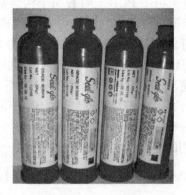

图 8 - 40　红胶

3. 焊锡条

焊锡条,又称锡条。焊锡条是用来受热融化后焊接 PCB 板上元器件,以起到机械连接和电气连接作用的条状软钎焊焊料,常用于波峰焊和浸焊工艺。常用的有铅焊锡条成分、熔点和焊接温度与有铅焊锡丝及有铅焊膏基本一样。

一般来说,选择焊锡条要看主要成分为电解纯锡,湿润性、流动性好,易上锡;焊点光亮、饱满,不会虚焊等不良现象;加入足量的抗氧化元素,抗氧化能力强;锡渣少,降低能耗,减少不必要的浪费等。

(1) 根据液相线温度临界点不同,焊锡条有高温焊锡条和低温焊锡条。

① 液相线温度高于锡铅共晶熔点——183°的焊锡条为高温焊锡条,高温焊锡条是在焊锡合金中加入银、锑或者铅比例较高时形成的焊锡条,高温焊锡条主要用于主机板组装时不产生变化的元件组装。

② 液相线温度低于锡铅共晶熔点——183°的焊锡条为低温焊锡条,低温焊锡条是在焊锡合金中加入铋、铟、镉形成的焊锡条,主要用于微电子传感器等耐热性低的零件组装。

(2) 根据化学性质,常用焊锡条种类有抗氧化焊锡条和高纯度低渣焊锡条。

① 抗氧化焊锡条:添加有高抗氧化剂,有良好的抗氧化能力,流动性高,焊接性强,融

化时浮渣极少,在浸焊和波峰焊接中极少氧化,是省锡的经济型焊锡条。

② 高纯度低渣焊锡条:其采用的原料是 100%电解锡、铅或者锡铅合金,以铸模铸造或挤压成形。因而促成其稳定的高纯度、超低渣和湿润性高的特点,使其能适应于各种焊接过程。

(3) 根据金属成分,焊锡条分为有铅焊锡条和无铅焊锡条。

4. 清洗剂

清洗的作用是将组装好的 PCB 板上面的对人体有害的焊接残留物如助焊剂等除去。所用设备为清洗机,需配合清洗剂一起使用,位置可以不固定,可以在线,也可以不在线。SMA 的污染物是各种表面沉积物或杂质,以及被 SMA 表面吸附或吸收的能使 SMA 的性能降级的物质。其来源非常广泛,比如大气中的灰尘和纤维、加工机器的油脂、生产过程中的中间材料,如助焊剂和胶、生产工人的汗迹等等。其中,最主要的来源就是助焊剂中的残留物。清洗的主要目的:

(1) 防止由于污染物对元器件、印制导线的腐蚀所造成的 SMA 短路等故障的出现,提高组件的性能和可靠性。

(2) 避免由于 PCB 上附着离子污染物等物质所引起的漏电等电气缺陷的产生。

(3) 保证组件的电气测试可以顺利进行,大量的残余物会使得测试探针不能和焊点之间形成良好的接触,从而使测试结果不准确。

(4) 使组件的外观更加清晰美观,同时也对后道工序的进行提供了保证。

目前清洗剂正在继续向着无毒性、不破坏大气臭氧层、对自然环境不具破坏作用,不会产生新的公害、能高效清洗高密度 SMA 的方向发展,即 F - 113(氟利昂)→CFC - 113(三氟三氯乙烷)→无水乙醇($C2H5OH$)→RF - 99(间苯二酚甲醛树脂)和 C10(癸烷油)。

最常用的超声清洗工艺:超声清洗→喷流漂洗→鼓泡漂洗→烘干。

8.3.2　SMC/SMD 的贴装类型

SMC/SMD 的贴装是表面安装技术中的主要工艺技术。在一块表面安装组件(SMA)上少则有几十多则有成千上万个焊点,一个焊点不良就会导致整个产品失效,所以焊接质量是可靠性的关键,它直接影响电子设备的性能和经济效益,焊接质量取决于所用的焊接方法、焊接材料、焊接工艺和焊接设备。

SMC/SMD 的贴装类型有:波峰焊、回流焊、浸焊、手工焊。按通俗划分,前两种是自动焊接(半自动和全自动),后两种是手工焊接。

每种 SMC/SMD 的贴装类型各有适用性、优缺点,在选择时需要针对具体的产品、工艺的要求、PCB 板的类型、成本的高低、工作效率的高低、质量控制的难易、焊接设备的先进程度等因素来综合考虑并选择。

8.3.3　SMC/SMD 各贴装类型的贴装方法

1. 波峰焊

波峰焊是指将熔化的软钎焊料(俗称焊锡条),经电动泵或电磁泵喷流成设计要求的焊料波峰,亦可通过向焊料池注入氮气来形成,使预先装有元器件的印制板通过焊料波峰,实现元器件焊端或引脚与印制板焊盘之间机械与电气连接的软钎焊。在 SMT 生产线中,波峰焊适用于单面插贴混合的装配和双面插贴混合的装配。

一般来说,波峰焊有以下操作步骤:

(1) 打开通风开关。

(2) 波峰焊机开机。

(3) 焊锡槽加热(融化焊锡槽焊锡,此过程起码需 1 小时以上)。

(4) 打开助焊剂喷涂器的进气开关。

(5) 焊料温度达到规定数据时,检查锡液面,若锡液面太低要及时添加焊料。

(6) 开启波峰焊气泵开关,用装有印制板的专用夹具来调整压锡深度(不是每次都要调整)。

(7) 清除锡面残余黑色氧化物,在锡面干净后添加防氧化剂。

(8) 检查助焊剂,如果液面过低需加适量助焊剂。

(9) 检查助焊剂喷涂器喷嘴(不是每次都要检查,波峰焊机 2～3 天以上未使用需清洗喷嘴)。

(10) 检查助焊剂发泡层是否良好。

(11) 打开预热器温度开关,调到所需温度位置。

(12) 调节传动导轨的宽度和角度。

(13) 开通传送机开关并调节速度到需要的数值。

(14) 开通冷却风扇。

(15) 印制板放入传送导轨夹具的始端。

注意:焊接运行前,由专人将倾斜的元器件扶正,并验证所扶正的元器件正误;较高、较大的元器件一定在焊前采取加固措施,将其固定在印制板上;为了保证组装质量,更换组装产品前一定要先试加工 2～3 块 SMA,有利于设置合适的设备参数。

2. 回流焊

回流焊就是通过加热电路,将空气或氮气加热到足够高的温度后吹向已经贴好元器件的线路板,让元器件两侧的焊料融化后与主板黏结,实现元器件焊端与印制板焊盘之间机械与电气连接的软钎焊。这种工艺的优势是温度易于控制,焊接过程中还能避免氧化,制造成本也更容易控制。在 SMT 生产线中,回流焊适用于全表面贴装元件的装配、单面插贴混合的装配和双面插贴混合的装配三种类型。

回流焊的关键点和难点在于设置适用的回流焊温度曲线。温度曲线是指 SMA 通过回流焊机时,SMA 上某一点的温度随时间变化的曲线。温度曲线提供了一种直观的方法,来分析某个元件在整个回流焊过程中的温度变化情况。这对于获得最佳的可焊性,避免由于超温而对元件造成损坏,以及保证焊接质量都非常有用。温度曲线采用炉温测试仪来测试。在 SMT 生产流程中,回流焊机参数设置的好坏是影响焊接质量的关键,通过温度曲线,可以为回流焊机参数的设置提供准确的理论依据,在大多数情况下,温度的分布受组装电路板的特性、焊膏特性和所用回流炉能力的影响。通过对回流焊温度曲线的分段(预热段、保温段、回流段、冷却段)描述,理解焊膏在回流炉中不同阶段所发生的变化,给出获得最佳温度曲线的一些基本数据,并分析不良温度曲线可能造成的回流焊接缺陷。

现在常见、常用的热风回流焊有以下操作步骤:

（1）开机前准备

① 检查各转动轴轴承座的润滑情况。

② 检查传输链条转动是否正常，保证其无挤压、受卡现象，链条与各链轮啮合良好。

③ 清理干净炉腔，不得将工件以外东西放入机器内。

④ 每次使用设备前，要进行点检，按点检卡要求做好记录。

（2）开机

① 插入回流焊钥匙并顺时针旋转开启，将电源总开关旋至 ON 挡，按下电源开关，开启电脑主机，进入控制系统主窗口。

② 检查工作主画面，设定温度、速度是否与所需印制板工作状态相符。如不符，单击"文件"，弹出下拉菜单，选择"打开"命令，显示"打开"对话框，单击滚动条，选择已存所需加热参数文件。单击"取消"按钮，退回主窗口。

③ 再次检查工作主画面，设定温度、速度是否与所需印制板工作状态相符。

④ 选择"面板"命令，显示"操作面板"对话框。"手动/定时"开关：打向"手动"。"开机/关机"开关：打向"开机"。"加热开/加热关"开关：打向"加热开"，此时"风机""输送"开关自动打开。设备开始运转，三色灯塔黄灯亮。观察设备运转情况、加热升温情况，直至温度达到设定值，灯塔绿灯亮。

（3）生产

工作开始，需戴好防静电手套，将印制好的 PCB 板平稳地放在传输链网上，进入机器加温焊接，出口接板亦需戴防静电手套，将板放平，冷却后将板放在周转箱中，用纸板隔开。工作中应随时注意印制板焊接状态、温度显示状态、链条传输状态、发现卡阻告警等紧急状态，如有必要，须迅速按紧急制动按钮，停机断电后，进行故障处理。

（4）关机

① 工作完毕，在"控制面板"上，打向"加热关"开关，待链网，风机空转 15 分钟以上达到冷却后，再关闭"风机""输送""开/关机"。

② 单击主窗口的"文件"菜单，在下拉菜单中选择"退出"命令，系统弹出"立即关机"和"退出系统"。单击"立即关机"按钮，直接进入安全关机状态。

③ 单击"退出系统"按钮，炉腔加热系统关闭，设备链网传输运动空转 20 分钟后自动关闭。单击"OK"按钮，自动进入"您现在可以安全地关机了"进行关机操作。

④ 依次关闭显示器、总电源开关、逆时针旋转回流焊钥匙。

（5）参数设定

① 在主窗口画面上单击"参数设置"菜单，在弹出的下拉菜单中选择"工作参数设置"命令，出现工作参数设定对话框。按要求设定"温度设定""上限值""下限值""速度设置"。

② 单击"确定"按钮，显示"请确认数据是否正确"，单击"是"按钮，返回主窗口。

③ 核对主窗口显示的温度、速度设定值是否为输入值。

（6）保存参数

① 在"文件"下拉菜单中选择"保存"命令，显示"另存为"对话框。

② 用鼠标单击滚动条，选择要存放文件的位置及文件类型，如温度参数文件。

③ 输入要存放文件的文件名，如 SG1（锡膏 1）、TBJ1（贴片胶 1）。

④ 单击对话框中"保存"按钮。

注意：如遇突然停电，因炉腔中还有未焊接好的 SMA，需手工拖动传输链条取出 SMA，避免遭受经济损失；手工拖动传输链条前必须戴上帆布手套，避免手烫伤。

3. 浸焊

浸焊针对电子产品装配的插件及 SMT 红胶面，利用手工或机器，把大量的锡煮熔，把焊接面浸入，使焊点上锡的一种多点焊接方法。浸焊大量应用在摩托车、汽车电子产品中，一般采用手工操作。手工浸焊是由人手持夹具夹住插装好的 PCB，手工完成浸锡的方法。其操作过程如下：

(1) 加热使锡炉中的锡温控制在 $250\sim280$ ℃之间。

(2) 在 PCB 板上涂一层(或浸一层)助焊剂。

(3) 用夹具夹住 PCB 浸入锡炉中，使焊盘表面与 PCB 板接触，浸锡厚度以 PCB 厚度的 $1/2\sim2/3$ 为宜，浸锡的时间约 $3\sim5$ 秒。

(4) 以 PCB 板与锡面成 $5\sim10$ ℃的角度使 PCB 离开锡面，略微冷却后检查焊接质量。如有较多的焊点未焊好，要重复浸锡一次，对只有个别不良焊点的板，可用手工补焊。注意：经常刮去锡炉锡面表面氧化的锡渣，保持良好的焊接状态，以免因锡渣的产生而影响 PCB 的干净度及清洗。

手工浸焊的特点：设备简单、投入少，但效率低，焊接质量不尽如人意，纸基板或拼板的 PCB 浸焊时容易变形，而且焊接质量与操作人员熟练程度有关，易出现漏焊，焊接有 SMC/SMD 的 PCB 板较难取得良好的效果。

4. 手工焊

手工焊接虽然焊接效率低，操作不方便，焊接质量不够稳定且不易检验，对操作者的技术水平要求较高，但它仍然有存在的必然性和必要性，即使是当今电子制造业发达的日本，在电子制造企业中也存在极少数的手工焊高级技师。

SMA 的返修，通常是为了去除失去功能、损坏引线或排列错误的元器件，重新更换新的元器件或重复利用拆下的元器件，或者说就是使不合格的电路组件恢复成与特定要求相一致的合格的电路组件。

手工焊与传统的组装方法相比，采用表面贴装元件的电路板可以减少电路板的面积，易于大批量加工，布线密度高，SMC/SMD 的引线电感大大减少，在高频电路中具有很大的优越性。但是在电路板维修时，因为 SMA 表面已经焊接有其他元器件，无法印刷焊膏，元器件密度又高，无法使用全自动设备进行操作，所以有难度的地方就是表面贴装元件的手工焊接。

SMA 维修中表面贴装元件的基本焊接方法：

(1) 准备工具：调温焊台(配尖扁头烙铁头)、尖头镊子、细焊锡丝($\leqslant0.8$ mm)和助焊剂(选用)、无水乙醇、硬毛刷、热风拆焊台、带放大镜台灯、防静电腕带、吸锡线等。

(2) 拆焊：首先戴好防静电腕带。用热风拆焊台(设置 $300\sim350$ ℃)喷嘴垂直对准 PCB 板上的元器件加热 $3\sim5$ 秒，用尖头镊子小心取下元器件。

(3) 清理焊盘和元器件：PCB 上的焊盘因已经上锡，所以只有两个焊端的焊盘需用吸锡线清理一端；两个焊端以上的焊盘(如 IC)需清理除对角线两端两个引脚焊盘的其他所有焊盘；元器件如果要重复利用，也须清理焊端或引脚上的焊锡。元器件的引脚如果变形，需用尖头镊子整形。

（4）定位：用尖头镊子夹起元器件对准焊盘放在焊盘上，调温焊台温度设置在 300 ℃左右，烙铁头烫上少量焊锡并定位元器件（不用考虑引脚粘连问题和焊点缺陷问题），两个焊端的元器件定位烫锡的焊盘；两个焊端以上的焊盘定位两个对角线已烫锡引脚焊盘即可（注意：不是相邻的两个引脚）。

（5）焊接：两个焊端的元器件焊上一头（即已清理端，确保焊点无缺陷）之后，再看看是否放正了，如果已放正，就再焊上另外一头（即定位那端，确保焊点无缺陷）；两个焊端以上的元器件先焊接所有已清理端引脚，应在烙铁尖上加上焊锡，将所有的引脚涂上焊剂使引脚保持湿润，用烙铁尖接触芯片每个引脚的末端，直到看见焊锡流入引脚（确保焊点无缺陷），然后再焊接定位那两端（确保焊点无缺陷）。在焊接时要保持烙铁尖与被焊引脚并行，防止因焊锡过量发生搭接。

（6）清洗：用硬毛刷蘸上无水乙醇，将元器件的引脚之间的助焊剂刷干净。

（7）检验：在带放大镜台灯下观察有没有虚焊和粘焊的焊点，可以用尖头镊子拨动引脚看有没有松动的。

注意：烙铁头不得重触焊盘，不要反复长时间在一个焊点加热，不得划破焊盘及导线；拆取元器件时，应等到全部引脚焊点完全融化时再取下元器件，以防破坏元器件的共面性。

8.3.4　SMC/SMD 的焊接特点

由于 SMC/SMD 的微型化和高密度化，元器件相互之间和元器件与 PCB 之间的间隙很小。因此，表面组装元器件的焊接与传统引线插装元器件的焊接相比，主要有以下几个特点：

（1）元器件本身受热冲击大。

（2）要求形成微细化的焊接连接。

（3）由于表面组装元器件的焊端或引线的形状、结构及材料种类繁多，要求能对各种类型的焊端或引线进行焊接。

（4）要求表面组装元器件与 PCB 上焊盘图形的接合强度和可靠性高。

所以，SMT 与 THT 相比，对焊接技术提出了更高的要求。然而，这并不是说获得高可靠性、高质量的产品是困难的，事实上，在自动化程度全面提高的情况下，只要对所装配的产品进行正确设计和执行严格的组装工艺，其中包括严格的焊接工艺，并选用正确的焊接技术、方法和设备，严格控制每一道工艺过程，是完全能装配出理想的产品的。

需要强调的是，除了波峰焊接和回流焊接技术之外，为了确保产品的可靠性，对于一些热敏感性强的 SMD，常采用局部加热方式进行焊接。

8.4　表面安装设备介绍

8.4.1　焊膏印刷机

1. 焊膏印刷机工作原理

焊膏印刷机通过先进的上视/下视视觉系统，独立控制与调节的照明，高速移动的镜头，精确地进行 PCB 印刷电路板与网板的对位，从而将焊膏或红胶按照网板的开孔精确地涂敷在印刷电路板上。在焊膏丝印中有三个关键的要素，我们叫作三个 S：Solder paste（焊膏），Stencils（模板）和 Squeegees（丝印刮板）。三个要素的正确结合是持续的丝印品质的关键所在。

在印刷过程中，焊膏是自动分配的，印刷刮板向下压在模板上，使模板底面接触到电路板顶面。当刮板走过所腐蚀的整个图形区域长度时，焊膏通过模板/丝网上的开孔印刷到焊盘上。在焊膏已经沉积之后，丝网在刮板之后马上脱开（snap off），回到原地。这个间隔或脱开距离是设备设计所定的，大约 0.020″～0.040″。脱开距离与刮板压力是两个达到良好印刷品质的与设备有关的重要变量。如果没有脱开，这个过程叫接触（on-contact）印刷。当使用全金属模板和刮刀时，使用接触印刷。非接触（off-contact）印刷用于柔性的金属丝网。

2. 刮板

刮板（squeegees），又称刮刀，如图 8-41 所示。刮板作用：在印刷时，使刮板将焊膏在前面滑动，使其流入模板孔内，然后刮去多余焊膏，在 PCB 焊盘上留下与模板一样厚的焊膏。常见有两种刮板类型：橡胶或聚氨酯（polyurethane）刮板和金属刮板。金属刮板由不锈钢（最常用）或黄铜制成，具有平的刀片形状，使用的印刷角度为 45～60°。使用较高的压力时，它不会从开孔中挖出焊膏，还因为是金属的，它们不像橡胶刮板那样容易磨损，因此不需要锋利。金属刮板比橡胶刮板成本贵得多，并可能引起模板磨损。橡胶刮板，使用 70～90 橡胶硬度计（durometer）硬度的刮板。当使用过高的压力时，渗入到模板底部的焊膏可能造成锡桥，要求频繁的底部抹擦，甚至可能损坏刮板和模板或丝网。过高的压力也倾向于从宽的开孔中挖出焊膏，引起焊锡圆角不够。刮板压力低造成的遗漏和粗糙的边缘，刮板的磨损、压力和硬度决定印刷质量，应该仔细监测。对可接受的印刷品质，刮板边缘应该锋利、平直和保持直线。

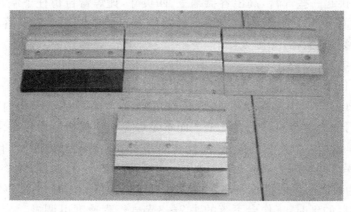

图 8-41　刮刀

3. 模板（stencil）

目前使用的模板主要有不锈钢模板，又称钢网，如图 8-42 所示。其制作主要有三种工艺：化学腐蚀、激光切割和电铸成型。由于金属模板和金属刮板印出的焊膏较饱满，有时会得到厚度太厚的印刷，这可以通过减少模板的厚度的方法来纠正。另外可以通过减少（"微调"）丝孔的长和宽 10%，以减少焊盘上焊膏的面积，从而可改善因焊盘的定位不准而引起的模板与焊盘之间的框架的密封情况,减少了焊膏在模板底和PCB之间的"炸开"。可使印刷模板底面的清洁次数由每5或10次印刷清洁一次减少到每50次印刷清洁一次。

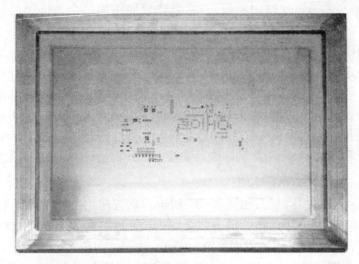

图8-42　钢网

4. 焊膏(solder paste)

焊膏黏度是焊膏的一个重要特性,我们要求其在印刷行程中黏性越低,则流动性越好,易于流入模板孔内,印到PCB的焊盘上。在印刷过后,焊膏停留在PCB焊盘上,其黏性高,则保持其填充的形状,而不会往下塌陷。焊膏标准的黏度是在大约500～1 200 kcps范围内,较为典型的800 kcps用于模板丝印是理想的。

判断焊膏是否具有正确的黏度有一种实际和经济的方法:用刮勺在容器罐内搅拌焊膏约30秒钟,然后挑起一些焊膏,高出容器罐三、四英寸,让焊膏自行往下滴,开始时应该像稠的糖浆一样滑落而下,然后分段断裂落下到容器罐内。如果焊膏不能滑落,则太稠;如果一直落下而没有断裂,则太稀,黏度太低。

印刷的工艺参数的控制:

(1) 模板与PCB的分离速度与分离距离(Snap-off)

丝印完后,PCB与丝印模板分开,将焊膏留在PCB上而不是丝印孔内。对于最细密丝印孔来说,焊膏可能会更容易黏附在孔壁上而不是焊盘上。模板的厚度很重,有两个因素是有利的:第一,焊盘是一个连续的面积,而丝孔内壁大多数情况分为四面,有助于释放焊膏;第二,重力和与焊盘的黏附力一起,在丝印和分离所花的2～6秒时间内,将焊膏拉出丝孔粘着于PCB上。为最大限度发挥这种有利的作用,可将分离延时,开始时PCB分开较慢。很多机器允许丝印后的延时,工作台下落的头2～3 mm行程速度可调慢。

(2) 印刷速度

印刷期间,刮板在印刷模板上的行进速度是很重要的,因为焊膏需要时间来滚动和流入模孔内。如果时间不够,那么在刮板的行进方向,焊膏在焊盘上将不平。当速度高于每秒20 mm时,刮板可能在少于几十毫秒的时间内刮过小的模孔。

(3) 印刷压力

印刷压力须与刮板硬度协调,如果压力太小,刮板将刮不干净模板上的焊膏;如果压力太大,或刮板太软,那么刮板将沉入模板上较大的孔内将焊膏挖出。

为了达到良好的印刷结果,必须有正确的焊膏材料(黏度、金属含量、最大粉末尺寸和尽可能最低的助焊剂活性)、正确的工具(印刷机、模板和刮刀)和正确的工艺过程(良好的定位、清洁拭擦)的结合。根据不同的产品,在印刷程序中设置相应的印刷工艺参数,如工作温度、工作压力、刮刀速度、模板自动清洁周期等,同时要制定严格的工艺管理制定及工艺规程。

注意:严格按照指定品牌在有效期内使用焊膏,平日焊膏保存在冰箱中,使用前要求置于室温 6 小时以上,之后方可开盖使用,用后的焊膏单独存放,再用时要确定品质是否合格;生产前操作者必须使用焊膏搅拌机或专用不锈钢棒搅拌焊膏使其均匀;当班工作完成后按工艺要求清洗模板;印制板上的焊膏要求用超声波清洗设备进行彻底清洗并晾干,或用酒精及用高压气清洗,以防止再次使用时由于板上残留焊膏引起的回流焊后出现焊球等现象。

8.4.2　贴片机

为了满足大生产需要,特别是随着 SMC/SMD 的精细化,人们越来越重视使用自动化的机器——贴片机来实现高速高精度的贴放元器件。近 30 年来,贴片机已由早期的低速度(1~1.5 s/片)和低精度(机械对中)发展到高速度(0.08 s/片)和高精度(光学对中,贴片精度±60),高精度全自动贴片机是由计算机、光学、精密机械、滚珠丝杆、直线导轨、线性电机、谐波驱动器及真空系统和各种传感器构成的机电一体化的高科技装备。从某种意义上来说,贴片机技术已成为 SMT 的支柱和深入发展重要标志,贴片机是整个 SMT 生产线中最关键、最复杂、最昂贵的设备,也是人们在初次建立 SMT 生产线时最难选择的设备。

1. 贴片机的分类

目前世界上共有几十个贴片机生产厂家,生产的贴片机达几百种之多,贴片机的品牌现在很多,性能最优越的要属雅马哈、松下、西门子、索尼之类的,其次有三星、欧托创力、元利盛、富士、JUKI 等。贴片机的分类没有固定的格式,习惯上有下列几种:

(1) 按速度分类

中速贴片(贴片速度 3 000~9 000 片/h);

高速贴片机(贴片速度 9 000~40 000 片/h);

超速贴片机(贴片速度大于 40 000 片/h)。

通常高速贴片机采用固定多头(约 6 个贴片头)或双组贴片头安装在 X、Y 导轨上,X-Y 伺服系统为闭环控制,故有较高的定位精度。贴片器件的种类较广泛,这类贴片机种类最多,生产厂家也多,能在多种场合下使用,并可以根据产品的生产能力大小组合拼装使用,也可以单台使用。而超高速贴片机则采用旋转式多系统,根据贴片头旋转方向又分为水平旋转式与垂直旋转式,前者多见于松下和三洋产品,后者多见于西门子等产品。

还有一种超高速贴片机,如 Assembleon - FCM 和 FUJI - QP - 132 贴片机,它们均由 16 个贴片头组合而成,其贴片速度分别 9.6 万片/h 和 12.7 万片/h。它们的特点是 16 个贴片头可以同时贴装,故整体贴片速度快,但对单个头来说却仅相当于一般速机的速度,所以好处是贴片头运动惯性小,贴片精度能得以保证。

(2) 按功能分类

由于近年来元器件片式化率越来越高,SMC/SMD 品种越来越多,形状不同,大小各异,此外还有大量的接插件,因此对贴片装品种的能力要求越来越高。目前,一种贴片机还不能做到既能高速度贴装又能处理异型、超大型元件,故专业贴片机又根据能贴装元器件的品种分为两大类,一类是高速/超高速贴片机,主要以贴片元件为主体,另一类能贴装大型器件和异型器件,称为多功能机。

目前这两类贴片机贴片功能可互相兼容,即高速贴装机不仅只贴片式元器件,而且能贴装尺寸不太大的 QFP 和 PLCC(32 mm×32 mm),甚至能贴装 CSP,这样做的好处是将速度、精度、尺寸三者兼容。若两台贴片机连线工作时,能将所有元器件进行适当分配,以达到两台贴片机的总体贴装时间互相平衡,这对提高总体贴装速度是非常有意义的。

(3) 按贴装方式分类

这种分类方法在现实生产中不常用,仅用于理论分析,其分类方法有如下几种:

① 顺序式。使用通常见到的贴片机,它是按照顺序将元器件一个一个贴到 PCB 上,因此又称之为顺序贴片机。

② 同时式。使用专用料斗(每个斗中放一种圆柱式元件),通过一个塑料管送到 PCB 对应的焊盘上,每个焊盘都有一个元件的料仓和塑料管,一个动作就能将元件全部贴装到 PCB 相应的焊盘上。这种方法多见于高频头的生产中,它适应大批量长线产品,但仅适用于圆柱元件,它的缺点是更换产品时,所有工装夹全部要更换,费用高,时间长,目前这种方法已很少使用。

③ 同时在线式。这类贴片机由多个贴片头组合而成,最典型的是 Assembleiom - FCM。工作时,16 个头依次同时对一块 PCB 贴片,故称之为同时在线式。

(4) 按自动化程度分类

目前大部分贴片机是全自动机电一体化的机型,但也有一种是手动式贴片机,这类贴片机有一套简易的手动支架,手动贴片安装在 Y 轴头部,X、Y 定位可以靠人手的移动和旋转来校正位置。有时还用光学系统配套来帮助定位,这类手动贴片主要用于新产品开发或小批量生产,具有价廉、成本低的优点。

2. 贴片机的发展趋势

贴片机从早期的机械对中,发展到现在的光学对中,具有超高速的贴片能力,然而技术总是向前发展的,贴片机还会向贴片速度更快、贴片精度更高、材料管理更方便的方向发展。其趋势如下:

(1) 采用双轨道,以实现一轨道上进行 PCB 贴片,另一轨道送板(西门子的 HS - 50 已出现),减少了 PCB 输送时间和贴片头待机停留时间。

(2) 采用多头组合技术(类似 FCM 机)飞行对中技术和 Z 轴软着陆技术,以使贴片速度更快,元件放置更稳,精度更高,真正做到 PCB 贴片后直接进入再流焊炉中再流。

(3) 改进送料器的供料方式,缩短元器件更换时间。目前大部分阻容元件已实现散装供料,但减少管式包装的换料时间尚有许多工作可做。

(4) 采用模块化概念,通过快速配置,整合设备可轻易在生产线间拼装或转移,真正实现线体柔性化和多功能化。

(5) 开发更强大的软件功能系统,包括各种形式的 PCB 文件,直接优化生成贴片程序文件,减少人工编程时间、机器故障自诊断系统及大生产综合管理系统,实现智能化操作。

3. 贴片机结构

(1) 拱架型(Gantry)

元件送料器、基板(PCB)是固定的,贴片头(安装多个真空吸料嘴)在送料器与基板之间来回移动,将元件从送料器取出,经过对元件位置与方向的调整,然后贴放于基板上。由于贴片头是安装于拱架型的 X/Y 坐标移动横梁上,所以得名。

对元件位置与方向的调整方法:

① 机械对中调整位置、吸嘴旋转调整方向,这种方法能达到的精度有限,较晚的机型已再不采用。

② 激光识别、X/Y 坐标系统调整位置、吸嘴旋转调整方向,这种方法可实现飞行过程中的识别,但不能用于球栅列阵元件 BGA。

③ 相机识别、X/Y 坐标系统调整位置、吸嘴旋转调整方向,一般相机固定,贴片头飞行划过相机上空,进行成像识别,比激光识别耽误一点时间,但可识别任何元件,也有实现飞行过程中的识别的相机识别系统,机械结构方面有其他牺牲。

这种形式由于贴片头来回移动的距离长,所以速度受到限制。现在一般采用多个真空吸料嘴同时取料(多达上十个)和双梁系统来提高速度,即一个梁上的贴片头在取料的同时,另一个梁上的贴片头贴放元件,速度几乎比单梁系统快一倍。但是在实际应用中,同时取料的条件较难达到,而且不同类型的元件需要换用不同的真空吸料嘴,换吸料嘴有时间上的延误。

这类机型的优势在于:系统结构简单,可实现高精度,适于各种大小、形状的元件,甚至异型元件,送料器有带状、管状、托盘形式。适于中小批量生产,也可多台机组合用于大批量生产。

(2) 转塔型(Turret)

元件送料器放于一个单坐标移动的料车上,基板(PCB)放于一个 X/Y 坐标系统移动的工作台上,贴片头安装在一个转塔上,工作时,料车将元件送料器移动到取料位置,贴片头上的真空吸料嘴在取料位置取元件,经转塔转动到贴片位置(与取料位置成 180°),在转动过程中经过对元件位置与方向的调整,将元件贴放于基板上。

对元件位置与方向的调整方法:

① 机械对中调整位置、吸嘴旋转调整方向,这种方法能达到的精度有限,较晚的机型已再不采用。

② 相机识别、X/Y 坐标系统调整位置、吸嘴自旋转调整方向,相机固定,贴片头飞行划过相机上空,进行成像识别。

一般,转塔上安装有十几到二十几个贴片头,每个贴片头上安装 2~4 个真空吸嘴(较早机型)至 5~6 个真空吸嘴(现在机型)。由于转塔的特点是将动作细微化,选换吸嘴、送料器移动到位、取元件、元件识别、角度调整、工作台移动(包含位置调整)、贴放元件等动作都可以在同一时间周期内完成,所以实现真正意义上的高速度。目前最快的时间周期达到0.08~0.10秒钟一片元件。

此机型在速度上是优越的,适于大批量生产,但其只能用带状包装的元件,如果是密脚、大型的集成电路(IC),只有托盘包装,则无法完成,因此还有赖于其他机型来共同合作。这种设备结构复杂,造价昂贵,最新机型约在 50 万美元,是拱架型的三倍以上。

4. 贴片机操作的基本过程

用贴片机来实现贴片任务的基本过程：

(1) PCB 经红外感应(计数)送入贴片机的工作台,经光学找正后固定。

(2) 送料器(又称喂料器)将待贴装的元器件送入贴片机的吸拾工位,贴片机吸拾头以适当的吸嘴将元器件从其包装结构中吸取出来。

(3) 在贴片头将元器件送往 PCB 的过程中,贴片机的自动光学检测系统与贴片头相配合,完成对元器件的检测、对中校正等任务。

(4) 贴片头到达指定位置后,控制吸嘴以适当的压力将元器件准确地放置到 PCB 的指定焊盘位置上,元器件同时为已涂布的焊锡膏、贴片胶粘住。

(5) 重复上述第(2)～(4)步的动作,直到将所有待贴装元器件贴放完毕,上面带有元器件的 PCB 板被送出贴片机,整个贴片机工作便全部完成。下一个 PCB 又可送进到工作台上,开始新的贴放工作。

8.4.3　回流焊机

1. 回流焊机原理

回流焊机是一种自动化电子生产设备,具有生产效率高、温度稳定性好、工装适应性强、焊接误差率低、可实现连续生产等优点,是 SMT 生产线上重要的一个环节。其原理是当 PCB 进入设备后,按顺序经预热区、保温区、回流区、冷却区,依次实现焊膏软化、PCB 和元器件预热、焊膏熔化形成焊锡接点、焊点凝固的过程,实现 PCB 与贴装元器件的回流焊接。为了提高焊接质量,确保温度曲线更合理,以适应多种尺寸的 SMC/SMD 和工艺要求的 SMA,目前市面上性能最优的回流焊机已达 12 温区。

2. 回流焊机结构

典型的回流焊机最少有 5 个温区组成,从第一到第四个温区各配置了强制热风对流加热器;第二和第三温区有加热和保温作用,主要是为了使 SMA 加热受热更均匀,以保证 SMA 在充分良好的状态下进入焊接温区;第四温区是用温度的高点进行焊膏焊接的焊接区;第五温区是降温的冷却区,机尾配有小风扇进行最后的强制冷却。

3. 回流焊机的主要部件

(1) 加热器

红外加热器的种类很多,大体可分两大类:一类是直接辐射热量,又称为一次辐射体;另一类是陶瓷板、铝板和不锈钢式加热器,加热器铸造在板内,热能首先通过传导转移到板面上来。管式加热器,具有工作温度高、辐射波长短和热响应快的优点,但因加热时有光的产生,故对焊接不同颜色的元器件有不同的反射效果,同时也不利于与强制冷热风配套。板式加热器,热响应慢,效率稍低,但由于热惯量大,通过穿孔有利于热风的加热,对焊接元件中颜色敏感性小,阴影效应较小,此外结构上整体性强,利于装卸和维修,在与热电偶配套方面也比前者有明显的优越性。因此,目前销售的再流炉中,加热器几乎全是铝板或不锈钢加热器,有些制造厂还在其表面涂有红外涂层,以增加红外反射能力。

(2) 传送系统

回流焊机的传送系统有三种。一是耐热的四氟乙烯玻璃纤维布,它以 0.2 mm 厚的四氟乙烯纤维布为传送带,运行平衡,导热性好,仅适用小型并且是热板红外型回流焊机;二是不锈钢网,不锈钢网张紧后成为传送带,刚性好,运行平稳,但不适用双面PCB焊接,故使用受到限制;三是链条导轨,这是目前普遍采用的方法,链条的宽度可实现机调或电调,PCB放置在链条导轨上,能实现SMA的双面焊接。选购时应观察链条导轨本身是否带有加热系统,因为导轨也参与散热,并且直接影响PCB上的温度,通常应选用带有加热器的产品。此外,还应考虑导轨本身材料的耐热性,否则长期在高温下工作会引起生锈和变形。链条导轨的一致性也不容忽视,差的精度有时会导致PCB在炉腔中脱落,故有的回流焊又装上不锈网,即网链混装式,可防止PCB脱落。

(3)温控系统

带有炉温测试功能的温控系统,不管是用控温表控制炉温,还是用计算机控制炉温,均应做到控温精度高。好的控温仪表能做到高精度的控制。

4. 理想的温度曲线

设置理想的温度曲线是保证焊接质量的关键点和难点。温度曲线由四个部分或区间组成,前面三个区加热,最后一个区冷却。回流焊机的温区越多,越能使温度曲线的轮廓达到更准确和接近设定。理论上理想的回流曲线由四个区组成,前面三个区加热,最后一个区冷却。

(1)预热区,用来将PCB的温度从周围环境温度提升到所需的活性温度。其温度以不超过每秒2～5 ℃的速度连续上升,因为温度升得太快会引起某些缺陷,如陶瓷电容的细微裂纹;而温度上升太慢,锡膏会感温过度,没有足够的时间使PCB达到活性温度。炉的预热区一般占整个加热通道长度的25%～33%。

(2)保温区,有时叫作干燥或浸湿区,这个区一般占加热通道的33%～50%,有两个功用,第一是将PCB在相当稳定的温度下感温,使不同质量的元件具有相同温度,减少它们的相对温差;第二是允许助焊剂活性化,挥发性的物质从锡膏中挥发。一般普遍的活性温度范围是120～150 ℃,如果活性区的温度设定太高,助焊剂没有足够的时间活性化。因此,理想的曲线要求相当平稳的温度,这样使得PCB的温度在活性区开始和结束时是相等的。

(3)回流区,其作用是将PCB装配的温度从活性温度提高到所推荐的峰值温度。典型的峰值温度范围是205～230 ℃,这个区的温度设定太高会引起PCB的过分卷曲、脱层或烧损,并损害元件的完整性。

(4)冷却区,其作用是对焊接好的SMA强制冷却。理想的冷却区温度曲线应该是和回流区曲线成镜像关系。越是靠近这种镜像关系,焊点达到固态的结构越紧密,得到焊接点的质量越高,结合完整性越好。

5. 实际温度曲线

当我们按一般PCB回流温度设定后,给回流焊机通电加热,当设备监测系统显示炉内温度达到稳定时,利用温度测试仪进行测试,以观察其温度曲线是否与我们的预定曲线相符。否则进行各温区的温度重新设置及炉子参数调整,这些参数包括传送速度、冷却风扇速度、强制空气冲击和惰性气体流量,以达到正确的温度为止。

8.4.4 检测设备

PCB组件是现代电子产品中相当重要的一个组成部分,PCB的布线和设计追寻着电子产品向快速、小型化、轻量化方向迈进的步伐。随着 SMT 的发展和 SMC/SMD 组装密度的提高,以及电路图形的细线化,SMD 的细间距化、器件引脚的不可视化等特征的增强,PCB 组件的可靠性和高质量将直接关系到该电子产品是否具有高可靠性和高质量。为此,采用先进的 SMT 检测设备对 PCB 组件进行检测,可以将有关的质量问题消除在萌芽状态。

1. 人工目检设备

人工目检(Manual Visual Inspection,MVI)就是利用人的眼睛或借助简单的光学放大系统对组装电路板进行人工目视检测。在当前高技术检测仪器还处于不断完善的时期,目视检测仍然是一种投资少、操作简单、应用最广的行之有效的方法。虽然它只能检测可视焊点外观缺陷情况,且检测速度慢、检测精度有限,但还是在常规检测中被广泛应用。人工目检设备有手持放大镜、带放大镜台灯、显微镜等。

2. 在线测试

在线测试(In-Circuit Test,ICT)是通过对在线元器件的电性能及电气连接进行测试来检查生产制造缺陷及元器件不良的一种标准测试手段。它主要检查在线的单个元器件以及各电路网络的开、短路情况,具有操作简单、快捷迅速、故障定位准确、维修方便、可大幅提高生产效率和减少维修成本等优点,缺点是夹具成本较高。因其测试项目具体,所以是现代化大生产品质保证的重要测试手段之一。

(1) ICT 的作用

① ICT 用于检查 SMA 上在线元器件的电气性能和电路网络的连接情况。能够定量地对电阻、电容、电感、晶振等器件进行测量,对二极管、三极管、光耦、变压器、继电器、运算放大器、电源模块等进行功能测试,对中小规模的集成电路进行功能测试,如所有 74 系列、Memory 类、常用驱动类、交换类等 IC。

② 它通过直接对在线元器件电气性能的测试来发现制造工艺的缺陷和元器件的不良。元件类可检查出元件值的超差、失效、损坏或 Memory 类的程序错误等;对工艺类可发现如焊锡短路,元件插错、插反、漏装,管脚翘起、虚焊,PCB 短路、断线等故障。

③ 检测的故障直接定位在具体的元件、器件管脚、网络点上,故障定位准确。对故障的维修不需较多专业知识。采用程序控制的自动化测试,操作简单,测试快捷迅速,单板的测试时间一般在几秒至几十秒。

(2) ICT 的分类及简介

① 针床式在线测试

在线测试根据 SMA 检测内容分为焊接工艺后检查焊锡桥接、挂连、布线断线的短路/开路测试和检查各元器件是否正确装配的元器件测试两种。针床式在线测试仪由系统控制、测量电路、测量驱动及上、下测试针床(夹具)等部分构成,用于双面测试。

② 自动在线测试

自动在线测试有如下一些特点:

(a) 即刻判断和确定缺陷;

(b) 能检测出绝大多数生产问题;

(c) 可在线测试生成元器件库;

(d) 提供系统软件,支持写测试和评估测试;

(e) 对不同的元器件能进行模型测试。

③ 飞针式在线测试

对于不能使用针床式测试的 SMA,可以使用飞针方式在线测试仪。典型的飞针方式在线测试仪,在 X-Y 机构上装有可分别高速移动的 4 个头共 8 根测试探针,最小测试间隙可达 0.2 mm。测试作业时,根据预先编排的坐标位置程序,移动测试探针到测试点处与之接触,各测试探针根据测试程序对装配的元器件进行开路/短路或元件测试。

3. 自动光学检测

AOI(Automatic Optic Inspection)的全称是自动光学检测,是基于光学原理来对焊接生产中遇到的常见缺陷进行检测的设备。当自动检测时,机器通过摄像头自动扫描 SMA,采集图像,测试的焊点与数据库中存储的数字化图像进行比较,经过图像处理,检查出 SMA 上的缺陷,并通过显示器或自动标志把缺陷显示/标示出来,供维修人员修整。AOI 是近几年才兴起的一种新型测试技术,但发展迅速,目前很多厂家都推出了 AOI 测试设备。

(1) AOI 技术基本原理

AOI 的工作原理如图 8-43 所示。当检测时 AOI 设备通过摄像头自动扫描 PCB,将 PCB 上的元器件或者特征(包括印刷的焊膏、贴片元器件的状态、焊点形态以及缺陷等)捕捉成像,通过软件处理与数据库中合格的参数进行综合比较,判断元器件及其特征是否合格,然后得出检测结论,诸如元器件缺失、桥接或者焊点质量等问题。

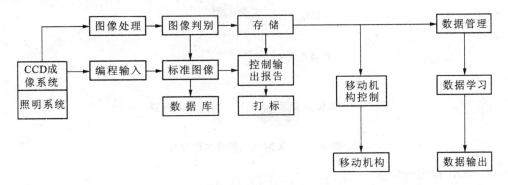

图 8-43　AOI 原理

(2) AOI 特点

① 高速检测系统与 PCB 板贴装密度无关;

② 快速便捷的编程系统;

③ 运用丰富的专用多功能检测算法和二元或灰度水平光学成像处理技术进行检测;

④ 根据被检测元件位置的瞬间变化进行检测窗口的自动化校正,达到高精度检测;

⑤ 通过用墨水直接标记于 PCB 板上或在操作显示器上用图形错误表示来进行检测点的核对。

(3) AOI 在 SMT 生产上的应用策略

AOI 可放置在印刷后、焊前、焊后不同位置:

① AOI 放置在印刷后,可对焊膏的印刷质量做工序检测,可检测焊膏量过多、过少,焊膏图形的位置有无偏移,焊膏图形之间有无粘连;

② AOI 放置在贴片机后、焊接前,可对贴片质量作工序检测,可检测元件贴错、元件移

位、元件贴反（如电阻翻面）、元件侧立、元件丢失、极性错误以及贴片压力过大造成焊膏图形之间粘连等；

③ AOI 放置在再流焊炉后，可做焊接质量检测，可检测元件贴错、元件移位、元件贴反（如电阻翻面）、元件丢失、极性错误、焊点润湿度、焊锡量过多、焊锡量过少、漏焊、虚焊、桥接、焊球（引脚之间的焊球）、元件翘起（竖碑）等焊接缺陷。

4. 自动 X 射线检测

（1）X 射线检测技术原理

自动 X 射线检测（Automatic X-ray Inspection，AXI）的原理图如图 8-44 所示。当组装好的 SMA 沿导轨进入机器内部后，位于线路板上方有一 X 射线发射管，其发射的 X 射线穿过线路板后，被置于下方的探测器（一般为摄像机）接受。由于焊点中含有可以大量吸收 X 射线的铅，因此与穿过玻璃纤维、铜、硅等其他材料的 X 射线相比，照射在焊点上的 X 射线被大量吸收，而呈黑点产生良好图像，使得对焊点的分析变得相当直观。故简单的图像分析算法便可自动且可靠地检验焊点缺陷。

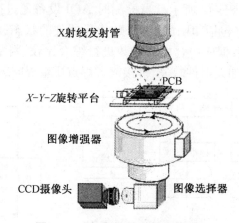

图 8-44　X 射线检测技术原理图

（2）AXI 检测的特点

① 对工艺缺陷的覆盖率高达 97%，可检查的缺陷包括虚焊、桥连、立碑、焊料不足、气孔、器件漏装等等，尤其是 X-ray 对 BGA 和 CSP 等焊点隐藏器件也可检查；

② 较高的测试覆盖度，可以对肉眼和在线测试检查不到的地方进行检查，比如 PCBA 被判断故障，怀疑是 PCB 内层走线断裂，X-ray 可以很快地进行检查；

③ 测试的准备时间大大缩短；

④ 能观察到其他测试手段无法可靠探测到的缺陷，比如虚焊、空气孔和成形不良等；

⑤ 对双面板和多层板只需一次检查（带分层功能）；

⑥ 提供相关测量信息，用来对生产工艺过程进行评估，如焊膏厚度、焊点下的焊锡量等。

（3）常见的 X 射线检测到的不良现象

① 桥接；

② 漏焊不良；

③ 焊点不充分饱满。

习　题

一、名词解释

1. 表面贴装技术(SMT);2. 焊膏;3. 贴片胶;4. 波峰焊;5. 回流焊。

二、简答题

1. 简述自动光学检测(AOI)技术基本原理。

2. 简述 SMA 清洗技术的主要作用。

3. SMT 生产线是如何分类的?

4. 简述 SMT 技术的特点。

5. 一般来说,一条完整的 SMT 生产线设备主要包括哪些设备?

6. 简述焊膏印刷机工作原理。

7. 简述回流焊机原理。

8. 简述 AOI 技术基本原理。

9. 简述 AOI 的特点。

10. 简述 X 射线检测技术的原理。

项目 9　工艺文件与质量管理

> **项目要求**
> - 能描述编制工艺文件的方法和要求
> - 能描述产品设计、试制和制造过程中的质量管理包括的内容
> - 能描述 ISO 9000 标准系列的组成
> - 能描述 GB/T 19000 标准系列的组成
> - 能描述产品质量认证和质量体系认证的特征
> - 会熟练编制一个电子产品的装配或其他工艺文件
> - 会认识 3C 认证标志

9.1　电子产品工艺文件

9.1.1　工艺文件基础

1. 工艺文件的完整性

在企业中,工艺文件是非常重要的。它是组织生产、指导操作、保证产品质量的重要手段和法规。为此,编制的工艺文件应该正确、完整、统一、清晰。

（1）工艺文件的种类

工艺文件是各式各样的,具体有单个器件的、有成套的、有安装工艺、有调试工艺,就连一根导线的加工也有其工艺文件等等。产品生产过程中的设计定形阶段常备的工艺文件如图 9-1 所示。

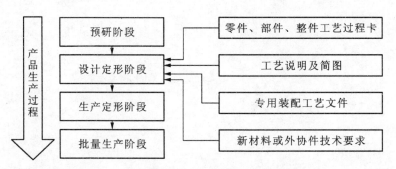

图 9-1　产品设计定形阶段常备的工艺文件

（2）工艺文件的形式

有通用工艺规程文件和工艺图纸两种形式。

（3）工艺文件的成册要求

可按整件而成册，也可按工艺类型而成册，还可以按整件与工艺类型混合交叉成册。工艺文件根据产品的复杂程度可分为若干分册，但每一分册都应具备封面和目录。

2. 工艺文件的编号与简号

工艺文件的编号是指工艺文件的代号，即"文件代号"，其组成如图 9-2 所示。

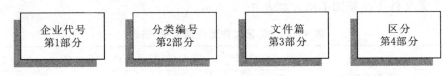

| 企业代号
第1部分 | 分类编号
第2部分 | 文件篇
第3部分 | 区分
第4部分 |

图 9-2　文件代号组成

第 1 部分是企业区分代号，由大写的汉语拼音字母组成，用以区分编制文件的单位。

第 2 部分是设计文件的十进制分类编号。

第 3 部分是检验规范的工艺文件简号，由大写的汉语拼音字母组成。常用的工艺文件简号规定如表 9-1 所示。

表 9-1　工艺文件简号规定

序号	工艺文件名称	简号	字母含义	序号	工艺文件名称	简号	字母含义
1	工艺文件目录	GML	工目录	9	塑料压制件工艺卡	GSK	工塑卡
2	工艺路线表	GLB	工路表	10	电镀及化学镀工艺卡	GDK	工镀卡
3	工艺过程卡	GGK	工过卡	11	电化涂覆工艺卡	GTK	工涂卡
4	元器件工艺表	GYB	工元表	12	热处理工艺卡	GRK	工热卡
5	导线与扎线表	GZB	工扎表	13	包装工艺卡	GBZ	工包卡
6	各类明细表	GBM	工明表	14	调试工艺	GTS	工调卡
7	装配工艺过程卡	GZP	工装配	15	检验规范	GJG	工检规
8	工艺说明及简图	GSM	工说明	16	测试工艺	GCS	工测试

第 4 部分是区分号，当同一简号的工艺文件有两种或两种以上时，可用标注脚号（数字）的方法以区分不同份数。

对于填有相同工艺文件名称及简号的各张工艺文件，不管其使用何种格式，都应认为是属于同一份独立的工艺文件，它们应在一起计算其页数。

3. 工艺文件的签署栏

（1）工艺文件签署栏的形式

在文件页的下方列出一表格，主要内容包含拟制、审核、标准化检验、批准、日期等内容，供签署者签字用。

（2）签署的要求

工艺文件的签署必须完整，签署人要在规定的签署栏中签署，一人只允许在一个签署栏内签署。各级签署人员应严肃认真,按签署的技术责任履行其职责。签署人书写字体要清楚并用真实姓名,要写明日期,不允许代签或冒名签署。

4. 工艺文件的更改通知单

"工艺就是法律",故产品的工艺文件一旦实施,生产者是不可更改的,必须严肃认真地对待,否则产品的质量将难以保证。

如果经过一段时间的运作,原工艺文件中的某些内容在保证产品的质量和生产效率不断提高方面已有明显不足,可由专门部门拟发工艺文件更改通知单,并按规定的签署手续进行更改。工艺文件更改通知单格式如表 9-2 所示。

表 9-2 "工艺文件更改通知单"格式

更改单号	工艺文件更改通知单	产品名称或型号	零部件、整件名称	图号	第 页
					共 页
生效日期	更改原因	通知单分发单位		处理意见	
更改标记	更改前		更改标记	更改后	
拟制		日期		审核		日期		批准		日期		批准		日期	

9.1.2 编制工艺文件

1. 编制工艺文件的方法

编制工艺文件应以保证产品质量、稳定生产为原则,可按如下方法进行:

(1)首先需仔细分析设计文件的技术条件、技术说明、原理图、安装图、接线图、线扎图及有关的零部件图等。将这些图中的安装关系与焊接要求仔细弄清楚,必要时对照一下定型样机。

(2)编制时先考虑准备工序,如各种导线的加工处理、线把扎制、地线成形、器件焊接浸锡、各种组合件的装焊、电缆制作、印标记等,编制出准备工序的工艺文件。凡不适合直接在流水线上装配的元器件,可安排在准备工序里去做。

(3)接下来考虑总装的流水线工序。先确定每个工序的工时,然后确定需要用几个工序,比如安装工序、焊接工序、调试工序、检验工序等等。要仔细考虑流水线各工序的平衡性,另外,仪表设备、技术指标、测试方法也要在工艺文件上反映出来。

2. 编制工艺文件的要求

编制工艺文件不仅要从实际出发,还要注意以下几点要求:

(1)编制的工艺文件要做到准确、简明、正确、统一、协调,并注意吸收先进技术,选择科学、可行、经济效果最佳的工艺方案。

(2)工艺文件中所采用的名词、术语、代号、计量单位要符合现行国标或部标规定。书写要采用国家正式公布的简化汉字,字体要工整清晰。

（3）工艺附图要按比例绘制,并注明完成工艺过程所需要的数据（如尺寸等）和技术要求。

（4）尽量引用部颁通用技术条件和工艺细则及企业的标准工艺规程,最大限度地采用工装或专用工具、测试仪器和仪表。

（5）易损或用于调整的零件、元器件要有一定的备件,并视需要注明产品存放、传递过程中必须遵循的安全措施与使用的工具、设备。

（6）编制关键件、关键工序及重要零、部件的工艺规程时,要指出准备内容、装联方法。装联过程中的注意事项以及使用的工具、量具、辅助材料等工艺保证措施,要视需要进行工艺会签,以保证工序间的衔接和明确分工。

9.1.3　工艺文件的成套性

工艺文件是成套的,因此编制的工艺文件种类不是随意的,应该根据产品的具体情况,按照一定的规范和格式配套齐全。

我国电子行业标准对产品在设计定形、生产定形、样机试制和一次性生产时需要的编制的工艺文件种类分别提出了明确的要求,即规定了工艺文件成套性标准。电子产品各个阶段工艺文件的成套性要求如表 9－3 所示。

表 9－3　电子产品各个阶段工艺文件的成套性要求

序号	工艺文件名称	产品		产品的组成部分		
		成套设备	整机	整件	部件	零件
1	工艺文件封面	○	●	○	○	—
2	工艺文件明细表	○	●	○	—	—
3	工艺流程图	○	○	○	○	—
4	加工工艺过程卡	—	—	—	○	●
5	塑料工艺过程卡片	—	—	—	○	○
6	陶瓷、金属压铸和硬模铸造工艺过程卡片	—	—	—	○	○
7	热处理工艺卡片	—	—	—	○	○
8	电镀及化学涂敷工艺卡片	—	—	—	○	○
9	涂料涂敷工艺卡片	—	—	○	○	○
10	元器件引出端成形工艺表	—	—	○	○	○
11	绕线工艺卡	—	—	○	○	○
12	导线及线扎加工卡	—	—	○	○	—
13	贴插编带程序表	—	—	○	○	—
14	装配工艺过程卡片	—	●	●	●	—
15	工艺说明	○	○	○	○	○

续表

序号	工艺文件名称	产品		产品的组成部分		
		成套设备	整机	整件	部件	零件
16	检验卡片	○	○	○	○	○
17	外协件明细表	○	○	○	—	—
18	配套明细表	○	○	○	○	—
19	外购工艺装备汇总表	○	○	○	—	—
20	材料消耗工艺定额明细表	—	●	●	○	○
21	材料消耗工艺定额汇总表	○	●	●	○	○
22	能源消耗工艺定额明细表	○	○	○	○	○
23	工时、设备台时工艺定额明细表	○	○	○	—	—
24	工时、设备台时工艺定额汇总表	○	○	○	—	—
25	工序控制点明细表	—	○	○	—	—
26	工序质量分析表	—	○	○	○	○
27	工序控制点操作指导卡片	—	○	○	○	○
28	工序控制点检验指导卡片	—	○	○	○	○

注:"●"表示必须编制的文件;"○"表示根据实际情况而定;"—"表示不应编制的文件。

9.1.4 技能实训 12——HX108-2 型收音机装配工艺文件编制

1. 实训目的

(1) 能描述工艺文件编制的方法。

(2) 能描述工艺文件编制的要求。

(3) 会熟练编制 HX108-2 型收音机装配工艺文件。

2. 实训设备与器材准备

(1) HX108-2 型收音机套件 1 套

(2) HX108-2 型收音机安装说明书 1 份

3. 实训步骤与报告

(1) "工艺文件封面"编制

工艺文件的封面是指产品的全套工艺文件或部分工艺文件装订成册的封面。

在工艺文件的封面上,可以看出产品型号、名称、工艺文件主要内容、册数、页数等内容。

HX108-2 型收音机装配"工艺文件封面"举例如表 9-4 所示。

表 9 - 4 "工艺文件封面"举例

装配工艺文件

共××册

第××册

共××页

型　　号：HX108 - 2 型

名　　称：袖珍式调幅收音机

图　　号：××

本册内容：元件加工、导线加工、组件加工、基板插件焊接组装、整机组装

批　准

×年×月×日

×××××××公司

（2）"工艺文件目录"编制

在工艺文件目录中，可查阅每一种组件、部件和零件所具有的各种工艺文件的名称、页数和装订的册次，是归档时检验工艺文件是否成套的依据。

HX108 - 2 型收音机"工艺文件目录"举例如表 9 - 5 所示。

表 9 - 5 "工艺文件目录"举例

		工艺文件目录		产品名称或型号		产品图号
				HX108 - 2 型调幅收音机		
	序号	文件代号	零部件、整件图号	零部件、整件名称	页数	备注
	0	1	2	3	4	5
	1	G1	工艺文件封面		1	
	2	G2	工艺文件目录		1	
使用性	3	G3	工艺路线表		1	
	4	G4	工艺流程图		1	
	5	G5	导线加工工艺		1	
旧底图总号	6	G6	组件加工工艺		1	
	7					
底图总号	更改标记	数量	文件名	签名	日期	签名	日期	第　页
						拟制		
						审核		共　页
日期	签名							
								第册	第页

（3）"工艺路线表"编制

工艺路线表是生产计划部门进行车间分工和安排生产计划的依据，也是作为编制工艺文件分工的依据。

在工艺路线表中可以看到产品的零部件、组件生产过程中由毛坯准备到成品包装，在工厂内顺序流经的部门及各部门所承担的工序，并列出零部件、组件的装入关系等内容。

HX108－2型收音机"工艺路线表"举例如表9－6所示。

表9－6　"工艺路线表"举例

		工艺路线表		产品名称或型号			产品图号
				HX108－2型调幅收音机			
	序号	图号	名称	装入关系	部件用量	整件用量	工艺路线表内容
	0	1	2	3	4	5	6
	1		导线加工	正极片导线			
				负极片导线			
使用性	2		元器件加工	基板插件焊接			
	3		电位器组件	基板装配			
	4		基板组件				
旧底图总号							

底图总号	更改标记	数量	文件名	签名	日期	签名	日期	第　页
						拟制		
						审核		共　页
日期	签名							
								第册　第页

（4）"元器件工艺表"编制

元器件工艺表是用来对新购进的元器件进行预处理加工汇总表，其目的是为了提高插装（机插或手工插）的装配效率和适应流水线生产的需要。

从元器件工艺表中可以看出各元器件引线进行弯折的预加工尺寸及形状。

HX108－2型收音机"元器件工艺表"举例如表9－7所示。

表 9-7　"元器件工艺表"举例

	元器件工艺表		产品名称或型号						产品图号			
			HX108-2 型调幅收音机									
序号	编号	名称、型号、规格	L/mm						数量	设备	工时定额	备注
			A 端	B 端		正端	负端					
0	1	2	3	4	5	6	7	8	9	10	11	12
1	R_1	RT-1/8 W-100 kΩ	10	10					1			
2	R_2	RT-1/8 W-2 kΩ	10	10					1			
3	R_3											
使用性 4	R_4											

简图：

底图总号	更改标记	数量	文件名	签名	日期	签名	日期	第　页
						拟制		
						审核		共　页
日期　签名								第　册　第　页

（5）"导线加工工艺表"编制

导线加工工艺表中列出为整机产品或分机内部的电路连接所应准备的各种各样的导线和扎线等线缆用品。

从导线加工工艺表中可以看出导线剥头尺寸、焊接去向等内容。

HX108-2 型收音机"导线加工工艺表"举例如表 9-8 所示。

表 9－8　"导线加工工艺表"举例

		导线加工工艺表						产品名称或型号			产品图号		
								HX108－2 型调幅收音机					
序号	编号	名称规格	颜色	数量	长度/mm					去向、焊接处		设备	工时定额	备注
					L 全长	A 端	B 端	A 剥头	B 剥头	A 端	B 端			
0	1	2	3	4	5	6	7	8	9	10	11	12	13	14
使用性														
1	1－1	塑料线 AVR1×12	红	1	50			5	5	PCB	正极垫片			
2	1－2	塑料线 AVR1×12	黑	1	50			5	5	PCB	负极弹簧			
旧底图总号														
3	1－3	塑料线 AVR1×12	白	1	50			5	5	PCB	喇叭（＋）			
4	1－4	塑料线 AVR1×12	白	1	50			5	5	PCB	喇叭（一）			
底图总号		更改标记	数量	文件名	签名		日期		签名		日期		第　页	
									拟制					
									审核				共　页	
日期	签名													
												第册	第页	

（6）"配套明细表"编制

配套明细表是用来说明整件或部件装配时所需用的各种器件以及器件的种类、型号、规格、数量。

从配套明细表中可以看出一个整件或部件是由哪些元器件和结构件构成。

HX108－2 型收音机"配套明细表"举例如表 9－9 所示。

表 9 - 9　"配套明细表"举例

配套明细表						装配件名称			装配件图号
元器件清单					结构件清单				
序号	编号	名称	数量	备注	序号	编号	名称	数量	备注
0	1	2	3	4	0	1	2	3	4
1	R_1	RT - 1/8 W - 100 kΩ	1	电阻	1		前框	1	
2	R_2	RT - 1/8 W - 2 kΩ	1	电阻	2		后盖	1	
3	R_3	RT - 1/8 W - 100 Ω	1		3		M2.5×5	2	双联螺钉
4	R_4	RT - 1/8 W - 20 kΩ	1	瓷介	4		M1.7×4	1	电位器螺钉
5				电解	5		周率板	1	
6	$C_6 \sim C_{10}$	CC - 63 V - 0.022 μF	5		6		电位盘	1	
7	C_4	CD - 16 V - 4.7 μF	4		7		磁棒支架	1	
8					8		PCB 板	1	
9	B_1	磁棒天线线圈	4		9		正极片	1	
10	B_2	振荡线圈	4	红	10		负极弹簧	1	
11					11		拎带	1	
12	$VT_1 \sim VT_4$	9018	4		12		正极导线	1	
13					13		负极导线	1	
14	$VD_1 \sim VD_4$	1N4148	4		14		喇叭导线	2	
15					15		调谐盘	1	

（使用性／旧底图总号／底图总号／日期　签名 左侧列栏目如下表）

底图总号	更改标记	数量	文件名	签名	日期	签名	日期	第　页	
						拟制			
						审核		共　页	
日期	签名								
								第　册	第　页

（7）"装配工艺过程"编制

装配工艺过程是用来说明整件的机械性装配和电气连接的装配工艺全过程（包括装配准备、装联、调试、检验、包装入库等过程）。

从装配工艺过程卡中可以看到具体器件的装配步骤与工装设备等内容。

HX108-2型收音机"装配工艺过程"举例如表9-10所示。

表9-10　"装配工艺过程"举例

			装配工艺过程			装配件名称		装配件图号	
序号	装入件及辅助材料		车间	工序号	工种	工序(工步)内容及要求		工装设备	工艺工时定额
	代号、名称、规格	数量							
0	1	2	3	4	5	6		7	8
1	负极弹簧					(1) 导线焊在弹簧尾端5 mm左右 (2) 焊接部分应与弹簧尾端平行		电烙铁	
使用性	2	导线(黑)							
	3	松香及焊锡丝			(1) 导线焊牢固 (2) 焊点光亮无毛刺				
旧底图总号	图示:								
底图总号	更改标记	数量	文件名	签名	日期	签名	日期	第　页	
						拟制			
						审核		共　页	
日期	签名								
								第册	第页

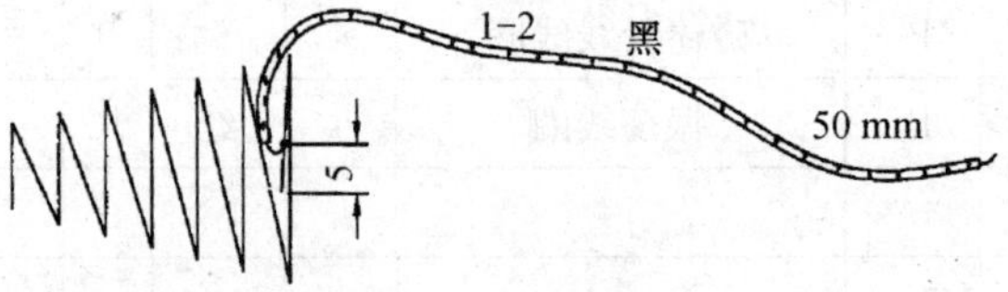

(8)"工艺说明及简图"编制

工艺说明及简图是用来编制其他文件格式难以表达清楚且重要和复杂的工艺,也可用于对某一具体零部件、整件的说明。

从工艺说明及简图中可以看到明确的产品对象。

HX108-2型收音机"工艺说明及简图"举例如表9-11所示。

表 9‑11　"工艺说明及简图"举例

	工艺说明及简图	名　称	编号或图号
		工序名称	工序编号
使用性			
旧底图总号			

底图总号	更改标记	数量	文件名	签名	日期	签名	日期	第　页
						拟制		
						审核		共　页

日期	签名								第册	第页

9.2　电子产品质量管理

9.2.1　质量管理概述

电子工业发展迅速,电子产品更新换代快,竞争激烈。只有不断使用新技术,推出新产品并保证其品质优良、可靠性高,才能使产品具有竞争力,企业才具有生命力。因此,在电子产品的整个生产过程中必须推行全面质量管理。

产品质量包含产品的寿命、可靠性、安全性、经济性、性能水平等诸方面的内容。产品质量的优劣决定了产品的销售业绩,甚至决定了企业的前途和命运。

为了向用户提供满意的产品及服务,提高产品的竞争力和企业的竞争力,世界各国都在积极推进全面质量管理(TQC)。

目前,全面质量管理已经形成一门完整的科学,正在各企业中大力推行。全面质量管理并不仅限于产品的质量,还涉及与产品质量有关的人员、材料、工艺、设备、环境等工序质量,组织、管理、技术等工作质量,以及影响产品质量的其他各种直接或间接的工作。

全面质量管理应贯穿于产品从市场调研到产品售后服务的全过程,包括操作工人、工程技术人员、管理干部等在内的企业全体职工都应参加全面质量管理。

9.2.2　产品设计质量管理

产品设计是产品质量产生和形成的起点,设计人员应着力设计完成具有很高性价比的产品,并根据企业本身具有的生产技术水平编制合理的生产工艺技术资料,使今后的批量生产得到有力的保证。搞好产品设计阶段的质量管理,为今后制造出优质产品打下了良好的基础。

产品设计阶段的质量管理应包括如下内容:

(1)广泛收集整理国内外同类产品或相似产品的技术资料,了解其质量情况与生产技术水平,开展市场调查,了解用户需求以及对产品质量的要求。

(2)根据市场调查资料,进行综合分析后指定产品质量目标并设计实施方案。产品的设计方案和质量标准,应充分考虑用户需求,并对产品的性能指标、可靠性、价格定位、使用方法、维修手段以及批量生产中的质量保证等进行全面综合的策划,尽可能从提出的多种方案中选择出最佳设计方案。

(3)认真分析所选设计方案中的技术难点,组织技术力量进行攻关,解决关键技术问题,初步确定设计方案。

(4)把经过试验的设计方案,按照实用可靠、经济合理、用户满意的原则进行产品样机设计,并对设计方案作进一步综合审查,研究生产中可能出现的问题,最终确定合理的样机设计方案。

9.2.3　产品试制质量管理

产品试制过程包括完成样机试制、产品设计定性、小批量试生产三个步骤。

产品试制过程的质量管理应包括如下内容:

(1)制订周密的样机试制计划,一般情况下,不宜采用边设计、边试制、边生产的突击方式。

(2)对样机进行反复试验并及时反馈存在的问题,对设计与工艺方案作进一步调整。

(3)组织有关专家和单位对样机进行技术鉴定,审查其各项技术指标是否符合国家有关规定。

(4)样机通过技术鉴定以后,可组织产品的小批量试生产。通过试生产,可认真进行工艺验证,分析生产质量,验证工装设备、工艺操作、产品结构、原材料、环境条件、生产组织等工作能否达到要求,考察产品质量能否达到预定的设计质量要求,并进一步进行修正和完善。

（5）按照产品定形条件，组织有关专家进行产品定形鉴定。

（6）制定产品技术标准、技术文件，健全产品质量检测手段，取得产品质量监督检查机关的鉴定合格证。

9.2.4 产品制造质量管理

产品制造过程中的质量管理是产品质量能否稳定地达到设计标准的关键性因素，其质量管理的内容如下：

（1）各道工序、每个工种及产品制造中的每个环节都需要设置质量检验人员，严把产品质量关。严格做到不合格的原材料不投放到生产线上，不合格的零部件不转下道工序，不合格的成品不出厂。

（2）统一计量标准并对各类测量工具、仪器、仪表定期进行计量检验，及时维修保养，保证产品的技术参数和精度指标。

（3）严格执行生产工艺文件和操作程序。

（4）加强对操作人员的素质培养及其他生产辅助部门的管理。

9.2.5 ISO 9000 标准

1. ISO 9000 标准系列与 GB/T 19000 - ISO 9000 标准系列

（1）ISO 9000 标准系列的组成

国际标准化组织（ISO）于 1987 年 3 月正式发布的 ISO 9000 至 9004 国际质量管理和质量保证标准系列由以下五个标准构成：

① ISO 9000《质量管理和质量保证标准——选择和使用指南》；

② ISO 9001《质量体系——设计、开发、生产、安装和服务的质量保证模式》；

③ ISO 9002《质量体系——生产和安装的质量保证模式》；

④ ISO 9003《质量体系——最终检验和试验的质量保证模式》；

⑤ ISO 9004《质量管理和质量体系要素——指南》。

该标准系列中的 ISO 9000，是本标准系列的指导性文件，它阐述了应用本标准系列时必须共同采用的术语、质量工作目的、质量体系环境、质量体系类别、运用本标准系列的程序和步骤等。

ISO 9001，ISO 9002，ISO 9003 是一组三项质量保证模式，即需方对供方质量体系要求的三种不同典型形式，也是在合同环境下供、需双方通用的外部质量保证要求文件。ISO 9004 阐述了质量体系的原则、结构和要素，是指导企业建立质量管理体系的指导文件。

（2）GB/T 19000 - ISO 9000 标准系列的组成

GB/T 19000 - ISO 9000 质量管理和质量保证标准系列是我国于 1992 年 10 月发布的质量管理国家标准，等同采用了 ISO 9000 质量管理和质量保证标准系列。

该标准系列由五项标准组成：

① GB/T 19000 - ISO 9000《质量管理和质量保证标准——选择和使用指南》；

② GB/T 19001 - ISO 9001《质量体系——设计、开发、生产、安装和服务的质量保证模式》；

③ GB/T 19002 - ISO 9002《质量体系——生产和安装的质量保证模式》；

④ GB/T 19003－ISO 9003《质量体系——最终检验和试验的质量保证模式》；

⑤ GB/T 19004－ISO 9004《质量管理和质量体系要素——指南》。

这五项标准适用于产品开发、制造和使用单位。其基本原理、内容和方法具有一般指导意义，对各行业都有指导作用。

（3）GB/T 19000－ISO 9000 标准系列的性质

GB/T 19000－ISO 9000 标准系列是一套推荐性质的质量管理和质量保证标准，标准编号中的"T"为推荐性标准代号。GB/T 19000－ISO 9000 标准系列虽是推荐性标准，但并非可执行可不执行的标准系列。质量管理和质量标准系列是工业发达国家几十年质量管理工作经验的总结，尽管标准系列是各方面协调的产物，而且标准本身还存在一定的缺陷和不足，但它毕竟为实施质量管理和质量保证提供了规范，是一套比较出色的指导性文件，是各企业加强内部质量管理和实施外部质量保证所必须遵循的文件。

（4）GB/T 19000－ISO 9000 标准系列与 ISO 9000 标准系列的关系

采用国际标准，是我国一项重要的技术经济政策，国际标准化组织和我国标准化管理部门规定，采用国际标准分为等同采用、等效采用和参照采用三种。

所谓等同采用国际标准，是指技术内容完全相同，不作修改或稍作不改变标准内容的编辑性修改。

所谓等效采用国际标准，是指技术上有小的差异（结合各国实际情况所作的，并且可被国际准则接受的小改动），编写不完全相同。

所谓参照采用国际标准，是指技术的内容根据各国实际情况作了某些变动，但必须在性能和质量水平上与被采用的国际标准相当，在通用互换、安全、卫生等方面与国际标准协调一致。

国家技术监督局根据我国市场经济发展的情况，决定等同采用 ISO 9000 标准系列，并制定了相应的 GB/T 19000 标准系列，对促进我国企业加速同国际市场接轨的步伐、提高企业质量管理水平、增强产品在国际市场上的竞争能力，都具有十分重大的意义。

GB/T 19000－ISO 9000 标准系列与 ISO 9000 标准系列的各项标准，具体对应关系如下：GB/T 19000－ISO 9000 对应 ISO 9000；GB/T 19001－ISO 9001 对应 ISO 9001；GB/T 19002－ISO 9002 对应 ISO 9002；GB/T 19003－ISO 9003 对应 ISO 9003；GB/T 19004－ISO 9004 对应 ISO 9004。

2. 实施 GB/T 19000－ISO 9000 标准系列的意义

（1）提高质量管理水平

GB/T 19000－ISO 9000 标准系列，吸收和采纳了世界经济发达国家质量管理和质量保证的实践经验，是在全国范围内实施质量管理和质量保证的科学标准。

企业通过实施 GB/T 19000－ISO 9000 标准系列、建立健全质量体系，对提高企业的质量管理水平有着积极的推动作用。

① 促进企业的系统化质量管理

GB/T 19000－ISO 9000 标准系列，对产品质量形成过程中的技术、管理和人员因素提出全面控制的要求，企业对照 GB/T 19000－ISO 9000 标准系列的要求，可以对企业原有质量管理体系进行全面审视、检查和补充，发现质量管理中的薄弱环节，尤其可以协调企业部门之间、工序之间、各项质量活动之间的衔接，使企业的质量管理体系更为科学与完善。

② 促进企业的超前管理

通过健全质量管理体系,企业可以发现目前已存在的和潜在的质量问题,并采取相应的监控手段,使各项质量活动按照预定目标进行。企业的质量体系,应包括质量手册、程序文件、质量计划和质量记录等质量体系的整套文件,使各项质量活动按规律有序地开展,让企业员工在实施质量活动时有章可循、有法可依,减少质量管理工作中的盲目性。所以,企业建立健全质量体系,就可以把影响质量的各方面因素组织成一个有机的整体,实施超前管理,保证企业长期、稳定地生产合格的产品。

③ 促进企业的动态管理

为使质量体系充分发挥作用,企业在全面贯彻质量体系文件的基础上,还应该定期开展质量体系的审核与评估工作,以便及时发现质量体系和产品质量的不足之处,进一步改进和完善企业的质量体系。审核与评估工作还可以发现因经营环境的变化、企业组织的变更、产品品种的更新等情况,对企业的质量体系提出新的要求,使之适应变化了的环境和条件。这些都需要企业及时协调、监控,进行动态管理,才能保证质量体系的适用性和有效性。

(2) 使质量管理和国际规范接轨

ISO 9000 标准系列被世界上许多国家所采用,成为各国在贸易交往中质量保证能力的评价依据,或者作为第三方对企业的技术管理能力认证的依据。所以,世界各国按照 ISO 9000 质量标准系列的要求建立相应的质量体系,积极开展第三方的质量认证,已成为全球企业的共同认识和全球性的趋势。因此,国内企业大力实施 GB/T 19000 - ISO 9000 标准,建立健全质量体系,积极开展第三方质量认证,使我国质量管理与国际规范接轨,对提高我国企业管理水平和产品的竞争能力具有极其重要的战略意义。

(3) 提高产品的竞争力

企业的技术能力和企业的管理水平,决定了该企业产品质量的高低。倘若企业的产品和质量体系通过了国际上公认机构的认证,则可以在其产品上粘贴国际认证标志,在广告中宣传本企业的管理水平和技术水平。所以,产品的认证标志和质量体系的注册证书,将成为企业最有说服力的形象广告,经过认证的产品必然成为消费者争先选购的对象。通过认证的企业名称将出现在认证机构的有关资料中,必将使企业的国际知名度大大提高,使国外购货机构对被认证的企业的技术、质量和管理能力产生信任,对产品予以优先选购。有些国家还对经过权威机构认证的产品给予免检、减免税率等优厚待遇,因而大大提高了产品在国际市场上的竞争能力。

(4) 使用户的合法权益得到保护

用户的合法权益、社会与国家的安全等,同企业的技术水平和管理能力息息相关。即使产品按照企业的技术规范进行生产,但当企业技术规范本身不完善或生产企业的质量体系不健全时,产品也就无法达到规定的或潜在的需要,发生质量事故的可能性很大。因此,贯彻 GB/T 19000 - ISO 9000 标准系列、企业建立相应的质量体系、稳定地生产满足需要的产品,无疑是对用户利益的一种切实的保护。

9.2.6   质量认证意义与程序

1. 质量认证的概念

质量认证是指一个公认的权威的第三方机构,对产品和质量体系是否符合规定的要求

（如标准、技术规范和有关法规）等所进行的鉴别，以及提供文件证明和标志的活动。

质量认证是随着现代工业的发展作为一种外部质量保证的手段发展起来的。目前，质量认证已不仅是某个国家或地区的局部行为，而成为一种覆盖全球的潮流。

质量认证可分为产品质量认证与质量体系认证（注册）。

（1）产品质量认证

产品质量认证是依据产品标准和相应技术要求，经认证机构确认并通过颁布认证证书和认证标志来证明某一产品符合相应标准和技术要求的活动。

对获得产品质量认证的产品有两种证明方式：认证证书（合格证书）和认证标志（合格标志）。

产品质量认证有强制性和自愿性之分。安全性的产品（如电子产品、电器产品、玩具和压力容器等）实行强制性认证，生产企业必须取得认证资格才能生产，并在出厂的产品上带有指定的标志，以保护使用者的安全。非安全性的产品实行自愿性认证，是否申请认证，由企业自行决定。

（2）质量体系认证

质量体系认证是依据3种质量保证模式 ISO 9001～ISO 9003 的要求，经认证机构确认并通过颁发认证（注册）证书和认证标记来证明某企业的质量体系符合所申请模式要求的活动。

质量体系认证派生于产品质量认证而又不同于产品质量认证，两者的比较如表 9－12 所示。

表 9－12　产品质量认证和质量体系认证的比较

项目	产品质量认证	质量体系认证
对象	特定产品	企业的质量体系
获准认证条件	产品质量符合指定的标准要求；质量体系符合指定的质量保证标准及特定的产品的补充要求	质量体系符合申请的质量保证标准和必要的补充要求
证明方式	产品认证证书，认证标志	体系认证证书，认证标志
证明的使用	证书不能用于产品，标志可用于获准认证的产品	证书和标志都不能直接在产品上使用
性质	自愿；强制	一般为自愿；对有些规定领域具有强制性
两者关系	相互充分利用对方质量体系的审核结果	

由于企业在进行产品认证时，已对其质量体系进行了检查评定，一般情况下获得产品认证资格的企业无需再申请体系认证，但同时生产几种不同类别产品的企业则例外。获得质量体系认证资格的企业不等于获得产品认证资格。若其再申请产品认证时，则可免去对质量体系通过要求的检查评定。因而，可以说产品质量认证与质量体系认证是相互联系、相互包容的。

2. 实行质量认证制度的意义

质量认证制度之所以得到世界各国的普遍重视，关键在于它是一个公正的机构对产品

或质量体系作出的正确、可靠的评价,从而使人们对产品质量建立信任。这对卖方、买方、社会和国家的利益都具有重要意义:

(1) 提高生产企业的质量信誉;

(2) 促进企业完善质量体系;

(3) 增强国际竞争能力;

(4) 有利于保护消费者利益;

(5) 减少社会重复检验和检查费用;

(6) 加强国家对安全性产品的管理;

(7) 是国家提高产品质量的有效手段。

3. 获得认证资格的程序

企业在申请质量认证前,除了做大量的内部准备工作外,还要进行选择判断工作。企业在选择质量认证时,应把目标定在获得产品认证上,因为产品认证中包括了对质量体系的检查和评定。当然也可以分两步走,先取得质量体系认证的资格,再去为获得产品认证资格而努力。

另外,选择质量认证一定要根据产品类型来决定,如企业生产大型成套设备,获得质量体系认证已足够,不必再去申请产品质量认证。

企业应根据产品特点、目标市场等合理选择认证机构。如目标市场单一,则可选择目标市场所在国的认证机构;目标市场分散,则可选择国际上最有权威的认证机构。在任何一个认证机构获得认证资格都要花费一定的费用。

目前,ISO 组织正式进入了"质量体系评定国际承认制度(QSAR)"方案的实施阶段,确认了各国认可制度的等效性。通常情况下,企业可向国内认证机构申请认证,既可节省大量费用与外汇,也就近方便。

无论取得哪一种质量认证资格都需经过严格的程序。企业向认证机构提出申请,申请批准后,由认证机构任命一个检查组对企业的质量体系进行检查和评定,如是产品认证,检查组在现场随机抽取样品,送检验机构检验。检查组将检验报告送认证机构审查,若合格就发给证书。获得认证资格以后,认证机构将持续履行监督管理程序。企业如果发生不符合认证要求的情况,认证机构应提出警告,直到撤销认证。

9.2.7 3C 强制认证

我国于 20 世纪 80 年代初开始开展产品质量认证,虽然起步较晚,但起点较高。从1991 年起,我国陆续颁布了《中华人民共和国质量认证管理条例》等一系列有关质量认证的法规、规章,建立了实施质量认证制度必须具备的认证机构、产品检验机构和检查机构。

我国的质量认证工作一开始就由政府机构——国家技术监督局管理,严格以国际标准和国际指南为基础,实行国家注册检查员和评审员制度,不实行部门或地方认证,认证机构与咨询机构严格分开。

从 1981 年我国的第一个认证机构——中国电子元器件质量认证委员会建立到现在,国家已批准建立了 19 个产品认证机构和 113 个质量体系认证机构。近几年企业质量体系认证工作发展迅速,截至 2004 年 6 月 30 日,中国质量认证中心(CQC)共颁发强制性产品认证(CCC 认证)证书 12.4 万多份,CQC 标志认证证书 9 500 多份,管理体系认证证书 2.1 万多份,CB(电工产品测试证书)2 482 份。发证数量跃居世界第三位。

2001 年 12 月,国家质检总局发布了《强制性产品认证管理规定》,以强制性产品认证制度替代原来的进口商品安全质量许可制度和电工产品安全认证制度。

国家强制性产品认证制度于 2002 年 5 月 1 日起正式实施。列入《实施强制性产品认证的产品目录》中的产品包括家用电器、汽车、安全玻璃、医疗器械、电线电缆、玩具等 20 大类 135 种产品。

国家强制性认证标志名称为"中国强制认证",英文名称为"China Compulsory Certification",英文缩写为"CCC"。中国强制认证标志实施以后,逐步取代了原来实行的"长城"标志和"CCIB"标志,中国强制性产品认证简称 CCC 认证或 3C 认证。3C 标志图例如图 9 - 3 所示。

(a) 安全与电磁兼容标志   (b) 安全标志   (c) 消防认证标志   (d) 电磁兼容标志

图 9 - 3   3C 标志图例说明

3C 认证是一种法定的强制性安全认证制度,也是国际上广泛采用的保护消费者权益、维护消费者人身财产安全的基本做法。

习 题

1. 工艺文件的编号由哪些部分组成?
2. 编制工艺文件有哪些要求?
3. 电子产品各个阶段必须编制的工艺文件有哪些?
4. 请编制一个电子产品的装配工艺文件。
5. 产品制造过程中的质量管理应包括哪些内容?
6. ISO 9000 标准系列由哪些组成?
7. 我国等同于 ISO 9000 标准系列由哪些组成?
8. 实施 GB/T 19000 - ISO 9000 标准系列的意义是什么?
9. 什么叫质量认证?
10. 产品质量认证和质量体系认证有何区别与联系?
11. 3C 强制认证的作用是什么?

参考文献

[1] 夏西泉. 电子工艺实训教程. 北京：机械工业出版社, 2005.

[2] 杜虎林. 电工、电子特种元器件检测技巧. 北京：中国电力出版社, 2007.

[3] 郭勇, 董志刚. PROTEL99 SE 印制电路板设计教程. 北京：机械工业出版社, 2007.

[4] 殷志坚. 电子工艺实训教程. 北京：北京大学出版社, 2007.

[5] 李敏. 电子技能与训练. 北京：电子工业出版社, 2007.

[6] 王卫平, 等. 电子产品制造技术. 北京：清华大学出版社, 2005.

[7] 吴劲松, 等. 电子产品工艺实训. 北京：电子工业出版社, 2009.

[8] 刘建华, 伍尚勤, 等. 电子工艺技术. 北京：科学出版社, 2009.

[9] 孙余凯, 郭大民, 等. 电子产品制作. 北京：人民邮电出版社, 2010.

[10] 王成安. 电子产品生产工艺实例教程. 北京：人民邮电出版社, 2009.

[11] 朱向阳, 罗伟, 等. 电子整机装配工艺实训. 北京：电子工业出版社, 2007.

[12] 杜中一. SMT 表面组装技术. 北京：电子工业出版社, 2009.

[13] 蔡杏山. 电子元器件知识与实践课堂. 北京：电子工业出版社, 2009.

[14] 李敬伟, 段维莲, 等. 电子工艺训练教程. 北京：电子工业出版社, 2008.

[15] 万少华, 陈卉, 等. 电子产品结构与工艺. 北京：北京邮电大学出版社, 2008.